Tendro Radanielina

Diversité génétique du riz dans la région de Vakinankaratra, Madagascar

Tendro Radanielina

Diversité génétique du riz dans la région de Vakinankaratra, Madagascar

Structuration, distribution éco-géographique & gestion in situ

Presses Académiques Francophones

Impressum / Mentions légales
Bibliografische Information der Deutschen Nationalbibliothek: Die Deutsche Nationalbibliothek verzeichnet diese Publikation in der Deutschen Nationalbibliografie; detaillierte bibliografische Daten sind im Internet über http://dnb.d-nb.de abrufbar.
Alle in diesem Buch genannten Marken und Produktnamen unterliegen warenzeichen-, marken- oder patentrechtlichem Schutz bzw. sind Warenzeichen oder eingetragene Warenzeichen der jeweiligen Inhaber. Die Wiedergabe von Marken, Produktnamen, Gebrauchsnamen, Handelsnamen, Warenbezeichnungen u.s.w. in diesem Werk berechtigt auch ohne besondere Kennzeichnung nicht zu der Annahme, dass solche Namen im Sinne der Warenzeichen- und Markenschutzgesetzgebung als frei zu betrachten wären und daher von jedermann benutzt werden dürften.

Information bibliographique publiée par la Deutsche Nationalbibliothek: La Deutsche Nationalbibliothek inscrit cette publication à la Deutsche Nationalbibliografie; des données bibliographiques détaillées sont disponibles sur internet à l'adresse http://dnb.d-nb.de.
Toutes marques et noms de produits mentionnés dans ce livre demeurent sous la protection des marques, des marques déposées et des brevets, et sont des marques ou des marques déposées de leurs détenteurs respectifs. L'utilisation des marques, noms de produits, noms communs, noms commerciaux, descriptions de produits, etc, même sans qu'ils soient mentionnés de façon particulière dans ce livre ne signifie en aucune façon que ces noms peuvent être utilisés sans restriction à l'égard de la législation pour la protection des marques et des marques déposées et pourraient donc être utilisés par quiconque.

Coverbild / Photo de couverture: www.ingimage.com

Verlag / Editeur:
Presses Académiques Francophones
ist ein Imprint der / est une marque déposée de
OmniScriptum GmbH & Co. KG
Heinrich-Böcking-Str. 6-8, 66121 Saarbrücken, Deutschland / Allemagne
Email: info@presses-academiques.com

Herstellung: siehe letzte Seite /
Impression: voir la dernière page
ISBN: 978-3-8381-4495-5

Zugl. / Agréé par: Paris, AgroParisTech, Thèse de Doctorat, 2010

Copyright / Droit d'auteur © 2014 OmniScriptum GmbH & Co. KG
Alle Rechte vorbehalten. / Tous droits réservés. Saarbrücken 2014

Diversité génétique du riz (*Oryza sativa* L.) dans la région de Vakinankaratra, Madagascar

Structuration, distribution éco-géographique & gestion *in situ*

Tendro Radanielina

Remerciements

La réalisation de cette thèse a été possible grâce au soutien (i) du Centre National de la recherche appliquée au développement rural (FOFIFA) qui m'a accueilli au sein de son Unité de Recherche en Partenariat Système de Culture et Rizicultures Durables (URP SCRID), (ii) du Service de Coopération et d'Action Culturelle de l'Ambassade de France à Madagascar, qui m'a accordé une bourse de thèse en alternance (séjours de 3 mois en France pendant trois années universitaires), et (iii) du Centre de coopération internationale en recherche agronomique pour le développement (CIRAD) qui m'a accueilli dans ses laboratoires à Montpellier et qui m'a accordé également des soutiens financiers au cours des 2 dernières années de la mise en œuvre de mes recherches.

Mes vifs remerciements s'adressent :
- à mon Directeur de thèse, Monsieur Philippe Brabant, Professeur à l'AgroParisTech, pour avoir accepté de diriger ma thèse, et pour m'avoir accompagné pendant ces cinq années de thèse.
- à mon co-directeur de thèse, Nourollah Ahmadi, CIRAD Montpellier. J'ai énormément profité de son rigueur scientifique et sa fermeté. Qu'il trouve ici l'expression de ma profonde gratitude.
- aux rapporteurs, Hélène Joly, CIRAD Montpellier, et Thierry Robert, Maitre de conférences à Paris VI, qui ont accepté la fastidieuse tâche de rapporteur.
- aux membres de mon jury de soutenance, qui malgré leur multiples occupations se sont déplacés pour examiner ce travail.
- à Alain Ramanantsoanirina et Louis Marie Raboin, sélectionneurs à l'URP SCRID, qui m'ont assisté sans condition tout au long du chemin, qu'ils trouvent ici mes sincères reconnaissances.
- à Thierry Doré et Christine Aubry, professeurs à l'AgroParisTech, et Georges Serpantié, IRD Montpellier, par leurs précieux conseils.

Je tiens à remercier également toutes les personnes du laboratoire du CIRAD à Montpellier qui m'ont aidé à réaliser les manipulations ainsi que les traitements des données. Je remercie particulièrement Brigitte Courtois, Claire Billot et Xavier Perrier.

Mes sincères remerciements s'adressent aussi à tous les techniciens qui m'ont assisté durant ces années de thèse, particulièrement à Julien Frouin.

J'exprime ma sympathie à tous les chercheurs de l'URP SCRID, pour les multiples échanges scientifiques que j'ai obtenus avec eux et les soutiens permanents notamment pendant les moments difficiles.

J'exprime mes sincères remerciements à mes trois frères pour les appuis moraux qu'ils m'ont toujours apportés pendant toute ma thèse.

J'adresse mes reconnaissances aux paysans de la région de Vakinankaratra dont la collaboration a permis de collecter les informations contenues dans ce document. Veuillez trouver à travers ce travail, l'expression de ma profonde reconnaissance.

Résumé : Mieux connaître les dynamiques de l'agrobiodiversité est indispensable pour détecter les évolutions défavorables et élaborer des stratégies de conservation, en particulier dans les agrosystèmes traditionnels, encore peu affectés par l'intensification agricole.

Une étude de la dynamique de la diversité et de la gestion des variétés et semences de riz a été entreprise dans la région de Vakinankaratra. Celle-ci, située au centre des hauts plateaux de Madagascar, se caractérise par une grande diversité agroécologique, des systèmes de production et des systèmes de culture du riz liée, notamment, aux variations de l'altitude (750-1950m). L'étude s'est appuyée, d'une part, sur des enquêtes (collectives et individuelles) auprès de 1050 exploitations réparties dans 32 villages, d'autre part, sur la collecte systématique et la caractérisation des variétés de riz maintenues dans ces villages, au moyen de descripteurs agro-morphologiques et moléculaires.

La région héberge non seulement les 3 groupes majeurs d'*O. sativa* (*indica, japonica* tropical et *japonica* tempéré) mais aussi un groupe atypique, non répertorié ailleurs dans le monde. Ces derniers sont des riz irrigués plus proches des *indica* que des *japonica* ; leur habitat préférentiel est l'intervalle d'altitude 1250-1750m. La distribution éco-géographique de la diversité est façonnée par, respectivement, l'altitude, les systèmes de production et la richesse des exploitations. Elle est organisée en 4 strates : intervalle d'altitude, village, exploitation et parcelle. A chaque strate, la différentiation génétique entre les sous-ensembles représente jusqu'à 70% de la diversité totale. Les variétés locales ont une structure multi-lignées ; la fréquence des lignées constituantes varie entre exploitations et entre villages. Leurs distributions régionales peuvent être assimilées à des métapopulations fragmentées.

Les variétés locales de riz sont des biens communautaires quasi sacrées. Les variétés améliorées cohabitent avec elles sans constituer de véritables menaces. Il existe une grande disparité dans la fréquence d'utilisation des variétés. Dans chaque village, 1-2 « variétés majeures » sont utilisées par plus de 50% des agriculteurs et plusieurs « variétés mineures » par moins de 10% d'entre eux. Les échanges de variétés et de semences sont limités entre villages, plus intenses à l'intérieur de chaque village. Les semences ne se vendent pas mais s'échangent. Un système de valeurs culturelles incite à la sélection pour l'homogénéité. Le système de constitution des lots de semences conduit à une sélection involontaire d'adaptation GxE. Le système vernaculaire de nomination, assez sophistiqué, n'est plus opérationnel qu'à l'échelle village ; il en résulte une faible consistance des noms de variétés entre villages ; et le nombre de variétés n'est plus un bon indicateur de la diversité régionale. L'introduction récente de la riziculture pluviale a engendré une nouvelle dynamique qui bouscule les pratiques traditionnelles de gestion des variétés et des semences.

Les signes d'érosion observés parmi les variétés locales, incitent à l'analyse de l'évolution récente (4-5 dernières décennies) de la diversité et à la mise en place d'un observatoire pour le suivi des évolutions à venir. La conservation *in-situ* de la diversité doit s'inscrire dans des actions intégrées de développement rural. La recherche peut y contribuer par la valorisation des variétés locales dans des schémas de sélection participative et par une conservation dynamique de ces ressources sous forme de populations à large base génétique.

Mots clef : Riz, *O. sativa*, diversité génétique, variété locale, agrodiversité, gestion paysanne, conservation *in situ*, Vakinankaratra, Madagascar.

Table des matières

1 Introduction 1

1.1 Problématique de la thèse 1

1.1.1 Nécessité d'améliorer la productivité agricole dans les agrosystèmes traditionnels 1
1.1.2 Productivité et maintien de la diversité, de l'antagonisme à la convergence 1
1.1.3 Questions de recherche relatives à la conservation des ressources génétiques des plantes cultivées 2

1.2 La conservation des ressources génétiques des plantes cultivées 3

1.2.1 Origine de la conservation des ressources génétiques 3
1.2.2 Conservation *in situ* des ressources génétiques 7

1.3 Diversité génétique *in situ* 9

1.3.1 Définition et importance 9
1.3.2 Indicateurs de la diversité génétique *in situ* 10
1.3.3 Processus évolutifs des plantes cultivées influençant la diversité génétique 11
1.3.4 Facteurs biophysiques et anthropiques influençant la diversité génétique 12
1.3.5 Essai de construction d'un cadre général d'analyse 16

1.4 Les ressources génétiques du riz 17

1.4.1 Origine et domestication 17
1.4.2 Structuration de la diversité génétique d'*O. sativa* 18
1.4.3 Système de reproduction et barrières reproductives 20
1.4.4 Conservation et valorisation des ressources génétiques du riz 21

1.5 Les ressources génétiques du riz à Madagascar 21

1.5.1 La riziculture 21
1.5.2 Particularités des ressources génétiques du riz à Madagascar 22

1.6 Objectifs de la thèse et modèle d'étude 23

1.6.1 L'objectif de la thèse 23
1.6.2 Choix de la région d'étude, le Vakinankaratra 24

1.7 Plan de la thèse 25

1.8 Références 25

2 Matériels et méthodes 33

2.1 Démarche générale 33

2.2 Zonage agro-écologique et échantillonnage des villages et exploitations 34

2.2.1 Zonage agroécologique et échantillonnage des villages 34
2.2.2 Echantillonnage des exploitations d'étude 35

2.3 Enquête sur les systèmes de production et les systèmes de culture du riz 35

2.3.1 Enquête au niveau village 36
2.3.2 Enquête au niveau exploitation 36

2.4 Collecte d'échantillons de riz et caractérisation paysanne des variétés de riz 37

2.4.1 Collecte d'échantillons de matériel végétal 37
2.4.2 Description paysanne du profil des variétés de riz collectées 37

2.5 Caractérisation des échantillons de matériel végétal collectés **38**

2.5.1 Caractérisation agro-morphologique au champ 38
2.5.2 Caractérisation moléculaire 40

2.6 Analyse des données **41**

2.6.1 Analyse des données sur les systèmes de production des villages 41
2.6.2 Analyse des données sur la diversité des exploitations 41
2.6.3 Analyse des données sur les systèmes de culture du riz 42
2.6.4 Analyse des données de l'enquête sur les variétés 42
2.6.5 Analyse des données expérimentales sur les variétés 43

2.7 Références **46**

3 La région de Vakinankaratra, diversité agro-écologique, systèmes de production et de culture du riz 48

3.1 Diversité agro-écologique de la région de Vakinankaratra **48**

3.1.1 Le milieu physique 48
3.1.2 Le milieu humain 50
3.1.3 L'agriculture 52
3.1.4 La riziculture 53

3.2 Diversité des systèmes de production **55**

3.2.1 Caractéristiques générales des villages d'étude 55
3.2.2 Typologie des systèmes de production 57
3.2.3 Typologie des exploitations agricoles 62
3.2.4 Diversité des systèmes de culture du riz 66

3.3 Conclusions **69**

3.4 Références **70**

4 Dynamique de la diversité variétale du riz dans la région de Vakinankaratra 72

4.1 Introduction **72**

4.2 La notion de variété **73**

4.3 Richesse variétale et ses déterminants agro-écologiques **75**

4.4 Utilisation de la richesse variétale **79**

4.4.1 Aspect quantitatif de l'utilisation de la richesse variétale 79
4.4.2 Aspects qualitatifs d'utilisation de la richesse variétale 82

4.5 Dynamiques spatiotemporelles des variétés de riz **90**

4.5.1 Dynamiques régionales, circulation des variétés entre villages 90
4.5.2 Dynamique intra-village 90

4.6 Système de nomination vernaculaire des variétés de riz **92**

4.6.1 Systèmes de nomination 92
4.6.2 Homonymie et consistance des noms entre villages 96
4.6.3 Consistance des noms de familles vernaculaires 98

4.7   Gestion des semences 101
4.7.1   Modes d'approvisionnement 101
4.7.2   Modes de production des semences 102
4.7.3   Renouvellement des semences 102
4.8   Discussion 103
4.8.1   Diversité intra variétale 103
4.8.2   Nomenclature, consistance des noms de variétés de riz 104
4.8.3   Déterminants agro-environnementaux de la diversité variétale 106
4.8.4   Dynamique d'utilisation des variétés de riz 107
4.9   Références 109

5   Diversité génétique du riz dans la région de Vakinankaratra : confirmation de l'existence d'un groupe atypique au moyen de marqueurs moléculaires et de caractères agro-morphologiques. 111

5.1   Introduction 111
5.2   Diversité génétique révélée par les marqueurs SSR 113
5.2.1   Diversité génétique 114
5.2.2   Comparaison avec la diversité génétique du riz à l'échelle mondiale 120
5.3   Diversité des caractères agro-morphologiques 121
5.4   Relations entre la structuration moléculaire et la structuration phénotypique de la diversité 122
5.4.1   Correspondance entre les deux classifications 122
5.4.2   Diversité phénotypique des groupes génotypiques 124
5.5   Constitution d'une "core collection" 126
5.5.1   Core collection génotypique 126
5.5.2   Diversité phénotypique de la "core collection" 127
5.6   Discussion 129
5.7   Références 131

6   Distribution éco-géographique de la diversité génétique du riz dans la région de Vakinankaratra et ses déterminants agro-environnementaux. 133

6.1   Introduction 133
6.2   Distribution de la diversité à l'échelle régionale 134
6.2.1   Diversité génotypique 134
6.2.2   Diversité phénotypique 139
6.3   Diversité génétique du riz à l'échelle des villages 140
6.3.1   Diversité génotypique au niveau du village 140
6.3.2   Diversité phénotypique au niveau du village 141
6.4   Diversité au niveau de l'exploitation agricole 143
6.5   Discussion 144
6.6   Références 147

7 Discussion générale 148

7.1 Problématique de recherche, approche et méthodes 148
7.2 Dynamique de la diversité génétique du riz dans la région de Vakinankaratra 150
7.2.1 Importance et répartition de la diversité 150
7.2.2 Gestion paysanne des variétés et des semences de riz 151
7.2.3 Des questions restées en suspens 152
7.3 Perspectives d'évolutions socio-économiques et risques pour le maintien de la diversité 156
7.3.1 Evolution des politiques publiques 156
7.3.2 Evolution de la communauté rurale 157
7.4 Conservation des ressources génétiques du riz dans la région de Vakinankaratra ... 157
7.4.1 Conservation *ex situ* et valorisation pour la création variétale 157
7.4.2 Conservation *in situ*, réconcilier conservation et développement 158
7.5 Références 162

Liste des figures

Figure 1-1 : Modèle conceptuel de la gestion de la diversité par les agriculteurs, selon Bellon (1996). 17

Figure 1-2: Structuration de la diversité génétique de l'espèce asiatique du riz cultivé *O. sativa* (d'après Glaszmann, 1987). 19

Figure 1-3: Distribution géographique de la production de riz à Madagascar et des systèmes de culture associés. 22

Figure 2-1: Subdivision de la région de Vakinankaratra en 10 zones homogènes sur la base de données géographiques, agricoles et rizicoles, et position des 32 villages d'étude retenus. ... 35

Figure 3-1: Carte du relief et des zones climatiques de la région de Vakinankaratra. A, B, C et D, zones climatiques définies par Razafimandimby (2005). 49

Figure 3-2: Distribution spatiale des principales caractéristiques agro-écologiques de la région de Vakinankaratra. A : zones rizicultivées ; B : densité de population ; C : infrastructure routière de la région de Vakinankaratra. 51

Figure 3-3 : Carte des micro-régions agricoles identifiées par Razafimandimby (2005). 53

Figure 3-4: Représentation schématique du calendrier des différents systèmes de culture du riz dans la région de Vakinankaratra, et des données climatiques de la période 2001-2005 dans la zone climatique C (tropical d'altitude, altitude 1650m). 55

Figure 3-5: Projection de 32 villages d'étude sur les plans des axes 1-2 et 1-3 d'une analyse en composantes principales réalisée sur 20 variables quantitatives relatives aux systèmes de production agricole. 59

Figure 3-6: Représentation graphique des corrélations entre les variables descriptives des systèmes de production et les deux premiers axes de l'analyse en composantes principales. .. 60

Figure 3-7: Classification ascendante hiérarchique (utilisant des distances euclidiennes et les critères d'agrégation de Ward) des 32 villages d'étude sur la base de 20 variables quantitatives relatives aux systèmes de production agricole. 60

Figure 3-8: Répartition géographique des villages d'étude en lien avec leur appartenance avec l'un des 3 types de systèmes de production agricole identifiés. 61

Figure 3-9: Projection de 1049 exploitations appartenant aux 32 villages d'étude, sur les plans des axes 1-2 et 1-3 d'une analyse en composantes principales réalisée sur 7 variables quantitatives relatives à la démographie et aux facteurs de production des exploitations. 63

Figure 3-10: Projection de 1049 exploitations appartenant aux 32 villages d'étude, sur les plans des axes 1-2, analyse en composantes principales réalisée sur 7 variables quantitatives relatives à la démographie et aux facteurs de production des exploitations. 64

Figure 3-11: Combinaisons de systèmes de culture du riz présentes chez 1049 exploitations réparties dans les 32 villages d'étude de la région de Vakinankaratra. 67

Figure 4-1: Représentation de la structure génotypique de 8 accessions de riz au moyen de dendrogrammes des distances « Simple matching » construit par la méthode d'agrégation « Neighbor joining ». 74

Figure 4-2: Distribution de la richesse variétale (Sv) dans les 32 villages d'étude de la région de Vakinankaratra. La taille du cercle représentant chaque village indique sa Sv. 77

Figure 4-3: Rôle de l'altitude dans la détermination du nombre de variétés (richesse variétale *Se*) des exploitations agricoles. 78

Figure 4-4: Importance relative des 4 catégories de variétés définies en fonction du % d'exploitations qui les utilisent dans chacun des 32 villages d'étude. 80

Figure 4-5: Représentation graphique de la relation entre la richesse variétale des villages (*Sv*), la richesse variétale moyenne des exploitations (*Se*) et l'indice de diversité de Shannon (*H'*) dans 32 villages de la région de Vakinankaratra. 81

Figure 4-6: Classification ascendante hiérarchique des 306 accessions de riz sur la base de 14 variables qualitatives de description des performances agronomiques des accessions par les agriculteurs. 83

Figure 4-7: Part relative des variétés locales et améliorées dans le portefeuille de variétés de riz des 32 villages d'étude de la région de Vakinankaratra. 88

Figure 4-8: Distribution spatiale de la riziculture pluviale dans la région de Vakinankaratra illustrée par la présence ou non de cette culture dans les 32 villages d'étude. 89

Figure 4-9: Distribution géographique des familles vernaculaires de variétés de riz à vocation régionale (*Rojo* et *Tsipala*) dans la région de Vakinankaratra. 94

Figure 4-10: Distribution géographique des familles vernaculaires de variétés de riz à vocation locale (*Harongana*, *Latsika* et *Tsiraka*) dans la région de Vakinankaratra. 94

Figure 4-11: Distribution spatiale des 10 villages de la région de Vakinankaratra où la variété de riz pluvial FOFIFA 154 est présente et a été baptisée avec des noms malgaches par les agriculteurs. 95

Figure 4-12: Dendrogrammes « Neighbor joining » de 4 groupes d'accessions homonymes construits à partir des distances « simple matching » des génotypes aux 14 loci SSR. Chaque point représente une accession. 97

Figure 4-13: Arbre « Neighbor joining » non-enraciné des 306 accessions de riz construit à partir des distances « simple matching » des génotypes aux 14 loci SSR. Seuls les noms des 4 groupes d'accessions homonymes sont indiqués. 98

Figure 4-14: Longueur et largeur des grains des accessions de riz appartenant à 3 familles vernaculaires, *Botra*, *Rojo* et *Tsipala* définies sur la base du format du grain et de 2 groupes définis sur la base de la coloration *Manga* et *Fotsikely* des organes ou du caryopse. 100

Figure 4-15: Position des accessions appartenant aux cinq familles vernaculaires sur l'arbre « Neighbor joining » non-enraciné de 349 accessions de riz de la région de Vakinankaratra, construit à partir des distances « simple matching » de leur génotype aux 14 loci SSR. 100

Figure 4-16 : Part relative des différents modes d'approvisionnement en semences dans les 32 villages d'étude de la région de Vakinankaratra. 101

Figure 5-1a: Représentation graphique de l'estimation des coefficients d'appartenance aux trois populations identifiées par la méthode Bayesienne de Pritchard et *al.* (2000), de 262 accessions de riz de la région de Vakinankaratra sur la base de leur génotype aux 14 loci SSR. 115

Figure 5-1b: Valeurs de la statistique $\Delta K = LnP(K_n - K_{n-1})$ permettant de considérer le chiffre de 3 comme le nombre optimal de sous-populations...115

Figure 5-2 : Plans des axes 1-2 et 1-3 de l'analyse factorielle sur distance "simple matching". Les pourcentages de la variation associés aux axes 1, 2 et 3 sont respectivement de 20.9%, 11.8% et 5.1%. 117

Figure 5-3 : Arbre non enraciné construit par la méthode de N-J à partir de distances "simple matching". 118

Figure 5-4 : Dendrogramme de classification de 306 accessions de riz irrigué de la région de Vakinankaratra construit, selon la méthode d'agrégation de Ward, à partir des distances euclidiennes pour les 13 variables quantitatives, troncature automatique. 122

Figure 5-5: Plan des 2 axes d'une analyse factorielle discriminante conduite avec 13 variables quantitatives de 278 accessions de riz irrigué collectées dans la région de Vakinankaratra classées dans 3 groupes génotypiques Gg1, Gg2 et Gg3 sur la base de leur génotype à 14 loci SSR. 124

Figure 5-6 : Courbe de redondance génotypique de 349 accessions de riz montrant l'accumulation de la richesse allélique en fonction du nombre d'accessions. Chaque point représente la moyenne de 20 répétitions du processus de tirage et d'évaluation d'enrichissement allélique. 127

Figure 5-7: Arbre de Neighbor joining non-raciné des 35 accessions de la "core collection" construit à partir des distances « simple matching » des génotypes aux 14 loci SSR. 128

Figure 6-1: Relation entre F_{ST} par paire de villages et position géographique des 2 villages l'un par rapport à l'autre. 137

Figure 6-2: Dendrogramme de différenciation génétique 2 à 2 des 32 villages de la région de Vakinankaratra, basé sur le génotype aux 14 loci SSR, construit sur le critère d'agrégation totale. 138

Figure 6-3: Fréquences d'utilisation des 3 groupes phénotypiques de riz irrigué Gp1, Gp2 et Gp3 dans chacun des 32 villages d'étude. 139

Figure 6-4 : Relation entre l'altitude des 32 villages d'étude et le nombre moyen d'allèles par locus (Nav) dans ces mêmes villages au niveau de 14 loci SSR. 141

Liste des tableaux

Tableau 2-1: Questions traitées dans la thèse, données collectées et méthodes d'analyse mises en œuvre pour y répondre. 33

Tableau 3-1: Classe d'altitude et position des 32 villages d'étude dans les 4 zones climatiques de la région de Vakinankaratra. 56

Tableau 3-2: Répartition des villages d'études dans les 4 zones climatiques et les 4 classes d'altitude de la région de Vakinankaratra en fonction de leur niveau d'accès à l'encadrement agricole. 56

Tableau 3-3: Description des 3 grands types de systèmes de production (SP) de la région de Vakinankaratra identifiés à partir d'un échantillon de 32 villages d'études. 61

Tableau 3-5: Barycentre des 7 variables descriptives de la diversité des 1049 exploitations agricoles d'étude, pour les trois groupes d'exploitations définis par la classification ascendante hiérarchique. 65

Tableau 3-6: Distribution des trois des effectifs des groupes d'exploitations agricoles identifiés dans la région de Vakinankaratra dans les classes des 3 zonages agro-écologiques de la région. 65

Tableau 3-7 : Combinaisons de systèmes de culture du riz recensées dans la région de Vakinankaratra et proportion des exploitations qui les pratiquent dans les 32 villages d'étude. 68

Tableau 4-1: Structure génétique d'accessions de riz considérés par leur détenteur comme une seule entité, la variété étant définie par un nom. 73

Tableau 4-2: Distribution géographique des variétés de même nom recensées dans plusieurs villages. 77

Tableau 4-3: Distribution des accessions des quatre groupes variétaux identifiés sur la base des profils par les agriculteurs (Ga1 à Ga4), dans 4 intervalles d'altitude. 82

Tableau 4-4: Répartition (%) des accessions des 4 groupes issus des profils variétaux dressés par les agriculteurs (Ga1 à Ga4) dans les 3 groupes phénotypiques (Gp1, Gp2, Gp3 et NC) et génotypiques (Gg1, Gg2, Gg3 et NC) issus de caractérisation agro-morphologique au champ et de génotypage au laboratoire. 84

Tableau 4-5: Distribution des 306 accessions de riz irrigué collectées, selon leur type : variété locale ou améliorée et selon l'ancienneté de leur présence dans les 32 villages d'étude. 87

Tableau 4-6: Répartition des types de variété, locale ou améliorée, par classe d'altitude, pour la riziculture irriguée. 88

Tableau 4-7: Importance relative des 6 catégories de nom des 306 accessions de riz irrigué collectées dans 32 villages de la région de Vakinankaratra. 93

Tableau 4-8: Principaux qualificatifs rattachés aux 5 familles de noms vernaculaires des variétés de riz irrigué de la région de Vakinankaratra. 93

Tableau 4-9: Variabilité phénotypique au sein de groupes d'accessions homonymes. 97

Tableau 4-10: Variabilité phénotypique au sein des familles vernaculaires de riz dans la région de Vakinankaratra. 99

Tableau 5-1: Diversité des 349 accessions de riz de la région de Vakinankaratra, au niveau de 14 loci SSR. 114

Tableau 5-2: Paramètres de diversité des trois groupes identifiés parmi les 349 accessions de riz collectées dans la région de Vakinankaratra et parmi les 262 accessions à génotypes distincts qu'elles représentent au niveau de 14 loci SSR. 118

Tableau 5-3: Différentiation génétique F_{ST} entre les trois groupes génétiques (Gg) identifiés dans la population des 262 accessions de riz de la région de Vakinankaratra. 119

Tableau 5-4: Fréquences alléliques aux 14 loci SSR, au sein des trois groupes génotypiques (Gg) identifiés dans la population des 349 variétés de riz de la région de Vakinankaratra. ... 119

Tableau 5-5 : Nombre d'allèles aux 14 locus SSR, au sein de 262 accessions des riz de Vakinankaratra et au sein de 2 collections représentatives de la diversité mondiale du riz... 120

Tableau 5-6: Variabilité de 13 variables agro-morphologiques quantitatives au sein des 306 accessions de riz irrigué collectées dans la région de Vakinankaratra. 121

Tableau 5-7 : Correspondance entre groupes génotypiques (Gg) révélés par les marqueurs moléculaires SSR et groupes phénotypiques (Gp) révélés par les variables agro-morphologiques, parmi les variétés de riz irrigué de la région de Vakinankaratra. 123

Tableau 5-8 : Indice H' de Shannon-Weaver pour les différentes variables phénotypiques des 3 groupes génotypiques identifiés parmi les variétés de riz de la région de Vakinankaratra. 125

Tableau 5-9: Résultats des comparaisons des moyennes des caractères quantitatifs des trois groupes génotypiques (Gg) par analyse de variance. 126

Tableau 5-10: Comparaison de la diversité phénotypique de la collection des 306 accessions de riz de la région de Vakinankaratra avec celle de la "core collection" de 35 accessions. ... 128

Tableau 6-1: Distribution des trois groupes génotypiques (Gg1, Gg2 et Gg3) en fonction de l'altitude des villages où les accessions ont été collectées. 135

Tableau 6-2: Différenciation (F_{ST}) entre les 4 intervalles d'altitude et entre villages à l'intérieur de chacun des 4 intervalles d'altitude identifiés dans la région de Vakinankaratra. 135

Tableau 6-4: Distribution des 3 groupes phénotypiques Gp1, Gp2 et Gp3 et des variétés de riz pluvial dans les 4 intervalles d'altitude et les 4 zones climatiques. 139

Tableau 6-5: Indice de diversité phénotypique H' de Shannon-Weaver pour les 4 intervalles altitudinaux et les 4 zones climatiques de la région de Vakinankaratra. 140

Tableau 6-6: Diversité phénotypique des variétés de riz maintenues dans les 32 villages de la région de Vakinankaratra. 142

Tableau 6-7: Analyse hiérarchique de variance multivariée (Nested Manova) des données agro-morphologiques. 143

1 Introduction

1.1 Problématique de la thèse

1.1.1 Nécessité d'améliorer la productivité agricole dans les agrosystèmes traditionnels

Un grand nombre de pays en développement font face à une augmentation rapide de leur population et l'augmentation de la production agricole pour assurer la sécurité alimentaire y constitue un défi majeur. Par exemple, dans le cas du riz, aliment de base de plus de la moitié de la population mondiale, on estime que la production devra augmenter de 40% d'ici 2030 pour satisfaire la demande (Khush, 2005). L'amélioration du niveau de vie et du bien-être des populations rurales constitue un autre défi majeur. Parmi le milliard de personnes qui vivent dans la pauvreté, trois quarts se trouvent en milieu rural (World Resources Institute, 2005). La lutte contre cette pauvreté constitue l'un des objectifs du Millénaire adoptés par la communauté internationale en 2000. L'augmentation de la productivité agricole et l'orientation des communautés rurales vers la commercialisation de leurs productions sont souvent considérées comme des éléments clés pour relever ces défis. Ainsi, les paysans, qui pratiquent encore majoritairement une agriculture traditionnelle de subsistance, sont de plus en plus appelés à augmenter leur production pour subvenir à leurs besoins monétaires croissants et pour approvisionner les villes en denrées alimentaires. L'extension des superficies cultivées étant de moins en moins possible, l'augmentation de la production passe par l'accroissement de la productivité. Pour ce faire, les paysans s'éloignent de plus en plus de l'agriculture traditionnelle et ont recours à l'agriculture intensive fondée sur l'exploitation de processus biologiques, y compris des « variétés améliorées », très dépendants de l'utilisation de pesticides, d'engrais chimiques, d'eau et d'énergie fossile.

Ainsi, quelles que soient les échelles : exploitation, région géographique ou pays, ou même à l'échelle mondiale, l'amélioration de la productivité est nécessaire pour affronter la croissance démographique et lutter contre la pauvreté. Or c'est dans le cadre de leur agriculture traditionnelle que les paysans assuraient le maintien d'une importante diversité génétique (Altieri and Merrick, 1987; Brush, 1989).

1.1.2 Productivité et maintien de la diversité, de l'antagonisme à la convergence

Au cours du 20ème siècle, l'adoption à grande échelle des variétés améliorées à haut rendement et des techniques agricoles adaptées s'est traduite, dans de nombreux pays et pour de nombreuses cultures, par une nette amélioration de la productivité agricole. La révolution verte, par exemple, a fortement augmenté la production de céréales (maïs, blé et riz) en Asie et en Amérique latine entre 1960 et 2000. Les consommateurs ont bénéficié de la baisse du prix de la nourriture, la consommation moyenne par habitant a augmenté et s'est traduit par l'amélioration de la santé et de l'espérance de vie des populations (Evenson and Gollin, 2003).

Par contre, cette amélioration de la productivité a eu un impact négatif sur le maintien de la biodiversité agricole : un grand nombre de variétés traditionnelles, aux structures génétiques non homogènes et adaptées chacune à une petite région agricole, ont été supplantées par un petit nombre de variétés améliorées aux structures génétiques très homogènes et pouvant être cultivées sur de très grandes superficies ; certaines variétés traditionnelles ont été perdues (FAO, 1996).

Alors que de nombreux auteurs ont attiré l'attention sur les pertes massives de variétés traditionnelles (Bellon and Brush, 1994) sans pouvoir les quantifier, car les études diachroniques sont rares, d'autres, comme Duvick (1984), sélectionneur renommé aux USA, ont considéré que la diversité génétique à la ferme n'est qu'une forme de la diversité : le processus moderne de création et de diffusion variétale, en s'appuyant sur des pools génétiques très larges, offre l'occasion d'innombrables nouvelles recombinaisons génétiques peu probables dans la nature. Ainsi pour lui, la sélection moderne contribue à élargir sans cesse la diversité disponible au niveau de la ferme, et permet de s'adapter aux évolutions des contraintes biophysiques et à la demande du marché.

Une chose est certaine : à partir des années 60s, une grande partie de la variabilité génétique est passée du champ à la chambre froide. De même, le statut des ressources génétiques est passé, au cours des cinquante dernières années, de bien public à bien protégé par des droits de propriété.

Mais dès le début des années 70, des voix se sont élevées pour souligner les risques que représentait la réduction inexorable de la biodiversité agricole (Harlan, 1965). Au début des années 80s, l'émergence des notions de développement durable et d'agriculture durable (« Sustainable development ») soit : « une agriculture qui répond aux besoins des générations présentes sans compromettre la capacité des générations futures, en respectant les limites écologiques, économiques et sociales et en protégeant la biodiversité » met en cause le modèle d'augmentation de la productivité au détriment de la biodiversité agricole. Plus récemment, a été développée la notion d'intensification écologique qui vise à « mieux utiliser le fonctionnement écologique des écosystèmes pour la production agricole » (Griffon, 2006). De même, se développe la réflexion et les recherches sur un phénomène souligné dès le milieu du 19ème siècle par Charles Darwin : « la culture en mélange de plusieurs variétés de blé a un rendement plus élevé que celle de chacune des variétés séparément ». En fait, l'introduction d'une diversité fonctionnelle dans des peuplements mono-spécifiques pour en optimiser les performances a été conceptualisée dès les années 20 par des sélectionneurs et pathologistes confrontés à l'effondrement des résistances variétales vis-à-vis des maladies, en particulier celles propagées par le vent (Finckh et al., 2000). Aujourd'hui, la valorisation de la diversité fonctionnelle pour d'autres objectifs de production (atténuation de l'effet des fluctuations climatiques imprévisibles, amélioration de la qualité, meilleure résistance à la verse, ...) se développe rapidement, aux USA, en Europe, en Australie ou en Chine, en particulier dans le contexte de « l'agriculture biologique » (Østergård and Fontaine (Eds.), 2006).

Ainsi des agricultures modernes, fortement connectées aux marchés, redécouvrent, au moins pour des objectifs particuliers, des pratiques de gestion des variétés et des semences que l'on croyait vouées à la disparition. Les pratiques d'association de cultures et de mélanges variétaux des agricultures traditionnelles ne sont donc plus rejetées comme s'opposant à la rationalisation des activités et aux gains économiques liés à la spécialisation et à la division sociale du travail.

1.1.3 Questions de recherche relatives à la conservation des ressources génétiques des plantes cultivées

Alors que les agricultures modernes redécouvrent les valeurs d'assurance, d'adaptation et de meilleure efficience économique du maintien de la biodiversité agricole, non seulement à l'échelle de la parcelle cultivée mais aussi à celle de l'exploitation agricole et d'écosystèmes (Brock and Xepapadeas, 2002; Aulong et al., 2006), il se pose aux agricultures traditionnelles la question d'améliorer leur productivité tout en ménageant le capital de biodiversité agricole que représentent les ressources génétiques qu'elles maintiennent.

La réponse à cette question générale passe, notamment, par une meilleure connaissance:

- De la valeur économique de la diversité à l'échelle de la région ou du pays pour l'intégrer dans les politiques de développement ;
- Des mécanismes biologiques impliqués dans la valeur adaptative et dans la plus grande efficience agronomique de la diversité, pour concevoir des innovations techniques qui valorisent cette diversité à l'échelle de la parcelle et du paysage ;
- Des dynamiques actuelles de la biodiversité agricole dans les agrosystèmes traditionnels, pour intégrer le maintien de la diversité *in situ* dans les projets de développement local, sans oublier que ces dynamiques sont très fortement liées aux contextes socioculturels, économiques et biophysiques locaux.

Dans le cadre de cette thèse, nous avons choisi de nous intéresser à la question des dynamiques actuelles de la biodiversité agricole dans les agrosystèmes traditionnels, et d'aborder cette question à travers le cas de la diversité génétique du riz à Madagascar, un pays de grande tradition rizicole mais encore faiblement touché par la révolution verte.

Dans ce qui suit, nous allons présenter l'état des connaissances sur la problématique de la conservation des ressources génétiques, ainsi que sur les ressources génétiques du riz dans le monde et à Madagascar, avant de préciser l'objectif de notre thèse.

1.2 La conservation des ressources génétiques des plantes cultivées

1.2.1 Origine de la conservation des ressources génétiques

1.2.1.1 Emergence de la notion de ressources génétiques

C'est au début du 18ème siècle avec les grandes missions scientifiques d'exploration et d'inventaire autour du monde que naît la prise de conscience de l'importance de la diversité des plantes cultivées (Feyt et Sontot, 2000). Vavilov (1926) avait effectué des prospections et des collectes de matériel végétal dans plusieurs pays. Il avait constaté que la distribution des espèces et des variétés des plantes cultivées ainsi que leurs apparentés sauvages n'est pas homogène partout dans le monde. Il parlait des « centres d'origine » des espèces. Le travail de Vavilov avait abouti à la mise en place d'une collection à St Petersburg. Ainsi, le premier centre national et programme pour la conservation des ressources génétiques était l'institut fondé par Vavilov dans les années 20 (Pistorius, 1997; Scarascia-Mugnozza and Perrino, 2002).

La notion de ressources génétiques (RG) a été conceptualisée par Otto Fränkel (1967) dans le cadre de l'accompagnement de la révolution verte par l'organisation des Nations unies pour l'alimentation et l'agriculture (FAO) et les Centres du « Consultative Group on International Agricultural Research » CGIAR). La révolution verte a consisté en la diffusion auprès des agriculteurs du Sud de variétés demi-naines à haut potentiel de production et à la mise en place des mesures d'accompagnement technique et économique nécessaires à la réalisation du potentiel de ces variétés. Les premières nouvelles variétés venant du CIMMYT (Centre international pour l'amélioration du maïs et du blé) au Mexique pour le cas de blé, et de l'Institut international de recherche sur le riz (IRRI) aux Philippines pour le riz, ont été adoptées massivement, notamment dans les zones où l'accès à l'irrigation était facile (Evenson and Gollin, 2003; Swaminathan, 2006). Le revers de la médaille était l'abandon des variétés traditionnelles par les agriculteurs et donc le risque de leur disparition. Des ressources génétiques pouvant être essentielles pour le développement futur de l'agriculture étaient menacées (Fowler and Mooney, 1990; Cooper *et al.*, 1992; FAO, 1996).

Tout en favorisant la diffusion de variétés plus performantes dans les pays du sud, la FAO et les centres du CGIAR ont reçu le mandat de conserver les cultivars traditionnels locaux considérés comme patrimoine commun de l'humanité et ressources en libre accès. Cette conception des ressources génétiques a été formalisée dans « l'engagement international sur les ressources phytogénétiques » (FAO, 1983). Les catégories de ressources génétiques retenues dans cet engagement sont, selon la terminologie de l'époque : les espèces sauvages et adventices apparentées, les cultivars locaux primitifs, les variétés obsolètes, les variétés cultivées actuelles, les souches génétiques spéciales. Du point de vue biologique, ces catégories de ressources génétiques sont en accord avec la notion d'espèce biologique et la possibilité d'échanges de gènes par voie sexuée. Elles ont été précisées et formalisées sous la forme des pools géniques (Harlan and De Wet, 1971) et des complexes d'espèces (Pernès, 1984). Pour favoriser l'adoption de cet « engagement », une interprétation concertée a été fondée sur la reconnaissance mutuelle du droit des obtenteurs de variétés protégées par le Certificat d'obtention végétale (COV) et du droit des paysans. Ces actions en faveur des ressources génétiques d'intérêt agricole et alimentaire ont été accompagnées par la création en 1974 d'une organisation internationale spécialisée pour les ressources génétiques, « International Board for Plant Genetic Resources » (IBPGR), chargée de promouvoir la collecte et la conservation des ressources génétiques.

1.2.1.2 La conservation des ressources génétiques

Sous l'impulsion de l'IBPGR, de nombreuses prospections ont été réalisées de par le monde, spécialement dans les « centres d'origine » et les « centres de diversité » des principales espèces cultivées qui se trouvent majoritairement dans les pays du tiers monde (Brush, 1989). Chaque pays a également réalisé des prospections locales de ses ressources génétiques pour les principales plantes cultivées.

Les accessions collectées, souvent regroupées par espèce, ont été conservées dans des centres internationaux, régionaux ou nationaux. La méthode de conservation la plus utilisée a été la conservation des graines à basses températures (FAO, 2006), en particulier pour les graines « orthodoxes », que l'on peut faire sécher jusqu'à ce que leur teneur en eau soit assez faible pour qu'elles puissent être conservées à de basses températures. Pour les espèces à graines dites « récalcitrantes » qui ne peuvent pas être séchées et conservées longtemps, et pour les espèces à multiplication végétative, c'est la méthode de conservation au champ qui a été adoptée. Le jardin botanique pour les plantes pérennes (arbres fruitiers), la conservation des cellules *in vitro*, le stockage des pollens sont d'autres manières de conservation de ressources génétiques (Maxted et *al.* 1997).

1.2.1.3 Les acquis

Résultat de l'effort mondial de conservation, en 1996 la FAO (1996) comptait plus de 1 300 banques de gènes et collections de semences dans le monde, conservant plus de 6 100 000 accessions. La majorité de ces collections concerne les principales plantes alimentaires : céréales (40%) et légumineuses vivrières (15%) à graines orthodoxes. Les légumes, les racines et tubercules, les fruits et les fourrages représentent, chacun, moins de 10% des collections mondiales (FAO, 1996) alors que ces proportions restent largement supérieures à la contribution de ces cultures à la production mondiale de produits agricoles (Harlan, 1995).

Au cours des années 80s et 90s, ces collections ont été utilisées pour analyser la structuration de la diversité génétique des espèces cultivées et les processus de domestication (Hawkes, 1985). De même, certaines d'entre elles ont fait l'objet de criblage systématique pour la recherche de sources de résistance à des contraintes biotiques et abiotiques (Hawkes, 1985; Brush, 2000b; Baenziger *et al.*, 2006).

Cependant, dès 1984, Fränkel et Brown (1984) attiraient l'attention sur le fait que l'augmentation considérable de la taille des collections rendait impossible leur évaluation systématique pour des caractères autres que ceux rapidement et facilement mesurables sur une plante unique ou un très petit nombre de plantes. Ils proposaient alors de réduire les collections en « core collection » constituée d'un petit nombre d'accessions « représentatives » de la diversité génétique de l'espèce cultivée et des espèces sauvages apparentées. Les efforts d'évaluation et d'utilisation seraient alors concentrés sur cette core collection qui constituerait le point d'entrée à la collection principale. Les stratégies de construction des « core collections » ont donné lieu par la suite à de nombreux travaux de recherche méthodologique (Brown, 1989; Brown and Schoen, 1994). L'avènement des outils moléculaires a permis d'asseoir la construction des « core collections » sur l'analyse de la structure génétique de chaque espèce (Hawkes, 1985). Ainsi, le développement des outils de génotypage à haut débit et de cartographie génétique par l'approche d'association a relancé récemment l'intérêt de la communauté scientifique pour la constitution de « core collections » finement caractérisées.

1.2.1.4 L'accès aux ressources génétiques conservées

La rentrée en vigueur, en 1993, de la Convention sur la diversité biologique (CDB) a représenté une étape importante dans l'évolution du statut et des conditions d'accès aux collections des RG. La CDB pose le principe de droit souverain des Etats sur leurs RG, qui n'est pas un droit de propriété mais un droit de légiférer dans les domaines suivants -1- droits d'accès aux RG, -2- droits d'utilisation des RG, et -3- modalités de partage juste et équitable des avantages découlant de leur utilisation. En 2001, la FAO a organisé une conférence visant la mise en place d'un « Traité international sur les ressources phytogénétiques pour l'alimentation et l'agriculture » (le Traité). Celui-ci, entré en vigueur en 2004, a remanié l'Engagement international de la FAO pris en 1983, pour le rendre compatible avec les dispositions de la CDB. Le principe est que tout échange de ressources génétiques doit être encadré par un contrat. Ce contrat répondant à la législation nationale du pays fournisseur de RG prise en application des principes généraux de la CDB, notamment le consentement préalable en connaissance de cause du fournisseur, et le partage juste et équitable des avantages découlant de l'utilisation de RG. L'accès aux RG, en particulier aux RG des plantes alimentaires est garanti, gratuit, et rapide. L'accès à la ressource phytogénétique inclut les données passeport et les informations non confidentielles attachées. L'accès est accordé aux seules utilisations suivantes : la conservation, la recherche, la sélection et la formation. Pour tout autre usage : chimique, pharmaceutique et autres emplois non alimentaires et non agricoles, c'est le régime de la CDB qui continue de s'appliquer.

- **Droits de propriété intellectuelle** : aucun droit de propriété intellectuelle ne pourra être pris sur les ressources phytogénétiques et leurs composants génétiques sous la forme reçue. De plus, l'interdiction de breveter les composantes génétiques (ADN) ne sera effective que si la ressource a été fournie sous cette forme de composantes génétiques (ADN), et non sous toute autre forme telle que semence, graine, plante… De même aucun certificat d'obtention végétale ne pourra être déposé sur la variété telle que fournie.
- **Partage des avantages découlant de l'utilisation des ressources génétiques :** un bénéficiaire commercialisant un produit pour l'alimentation et l'agriculture qui incorpore une ressource phytogénétique fourni selon le Traité doit verser à un fonds international géré par la FAO (et non au pays d'origine comme dans le cas de la CBD) une part

équitable des avantages découlant de cette commercialisation, sauf si ce produit est disponible sans restrictions à des fins de recherche et de sélection. Donc en cas d'exploitation commerciale d'un produit breveté, il y a une obligation de verser au fonds. En cas d'exploitation d'un produit non breveté ou protégé par Certificat d'obtention végétale(COV),il y a uniquement un encouragement à verser à ce fonds mais non pas une obligation.

Les collections constituées avant 1993 semblent échapper – non de manière expresse mais plutôt par vide juridique – aux obligations de la CDB. Toutefois, ce point est susceptible d'évolution : certaines collections pourraient rentrer dans le « système d'accès multilatéral facilité » en cours de négociation dans le cadre de l'Engagement international sur les RG de la FAO ; pour les autres, leur statut reste à préciser (cas des collections des CGIAR, des collections encadrées par des accords bilatéraux, …).

Aujourd'hui, les accessions conservées dans les centres internationaux sont d'accès relativement facile dans le cadre d'Agréments de transfert de matériel qui respectent le « Traité international » de la FAO ; par contre l'accès aux ressources génétiques conservées dans les collections nationales devient de plus en plus difficile.

Si les collectes massives des années 70s et 80s, ont permis de « sauver » les ressources génétiques menacées, s'est posée rapidement la question des modalités d'utilisation effective de ces ressources dans les programmes d'amélioration. En effet, le nombre d'accessions étant élevé, l'évaluation de leurs performances agronomiques était quasi impossible, si ce n'est pour des caractères très simples, souvent qualitatifs, pouvant être mesurés sur une plante unique ou, au moins, dans des dispositifs expérimentaux ne nécessitant pas de répétition.

Pour répondre à cette question, la nécessité de constituer une « core collection » a été justifiée. Les accessions non incluses dans cette « core collection » ne seraient, bien entendu, pas éliminées mais conservées comme réserve.

1.2.1.5 Les insuffisances des banques de gènes et la nécessité d'autres modes de conservation

Au-delà de la question d'utilisation des nouvelles acquisitions, les banques de gènes ont eu à faire face rapidement à d'autres catégories de problèmes et de questions, notamment, la représentativité des collections rassemblées, la logistique de leur maintenance physique et la question de leur valeur adaptative à long terme.

Hawkes (1985) rapporte que la majorité des collections conservées par les centres du CGIAR, ne sont pas complètes parce que la collecte et la prospection des accessions n'ont pas été faites de manière systématique et exhaustive. Donc une partie des ressources génétiques qui pourraient être utiles dans le futur ont été involontairement oubliées à l'extérieur des lieux de conservation habituels (FAO, 1996; Brush, 2000a).

Le Rapport sur l'état mondial des ressources génétiques pour l'alimentation et l'agriculture (FAO, 1996) a fait état de difficultés importantes dans la régénération des collections de graines, faute de moyens adaptés. Les pertes des accessions dues aux défaillances des conditions de conservation, aux maladies et parasites, aux événements inattendus et aux déficits budgétaires, sont fréquentes, en particulier dans les pays en voie de développement. Seuls les centres régionaux ou internationaux dotés de moyens importants opèrent selon les normes recommandées.

Enfin, isolant les accessions de leurs agro-écosystèmes d'origine, les banques de gènes empêchent leur évolution constante sous l'effet de la sélection naturelle et humaine. Ces processus évolutifs, qui rendent les accessions uniques et capables de s'adapter aux environnements changeants (Altieri and Merrick, 1987), sont particulièrement importants chez les agriculteurs traditionnels où les plantes échangent souvent des gènes avec leurs apparentées sauvages (Harlan, 1965). Le caractère statique de la conservation des ressources génétiques dans les banques de gènes, pourrait donc rendre le matériel rassemblé obsolète et inutilisable dans le futur du fait de l'évolution des agro-écosystèmes (Brush, 1991). Au-delà des ressources génétiques elles-mêmes, se pose donc la question de la conservation des sources naturelles de la diversité sur le long terme (Oldfield and Alcorn, 1987).

1.2.2 Conservation *in situ* des ressources génétiques

1.2.2.1 Définition

La conservation *in situ* est définie comme la préservation d'espèces animales ou végétales dans leur habitat original, là où elles vivent de façon naturelle (Vernooy, 2003). Elle est également définie par Brown (2000) comme « la maintenance de la diversité présente dans et entre populations de l'ensemble des espèces utilisées en agriculture, ou utilisées comme source de gènes, dans les habitats où cette diversité est apparue et continue à se développer ». La conservation des peuplements spontanés des espèces exploitées par l'homme, espèces forestières par exemple, se fait dans leurs milieux naturels ; celle des espèces cultivées se fait à la ferme.

La conservation *in situ* à la ferme est définie comme la continuité de la culture de diverses espèces et variétés de plantes par les agriculteurs dans les agro-écosystèmes où elles ont évolué (Bellon, 1997). Cette définition intègre implicitement la cohabitation avec les espèces apparentées spontanées. Dans la suite du texte, lorsque nous parlerons de la conservation *in situ* nous considérerons uniquement la conservation *in situ* à la ferme.

1.2.2.2 Motivation et objectifs

La conservation *in situ* est motivée par la crainte de perdre une partie des ressources génétiques qui pourraient être utiles pour résoudre les problèmes futurs et par la volonté de maintenir les processus évolutifs à l'œuvre dans les variétés de populations cultivées dans les systèmes traditionnels. Sans la conservation *in situ*, la conservation *ex situ* ne pourrait plus recevoir de nouvelles accessions diversifiées. Les conservations *in situ* et *ex situ* n'ont pas les mêmes objectifs, ne mettent pas en œuvre les mêmes processus et ne conservent pas les mêmes quantités et qualités de diversité. Parce que la collection *ex situ* ne peut se satisfaire du matériel du passé sans se soucier de celui qui existe aujourd'hui, la conservation *in situ* est nécessaire pour l'alimenter.

La biodiversité peut être analysée à de nombreux niveaux: écosystèmes, espèces, populations, individus, gènes, etc., aussi bien en milieu naturel qu'en milieu anthropisé, agricole. La conservation *in situ* permet la conservation de la biodiversité agricole à ces différents niveaux quand on envisage la conservation d'agrosystèmes complets incluant les différentes espèces cultivées, leurs apparentées sauvages et adventices. Ce qui ne peut pas être réalisé dans la conservation *ex situ* (Brush, 1991).

Par contre, la conservation *in situ* ne permet pas de maintenir à long terme le matériel génétique à l'identique parce qu'elle est inscrite dans un mode de gestion dynamique. Le matériel génétique y est en perpétuelle évolution suivant les changements environnementaux et socio-économiques. De ce fait, la conservation *in situ* n'est pas autonome mais complémentaire de la conservation *ex situ* (Maxted *et al.*, 1997).

1.2.2.3 Mise en œuvre

Les expériences de mise en œuvre de conservation *in situ* sont rares. Le rapport de la FAO (2006) sur l'état des ressources phytogénétiques indique que rares sont les projets de conservation *in situ stricto sensu*. Dans la plupart des cas, la conservation *in situ* est associée au soutien aux systèmes agricoles traditionnels, à la sélection et diffusion variétale par des approches participatives, ou encore à des banques de gènes communautaires qui constituent une forme de conservation *ex situ*. Dans de nombreux cas, les projets consistent en la réintroduction de variétés traditionnelles.

Par exemple, en Inde, le programme de conservation à la ferme lancé par la « Green Foundation », mené dans 137 villages et sur plus de 3000 exploitations familiales, a réintroduit les variétés traditionnelles d'une large gamme de plantes alimentaires: le riz pluvial (16 variétés), le riz irrigué (49 variétés), le Sorgho (26 variétés)... L'évaluation participative de ces variétés a permis de montrer les avantages de l'utilisation des variétés traditionnelles notamment dans des conditions de production très difficiles telle que la sécheresse ou le manque d'intrants (Green Foundation, Annual report 2007-2008).

En Chine, dans la province du Yunnan, des variétés traditionnelles de riz complètement remplacées et donc abandonnées au bénéfice de variétés améliorées, ont été réintroduites dans le cadre d'un projet de lutte contre les maladies. En effet, au sein de mêmes champs, la culture intercalée de lignes de variétés traditionnelles et de variétés hybrides a permis de réduire fortement la pression parasitaire. Les superficies cultivées de cette manière progressent rapidement (Zhu *et al.*, 2003).

1.2.2.4 Questions relatives à la conservation in situ des ressources génétiques

Alors que les années 80s et 90s ont été marquées par un débat idéologique entre les tenants de la conservation *in situ* et *ex situ*, aujourd'hui le débat porte sur les modalités pratiques de la conservation *in situ* (Fowler and Jiggins, 2000). Face à la grande diversité des situations selon les communautés d'agriculteurs considérées, la question la plus importante est de savoir comment maintenir les processus évolutifs et les modes de production traditionnels ? Quelles sont les méthodes de conservation qui ne mettent pas en cause l'intérêt économique des agriculteurs et ne sont pas contraires à l'éthique ?

A ce jour aucune stratégie universellement applicable n'a été proposée et il est peut-être illusoire d'en rechercher une. Les études de cas montrent des situations très différentes suivant les régions, les espèces et les traditions locales, et souligne la nécessité de développer des solutions spécifiques au cas examiné. Une typologie des différentes situations, à partir des études de cas disponibles, pourrait permettre de proposer un nombre limité de stratégies adaptées à chaque grand type de situation.

Par ailleurs, la gestion à la ferme des ressources phytogénétiques incombe aujourd'hui à un milliard de personnes appartenant à des familles rurales. Cette gestion est très mal documentée, son efficacité est mal connue pour ce qui est du maintien des gènes et des combinaisons génétiques. Le choix des plantes à cultiver repose sur l'agriculteur, or les facteurs influençant sa décision sont complexes et malaisés à comprendre (FAO, 1996).

Selon Jarvis et *al.* (2000), avant d'établir un programme de conservation *in situ* des ressources génétiques des recherches préalables sont nécessaires pour répondre aux questions suivantes :

- Quelle est la distribution de la diversité génétique maintenue par les paysans dans le temps et dans l'espace ?
- Quels sont les processus utilisés par les paysans pour maintenir la diversité génétique dans

la ferme ?
- Quels sont les facteurs influençant les paysans dans le maintien de la diversité génétique dans la ferme ?
- Qui prend la décision sur le maintien de la diversité génétique ? (homme, femme, jeune, vieux, riche, pauvre, groupe ethnique)

Les recherches sur la conservation *in situ* intègrent donc une dimension sociologique. En effet, le fonctionnement des communautés rurales, les règles de décision personnelles et familiales sont des éléments essentiels dans la dynamique des systèmes traditionnels de culture et de gestion de la diversité.

1.3 Diversité génétique *in situ*

1.3.1 Définition et importance

http://www.chemicalgraphics.com/La diversité génétique est la variabilité qui existe au niveau des gènes ou des associations de gènes (génotypes). Elle peut se définir sur le plan des allèles, (qui fixent les traits caractéristiques, par exemple la capacité ou l'incapacité à métaboliser telle ou telle substance), ou sur des unités plus vastes telles que des associations de gènes (haplotypes) ou des génotypes.

La diversité génétique est la "matière première" qui permet l'évolution des espèces et donc leur adaptation. Plus une population ou une espèce est diversifiée sur le plan des gènes, plus elle a de chances que certains de ses membres arrivent à s'adapter aux modifications survenant dans l'environnement.

En milieu non anthropisé, la diversité génétique d'une même espèce augmente en général avec la variabilité des conditions de l'environnement. Si celui-ci offre une grande variabilité, ce ne sont pas les mêmes combinaisons de gènes qui seront avantagées dans ses différents compartiments. Des populations différentes assureront le maintien de l'espèce et la diversité génétique globale sera maintenue à un niveau élevé. Par contre, si l'environnement est homogène, les quelques gènes qui représentent un atout dans ces conditions se propageront au détriment des autres, ce qui entraînera un appauvrissement de la diversité génétique. Ce raisonnement est valable pour les gènes sélectionnés contribuant directement à l'adaptation des populations. Mais à un moment donné, dans une population donnée, une part importante de la variabilité n'est pas soumise à la sélection, on dit alors que cette variabilité est neutre vis-à-vis de la sélection. L'importance de cette variabilité neutre dépend des taux de mutations aux différents locus neutres et de l'effectif de la population. La structuration en nombreuses sous-populations est un moyen de maintenir une importante diversité sur l'ensemble des sous-populations, car, bien que la dérive génétique agisse dans chacune des sous-populations, ce ne seront pas les mêmes allèles qui seront perdus ou fixés (Levins, 1970; Olivieri *et al.*, 1990). Le maintien de la diversité, en particulier moléculaire, dans un système compartimenté n'est donc pas, loin s'en faut, uniquement dû à la sélection et à l'adaptation.

Pour ce qui est des plantes cultivées, la diversité génétique est façonnée, en plus de facteurs biophysiques par une large palette de facteurs anthropiques. Les pratiques de gestion des variétés et des semences, par exemple, jouent un rôle important (Barnaud *et al.*, 2007). La réduction de la diversité génétique de la population ou de l'espèce considérée amène à l'uniformisation. Cette uniformisation se présente comme une faiblesse parce que les individus membres du groupe qui deviennent de plus en plus semblables les uns aux autres auront des difficultés à s'ajuster à des conditions de vie différentes.

1.3.2 Indicateurs de la diversité génétique *in situ*

Le gène étant l'unité de base de sélection et d'évolution, la meure de la diversité à cette échelle, au moyen de marqueurs moléculaires, fournit l'information la plus précise sur la diversité génétique. Les indices de diversité génétique développés dans le cadre des études de la génétique des populations (diversité totale, différenciation en sous-populations, diversité intra-population, hétérosis, ...) constituent alors les indicateurs les plus pertinents.

Cependant, dans le cadre des préoccupations d'étude et de conservation *in situ* de la diversité génétique, les indicateurs doivent non seulement permettre d'évaluer quantitativement et qualitativement la diversité génétique et ses variations de répartition spatio-temporelles mais aussi résumer une information complexe en données plus synthétiques qui offre la possibilité aux différents acteurs (scientifiques, agriculteurs, gestionnaires, politiques) de dialoguer entre eux.

A ce jour, l'indicateur le plus utilisé dans les études de la diversité génétique *in situ* est le nombre de variétés géré à différentes échelles, la variété étant l'entité génétique à laquelle la communauté paysanne cible attribue un nom et qu'elle gère comme une unité. Cet indicateur facile à documenter a permis de procéder rapidement à une première évaluation de la diversité *in situ* dans un grand nombre de situations et de conclure que la diversité gérée par les paysans individuels est largement inférieure à celle gérée par le village (Bellon et *al.* 1998; Brush 1991; McKey et *al.* 2001; Salick et *al.* 1997) et que celle gérée à l'échelle d'un village est inférieure à celle gérée au niveau d'une région. Les auteurs suggèrent que, même si l'exploitation agricole est la plus petite unité sociale où se prennent les décisions relatives à la sélection et à la maintenance de la diversité, c'est au niveau village que devrait se situer l'analyse de l'évolution de la diversité (Bellon et *al.* 1997; McKey et *al.* 2001).

Cependant de nombreuses études rapportent aussi que les variétés locales, y compris d'espèces autogames ou multipliées par voie végétative, sont dotées d'une variabilité intra-variétale et que celle-ci, façonnée par la biologie de l'espèce et les pratiques de gestion des variétés et des semences, constitue un facteur important de l'évolution génétique *in situ* (Pham et *al.* 2002). Barry et *al.* (2007) qui ont analysé la structure génétique des variétés locales de riz en Guinée, au moyen de marqueurs moléculaires, montrent que l'importance de la diversité intra-variétale peut-être telle qu'il est impossible d'en assurer la conservation à travers les méthodes conventionnelles d'échantillonnage et de réjuvénation utilisées dans les projets de conservation *ex situ*.

Il est donc hautement souhaitable d'appréhender la diversité *in situ* non seulement par l'indicateur très complexe qu'est le nombre de variété, mais par un ensemble plus large d'indicateurs quantitatifs et qualitatifs. L'analyse de la diversité phénotypique, pour des caractères liés au polymorphisme de gènes majeurs (couleurs et pubescence, etc.), aux contraintes culturales (phénologie, résistances aux contraintes biotiques et abiotiques, réponse à la fertilisation minérale, ...) et aux valeurs d'usage (qualités culinaires, nutritive, etc.), peut fournir des indicateurs pertinents. Les classifications paysannes des variétés, lorsqu'elles existent, peuvent elles aussi fournir des indicateurs de diversité.

Enfin, une autre catégorie d'indicateurs qu'il est souhaitable d'informer sont ceux qui renseignent (i) sur la partition de la diversité entre différentes échelles géographiques ou/et de gestion de la diversité et (ii) sur les évolutions temporelles et l'existence ou l'absence de facteurs de risque en terme de fragmentation et ou de perte de diversité génétique. Ces indicateurs peuvent être construits à partir de ceux suscités, soit de manière indirecte par l'analyse de l'évolution des contraintes (pression parasitaire, changement climatique, etc.), soit par l'observation des pratiques culturales et de la gestion des variétés.

1.3.3 Processus évolutifs des plantes cultivées influençant la diversité génétique

Conserver les ressources génétiques des plantes cultivées signifie deux choses : conserver les accessions diversifiées et conserver les processus générateurs de ces accessions diversifiées. Les populations des plantes cultivées sont soumises à quatre forces évolutives : la mutation, la sélection naturelle et humaine, la migration des individus et des populations, et la dérive génétique. La variabilité génétique au sein d'une population est donc le résultat de ces quatre forces évolutives.

1.3.3.1 La mutation

La mutation qui se définit comme la transformation d'un allèle à un autre constitue une source de variation ou de changement héréditaire dans le matériel génétique. La mutation crée donc de nouveaux allèles. Dans la nature, son apparition est un événement rare pour un allèle donné. Ce n'est toutefois pas un élément négligeable à l'échelle d'un génome entier dans une population, en effet, plusieurs milliers de gènes de plusieurs milliers d'individus sont susceptibles de muter à chaque génération. De nouvelles mutations apparaissent donc de façon récurrente dans les populations. L'avenir des nouveaux allèles apparus par mutation est conditionné par la sélection (naturelle ou humaine) et par la dérive, mais le fait que la mutation soit un phénomène systématique et récurrent introduit des possibilités d'évolution des populations, même sur le moyen terme.

1.3.3.2 La sélection

La sélection est définie comme la compétition pour la survie et la reproduction entre individus et entre populations de la même espèce dans des conditions physiques et socio-économiques données. Elle entraîne le changement des fréquences alléliques dans les populations à chaque génération.

Chez les espèces cultivées, en plus de la sélection naturelle, intervient la sélection humaine. L'agriculteur peut favoriser la survie des individus qui lui paraissent intéressants et écarter de la reproduction les autres, entraînant ainsi, au cours de plusieurs générations, une évolution de la structure génétique de la population.

La sélection humaine peut aussi se traduire par l'abandon complet d'une variété par un agriculteur ou par toute une communauté. Les décisions d'abandon sont en général associées à des changements de pratiques culturales (notamment l'intensification en vue d'augmentation de la production par unité de surface), à l'évolution des conditions pédoclimatiques ou encore à la destination de la production. Cette sélection pose aux promoteurs de la conservation *in situ* de la diversité génétique, la question de l'acceptation ou non des processus d'extinction de certaines entités supports de la diversité.

1.3.3.3 La migration

La migration correspond à des échanges génétiques entre populations différentes dus à des échanges de gamètes ou de génotypes. Son importance pour les plantes cultivées dépend du mode de reproduction de la plante, de la répartition spatiale des populations et des modes d'acquisition des variétés et des semences.

Pour les espèces fortement autogames, la migration consiste en des mélanges volontaires ou involontaires de semences issues d'individus dissemblables provenant d'un même champ ou de champs différents, lors de la récolte, du séchage ou du stockage, permettant par la suite des échanges de gamètes et des recombinaisons génétiques. Pour les espèces allogames, la culture dans des parcelles voisines de deux populations, avec synchronisation même partielle de la floraison, favorise rapidement les échanges de gamètes, sans qu'il y ait nécessité préalable de mélange des semences.

En agriculture traditionnelle, la circulation et les échanges de semences sur de plus grandes distances, souvent associées aux traditions culturelles, viennent s'ajouter aux processus de migration locale suscités et jouent un rôle important dans le maintien et l'enrichissement des ressources génétiques locales (Louette *et al.*, 1997; Barnaud *et al.*, 2008).

1.3.3.4 La dérive génétique

La dérive génétique est une fluctuation aléatoire des fréquences alléliques due aux échantillonnages de gamètes lors de la fécondation et de génotypes lors de l'implantation des populations. Elle se répète au cours des générations successives et conduit à la longue à une perte d'allèles. Son importance dépend de la taille de la population et de la variation aléatoire des contributions de chaque génotype à la reproduction. La dérive a des effets plus importants dans les populations de petite taille qui perdent rapidement des allèles.

Dans les agricultures traditionnelles, les paysans testent souvent les variétés sur de petites parcelles avant de les cultiver à grande échelle. Cette reconduction des lots de semences à partir d'une petite échelle est une source de dérive génétique et de différenciation entre populations de la même variété cultivée par différents agriculteurs (Louette *et al.* 1997), qui reste difficile à apprécier.

La capacité d'une population à évoluer, c'est-à-dire à répondre à une pression de sélection et à résister à une extinction, dépend de son effectif et de l'importance de la diversité génétique. Seules les populations diversifiées ont la capacité d'évoluer. Ainsi, l'existence de la diversité génétique est une des conditions nécessaires pour qu'il y ait un processus évolutif.

1.3.4 Facteurs biophysiques et anthropiques influençant la diversité génétique

Depuis trois décennies, de nombreuses études de cas de par le monde ont cherché à comprendre les liens des facteurs biotiques, abiotiques, socio-économiques et culturels avec le maintien de la diversité des plantes cultivées par les paysans. La majorité de ces études ont été réalisées dans des agrosystèmes traditionnels où la diversité semble être importante, et dans les centres de diversité de l'espèce où il y a une menace d'érosion génétique. Nous tenterons ci-après de dégager les tendances générales concernant les influences de chaque facteur sur la diversité génétique maintenue par les paysans en précisant, autant que possible, l'indicateur de diversité utilisé dans chaque étude.

1.3.4.1 Facteurs biophysiques

Les contraintes abiotiques regroupent le climat (température, pluviométrie, vent et ensoleillement), le sol, l'altitude, et la topographie. Ces contraintes peuvent agir comme des stress sur les plantes. Dans une population génétiquement diverse, les individus les mieux adaptés se développent et se reproduisent davantage pendant que d'autres sont pénalisés. Dans ce cas, les contraintes exercent des pressions sélectives sur la population qui va évoluer au cours des générations.

1.3.4.1.1 Echelle régionale

A l'échelle régionale, les variations de facteurs abiotiques concernent principalement le climat et l'altitude.

Brush & Perales (2007), comparant le nombre de variétés de maïs dans des villages de trois zones représentant un gradient d'altitude au Chiapas, Mexique, a montré que les différences climatiques constituaient le principal déterminant de la diversité. Le nombre de variétés diminue lorsque l'altitude augmente ; les villages d'altitudes basses, moins de 900m, sont les plus riches en variétés et les villages d'altitudes plus hautes, plus de 2000m, sont les plus pauvres en variétés. De même, Salick et al. (1997), qui ont comparé la diversité phénotypique du manioc au Pérou le long d'un gradient d'altitude, ont constaté que le nombre de groupes phénotypiques du manioc dans les villages variait suivant les altitudes. Ils ont enregistré les plus faibles nombres de groupes en zones d'altitudes élevées (plus de 1700m) et les nombres les plus élevés en zones de basses altitudes. Certains groupes phénotypiques étaient spécifiques d'un intervalle d'altitudes, notamment pour les hautes altitudes. Seulement deux groupes phénotypiques sont communs à toutes les altitudes. Bazile & Soumare (2004) ont comparé le nombre de variétés cultivées de sorgho dans trois villages des trois zones du Mali représentant un important gradient pluviométrique. Le nombre de variétés dans les villages à pluviométrie abondante (1123mm) était plus élevé que dans ceux à pluviométrie plus faible (667mm).

Ainsi, à l'échelle régionale la distribution de la diversité génétique est fortement liée à la diversité des conditions pédoclimatiques. La diversité diminue lorsque l'intensité des contraintes agissant sur les plantes augmente. La diversité est plus importante lorsque les contraintes sont faibles et le milieu peu sélectif.

1.3.4.1.2 Echelle du territoire villageois

Rana et al. (2007b) ont analysé l'usage qui était fait de chacune des variétés présentes dans deux villages contrastés du Népal, l'un se trouvant dans une zone de collines à 600m d'altitude et l'autre dans une plaine à 100m d'altitude. Dans chaque village, les paysans identifiaient selon leur propre classification, quatre écosystèmes rizicoles en prenant en compte le type du sol, la ressource en eau, les contraintes biotiques et la fertilité. Dans les deux villages, les paysans assignent chaque variété à un écosystème donné en fonction des caractéristiques de l'écosystème et les traits variétaux. Un nombre limité de variétés existe pour les écosystèmes à fortes contraintes tandis que beaucoup de variétés sont présentes pour les conditions favorables. Cette étude a mentionné également que les variétés améliorées sont principalement dominantes dans les écosystèmes productifs, alors que les cultivars traditionnels sont plus adaptés aux écosystèmes marginaux.

Bazile et al. (2008) ont analysé l'utilisation de la diversité variétale du sorgho dans trois villages au Mali et son rapport avec la diversité des types de sol tels que définis par les paysans. Dans les trois villages étudiés, sur chaque type de sol, certaines des variétés sont plus représentées que les autres. La variété dominante sur un type de sol n'est pas confinée uniquement à celui-ci mais aussi aux types de sol proches, et il n'y a pas de variétés communes pour les types de sol très contrastés. Ainsi, chaque variété est adaptée à un type de sol donné. Quel que soit le village, le type du sol le plus favorable à la culture du sorgho est celui qui reçoit le plus grand nombre de variétés.

Ainsi, à l'échelle d'un territoire villageois, le facteur dominant de la diversité variétale semble être la diversité pédologique et la disponibilité en eau. L'importance de la diversité variétale est en corrélation négative avec l'intensité des contraintes dans ce milieu.

1.3.4.1.3 Echelle de l'exploitation

Kshirsagar & Pandey (1995) ont analysé la variation du nombre de variétés de riz cultivées par les exploitations dans un village de l'Etat d'Orissa, en Inde. Les parcelles ont été classées par les paysans en trois types suivant la position sur la toposéquence: bas, milieu et sommet. Le nombre de variétés dans l'exploitation augmente avec la dispersion des parcelles exploitées le long de la toposéquence. Les paysans qui ont des parcelles sur l'ensemble de la toposéquence ont en moyenne plus de 6 variétés, ceux qui ont deux types de parcelles maintiennent en moyenne 4 variétés, et ceux qui n'ont qu'un seul type de parcelle cultivent en moyenne 3 variétés. Les paysans perçoivent aussi que les performances des variétés traditionnelles sont supérieures à celles des variétés améliorées dans des parcelles présentant de mauvaises conditions de fertilité et soumises à plusieurs stress biotiques et abiotiques. Cette idée a été confirmée par Bellon & Taylor (1993) au Mexique où ils ont étudié la répartition des variétés de maïs selon les caractéristiques des parcelles. La perception des paysans de la diversité des types de sol et l'adaptation des variétés à ces différents types de sol expliqueraient pourquoi les paysans cultivent un nombre important de variétés.

Comme aux échelles de la région et du territoire villageois, à l'échelle de l'exploitation agricole, la diversité variétale est directement liée à celle des parcelles cultivées, elle diminue et devient plus spécifique lorsque l'intensité des contraintes biotique et abiotique augmente.

1.3.4.2 Facteurs socio-économiques

Les principaux facteurs socio-économiques influençant la diversité génétique sont (1) les orientations de la politique agricole qui affectent l'environnement de la production dans tous ses aspects, (2) le niveau de connexion avec le marché, sujet à variabilité inter-villages au sein d'une même région (3) le fonctionnement des communautés rurales, et en particulier les règles d'échange et de décision communautaires qui régissent les systèmes de production agricole et de gestion des ressources génétiques et (4) les caractéristiques familiales (taille de l'exploitation, le niveau d'éducation, position sociale). Enfin, à l'échelle de l'individu, la position dans la famille (chef de famille, chef de ménage, actifs célibataires) et le genre peuvent affecter le comportement vis-à-vis de la diversité variétale.

1.3.4.2.1 Politiques agricoles

La diminution drastique de la diversité génétique dans les années 70s et 80s, suite à l'avènement de la révolution verte dans un certain nombre de régions et de pays d'Asie, est l'illustration la plus flagrante de l'influence des politiques agricoles sur la diversité variétale (Evenson and Gollin, 2003; Swaminathan, 2006). Analysant les conditions d'émergence et les conséquences économiques de la révolution verte à différentes échelles, Kaosa-ard et Rerkasem (2000), soulignent l'importance de la mise en place d'un environnement économique favorable comprenant, au-delà des innovations techniques, l'accès aux intrants et aux marchés pour la vente des excédents de production. A titre d'exemple, cette influence a été observée, aux Philippines, dans la vallée de Cagayan où, à partir de 1997, les pouvoirs publics ont fortement encouragé l'utilisation des variétés améliorées du riz par la distribution de semences certifiées sous condition de paiement à la récolte. En l'espace de deux ans, une forte adoption des variétés améliorées a été constatée en remplacement des variétés traditionnelles (Pham *et al.*, 2002).

1.3.4.2.2 L'insertion aux marchés et l'enclavement

L'enclavement, ou « absence d'accès au marché dans un espace donné » (George and Verger, 1996), peut empêcher une région ou un village d'échanger avec l'extérieur, d'organiser des marchés, et donc d'orienter la production en fonction d'une demande extérieure. Dans ces conditions, la diversité génétique peut tendre vers l'uniformisation (Bellon, 2001).

Chaudhary et *al.* (2004) qui constatent au Népal l'abandon des variétés traditionnelles de riz par les agriculteurs à cause de leur mauvais rendement et des prix faibles sur le marché, confirment cette hypothèse. Il en est de même pour le cas du blé en Turquie et pour la pomme de terre dans les Andes. En Turquie, les paysans qui sont moins connectés au marché maintiennent plus de variétés traditionnelles (Brush and Meng, 1998) ; dans les Andes, la diversité, mesurée par le nombre de variétés locales cultivées par exploitation, est en relation avec la distance au marché et le statut socio-économique de l'agriculteur. Egalement, la proximité au marché est associée positivement avec l'adoption de variétés améliorées mais pas nécessairement avec la diminution du nombre de variétés traditionnelles (Brush, 1992).

Mais la thèse de l'influence réductrice du marché sur le niveau de diversité variétale n'est pas vérifiée dans toutes les situations. Pinton & Emperaire (2001), qui ont analysé l'influence du marché sur la diversité variétale du manioc (mesurée par le nombre de variétés) dans neuf zones géographiques d'Amazonie brésilienne, classées en 4 niveaux d'insertion au marché (très faible, faible, moyenne et forte), ne constatent pas de lien simple. D'une part, la commercialisation plus ou moins poussée de la farine du manioc se fait dans des contextes marqués par une histoire locale ou régionale qui reconfigure ses effets ; d'autre part, dans certaines zones, le marché incite au maintien de la diversité variétale du fait de la diversité de la demande en produits dérivés du manioc ; dans les zones où les agriculteurs sont confrontés à l'hétérogénéité des conditions locales de culture, ils privilégient la diversité variétale même si la connexion avec le marché est importante. Baco et al. (2008), dans le Nord-Bénin, ne montrent pas de différences significatives dans la composition variétale d'igname de villages connectés au marché et de villages enclavés. Au Mexique, c'est dans les villages isolés que la diversité variétale du maïs est la plus faible ; au contraire, l'ouverture des villages sur les marchés augmente les opportunités d'échange et d'enrichissement variétal (Louette et al., 1997). Il est cependant à noter que les échanges peuvent aussi entraîner à long terme une certaine homogénéisation des pools génétiques entre villages comme cela a été observé pour l'igname dans le Nord-Bénin (Baco et al., 2008).

La relation entre diversité variétale et marché ne semble donc pas s'inscrire de façon linéaire dans un gradient dont les deux pôles seraient une situation d'autosubsistance présentant une diversité maximale et une situation de marché généralisé avec une diversité réduite à l'extrême.

1.3.4.2.3 Richesse de l'exploitation et facteurs de production

Louette et al. (1997), comparant le nombre de variétés de maïs maintenues dans deux groupes d'exploitations mexicaines, pauvres et riches, ont constaté que les paysans riches plantent leurs propres semences et maintiennent en moyenne deux fois plus de variétés que les paysans pauvres. Ces derniers qui ne disposent que de faibles superficies, consomment toute ou la plus grande part de leur récolte chaque année et donc doivent se procurer des semences chez les riches. Il n'est cependant pas clair si cette stratégie plus coûteuse des paysans pauvres (ils pourraient conserver leurs semences et acheter des graines uniquement pour leur alimentation quand leur récolte n'est pas suffisante) est liée à des problèmes de trésorerie ou à la reconnaissance d'une qualité de semences des plus gros exploitants, qualité qu'eux-mêmes ne savent pas obtenir avec régularité.

Le même constat a été fait sur le riz par Barry (2006) en Guinée et par Rana et al. (2007) au Népal. Dans ce dernier cas, l'étude menée dans deux sites contrastés, l'un à 200m d'altitude et l'autre à 500m, distants de 30km, montre que le nombre de parcelles cultivées, l'importance du bétail et l'usage d'engrais chimique sont positivement corrélés avec la diversité des variétés locales maintenue dans les exploitations. La richesse de l'exploitation est donc associée au nombre élevé de variétés maintenues.

Ainsi, quel que soit le contexte général, la richesse de l'exploitation permet le maintien et l'usage d'un plus grand nombre de variétés, donc le maintien d'une plus grande diversité ; l'accès à la terre et l'autosuffisance alimentaire semblent être les éléments les plus déterminants.

1.3.4.2.4 Position individuelle au sein de l'exploitation

Comparant le nombre de variétés de sorgho dans les champs de paysans Dupa au Cameroun, Alvarez et al. (2005) et Barnaud et al. (2007) constatent que les champs des vieux paysans contiennent plus de variétés que ceux des jeunes.

Au Vietnam, l'étude des décisions relatives aux choix variétaux dans 50 exploitations a montré qu'en général les décisions concernant les espèces commercialisées (riz, arbres fruitiers et ornementaux) sont prises par les hommes et celles relatives aux légumes, servant uniquement à l'alimentation familiale, sont prises par les femmes (Trinh, 2003).

Une étude réalisée dans deux villages ruraux du Bangladesh a tenté d'identifier des corrélations entre genre, usage et préférences des variétés améliorées et locales du riz, des légumes et des fruits de jardin. La localisation du champ et le genre sont deux facteurs majeurs qui déterminent le choix des variétés cultivées par les paysans. Dans les deux villages étudiés, les préférences de femmes pour les variétés du riz influencent les variétés cultivées dans l'exploitation. De plus, la majorité des graines semées ont été conservées par les femmes. L'étude indique également que les variétés locales sont cultivées pour le goût et les usages culinaires auxquels les femmes sont particulièrement attachées tandis que les variétés améliorées sont cultivées pour leurs hauts rendements (Oakley and Momsen, 2005). Dans une étude sur le riz en Guinée, Barry (2006) rapporte que, dans un village habité par l'ethnie Bagas, ce sont les femmes qui gèrent principalement la culture du riz. Et en effet, dans ce village, ce sont les femmes qui introduisent les nouvelles variétés.

1.3.4.3 Facteurs culturels et ethniques

Les facteurs culturels et ethniques influencent fortement la diversité des plantes cultivées par les agriculteurs. Par exemple, au Nord-Bénin, dans des conditions environnementales semblables, ce sont les ethnies qui ont la tradition la plus ancienne de la culture d'igname maintiennent le plus grand nombre de variétés (Baco et al., 2007). En Amazonie, la valeur accordée aux variétés de manioc, aux modalités de circulation des boutures et à la place accordée aux maniocs issus de graines est très variable selon les groupes ethniques ; ces différences de perception conditionnent la gestion de la diversité variétale (McKey et al., 2001). Des comportements comparables ont été constatés par Elias et al. (2000) en Guyane. Au Mexique, la comparaison des variétés de maïs cultivées par deux groupes ethniques différents vivant dans la même région a révélé d'importantes différences agro-morphologiques; par contre, l'analyse enzymatique n'a pas révélé de différences laissant supposer que la différenciation portait essentiellement sur quelques caractères soumis à la sélection massale ni qu'elle se maintenait du fait de l'absence d'échange de semences entre les deux groupes ethniques (Perales et al., 2005). Enfin, l'étude du nombre de variétés de sorgho cultivées par quatre communautés ethniques différentes d'Ethiopie montre qu'alors que chaque communauté cultive 30 à 50 variétés, seulement 14 sont communes aux 4 communautés ; chaque communauté possède ses propres variétés (Tunstall et al., 2001).

1.3.5 Essai de construction d'un cadre général d'analyse

Nous venons de voir que la quantité et la nature de la diversité variétale maintenue par les agriculteurs sont conditionnées par un grand nombre de facteurs biophysiques et anthropiques, ainsi que par les interactions entre ces facteurs. Bellon (1996) a proposé un cadre général d'analyse des relations entre la diversité génétique d'une espèce cultivée et les facteurs agroécologiques (Figure 1-1). Il donne une place centrale aux pratiques et aux décisions des agriculteurs.

Mais la conceptualisation des processus est loin d'être achevée. En particulier, la mise en relation des pratiques et décisions des agriculteurs avec la diversité génétique observée pose des problèmes méthodologiques. Les approches interdisciplinaires permettant la mise en commun des données des sciences sociales et économiques et de la génétique, souvent obtenues à des échelles différentes, restent à construire. Il en est de même pour le développement d'outils d'aide à la décision qui permettraient de simuler l'impact des modifications de l'environnement biophysique et socio-économique sur l'évolution de la diversité génétique à différentes échelles.

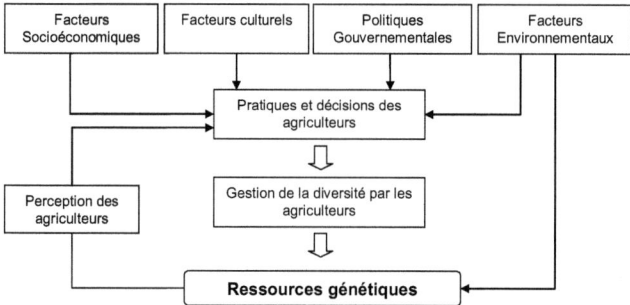

Figure 1-1 : Modèle conceptuel de la gestion de la diversité par les agriculteurs, selon Bellon (1996).

1.4 Les ressources génétiques du riz

1.4.1 Origine et domestication

Les riz appartiennent au genre *Oryza* qui comprend 23 espèces dont deux sont cultivées : *Oryza sativa* L., originaire d'Asie et *Oryza glaberrima* Steud., originaire d'Afrique. De nombreuses classifications de ces espèces en complexes, en tribus, et en séries ont été réalisées et elles se recoupent plus ou moins les unes les autres. La base de cette classification est l'organisation du génome (ploïdie et niveau d'homologie des génomes), mais elle est cohérente avec les caractéristiques morphologiques observées chez ces différentes espèces (Second, 1985; Vaughan *et al.*, 2003).

De Candolle (1883) a suggéré que la culture du riz a commencé en Chine où les plus vieux registres historiques ont été trouvés. De son côté, Vavilov (1926) a désigné l'Inde comme le site de la domestication du riz. Les découvertes archéologiques déplacent sans cesse le lieu de domestication dans la zone qui s'étend à l'est de la Chine, à travers les collines basses de l'Himalaya, au Vietnam, en Thaïlande, au Myanmar, et à l'est de l'Inde. La plus ancienne forme cultivée du riz a été trouvée dans la vallée du fleuve Yang-Tse en Chine, elle date de près de 8000 ans avant notre ère (Normile, 1997; Itzstein-Davey *et al.*, 2007).

Oryza sativa a été domestiquée à partir d'*Oryza rufipogon*, espèce complexe incluant la forme pérenne et la forme annuelle anciennement nommée *Oryza nivara* (Second, 1985; Kovach *et al.*, 2007; Tang and Shi, 2007). En l'absence de barrières reproductives majeures entre ces deux espèces, une sorte de continuum entre les formes sauvages et les formes domestiques subsiste là où les deux espèces coexistent (Oka and Morishima, 1982). La question de savoir si le riz cultivé a été domestiqué à partir de la forme d'*Oryza rufipogon* pérenne ou de sa forme annuelle, anciennement appelée *Oryza nivara* reste ouverte (Sang and Ge, 2007). Les principaux caractères qui séparent les riz cultivés de leurs ancêtres sauvages sont: la couleur du péricarpe, la dormance, l'égrenage, la forme de la panicule, le nombre de talles et le format des grains (Sweeney and McCouch, 2007).

La littérature sur la domestication d'*Oryza glaberrima* est beaucoup moins abondante. Elle aurait été domestiquée à partir d'une espèce sauvage annuelle *Oryza. barthii* (anciennement appelée *O. brevilugulata*), elle-même issue de l'espèce pérenne *Oryza longistaminata*, dans le delta intérieur du fleuve Niger, il y a quelque 3000 ans (Portères, 1966). Son aire de répartition se limite à l'Afrique de l'ouest.

1.4.2 Structuration de la diversité génétique d'*O. sativa*

La structure de la diversité génétique au sein de l'espèce *Oryza sativa* a fait l'objet d'un très grand nombre d'études s'appuyant pendant très longtemps sur les caractères morpho-physiologiques et, à partir des années 80s, sur les marqueurs biochimiques et moléculaires.

Il y a déjà 4000 ans, les Chinois distinguaient deux types de riz : « Hsien » et « Keng » (Ting, 1957; Arraudeau, 1998). Kato et *al.* (1928), s'appuyant sur la distribution géographique, la morphologie de la plante et des graines, la fertilité des hybrides, distinguaient deux sous-espèces «*japonica*» et «*indica*». Matsuo (1952) proposait trois groupes correspondant à des types «*indica*», «*japonica*» et «*javanica*». Oka (1958) a démontré que le type morphologique «*javanica*» n'est en fait constitué que de *japonica* « tropicaux » ; il subdivise alors la sous-espèce *japonica* en une forme tropicale et une forme tempérée.

Ainsi les variétés du groupe *indica* sont cultivées en écosystème aquatique (riziculture irriguée avec maîtrise de l'eau, riziculture inondée, riziculture d'inondation profonde) des zones tropicales ; les variétés «*japonica* tempéré » en écosystème aquatique des zones tempéré et les variétés «*japonica* tropical » en écosystème pluvial (riziculture sur sol non inondé et drainé, dont l'alimentation hydrique est assurée directement par les pluies) des zones tropicales.

Les caractères morpho-physiologiques les plus utilisés pour caractériser la structuration de la diversité génétique du riz sont les caractéristiques de la panicule (longueur ou nombre de grains, ramification, compacité, exertion) et des grains (longueur, largeur, épaisseur, couleur des glumes, pilosité), l'architecture de la plante (tallage, dimension des feuilles, angle d'inclinaison des talles et des feuilles), la phénologie (durée du cycle, photosensibilité) et la pigmentation des organes (base des tiges, feuilles, grains).

Les variétés du groupe *indica* sont généralement des riz à tallage élevé, avec des pailles assez fines, caractérisés par le nombre de grains par panicule. Les grains sont longs et effilés. Les *japonica* sont des types de riz à tallage modéré, avec des pailles plus solides, avec un nombre élevé de grains par panicule, et les grains sont arrondis pour les *japonica* tempérés, longs et larges pour les *japonica* tropicaux.

Glaszmann (1987), analysant la diversité génétique de 1688 variétés traditionnelles de riz asiatique au moyen de 15 marqueurs isozymiques, distingue six groupes variétaux: le groupe I correspond aux *indica* typiques et le groupe VI aux *japonica* comprenant les tempérés et les tropicaux, ces deux groupes étant constitués par 80% des accessions analysées. Le groupe II comprend des variétés du sud de l'Himalaya, certaines variétés Boro et les variétés Aus du

Bangladesh. Le groupe III comprend des variétés d'immersion profonde du Bangladesh, non photosensibles et précoces. Le groupe IV correspond au riz « Rayadas », riz flottants de très long cycle provenant du sud-ouest du Bangladesh Le groupe V comprend les variétés Sadri d'Iran et Basmati du Pakistan, de l'Inde et du Népal, plus quelques variétés particulières du Myanmar (Figure 1-2).

Par la suite, de nombreux travaux réalisés avec différents types de marqueurs moléculaires, ont confirmé cette classification (Zhang et al. 1992 ; Resurreccion et al. 1994; Gariss et al. 2005). Ainsi, la structuration bipolaire *indica* et *japonica* d'*O. sativa* ne fait plus de doute. Mais l'existence de formes atypiques ou intermédiaires a aussi été rapportée par plusieurs auteurs, au Népal (Arraudeau, 1998), à Madagascar (Ahmadi et al., 1991), et en Guinée (Barry et al., 2007).

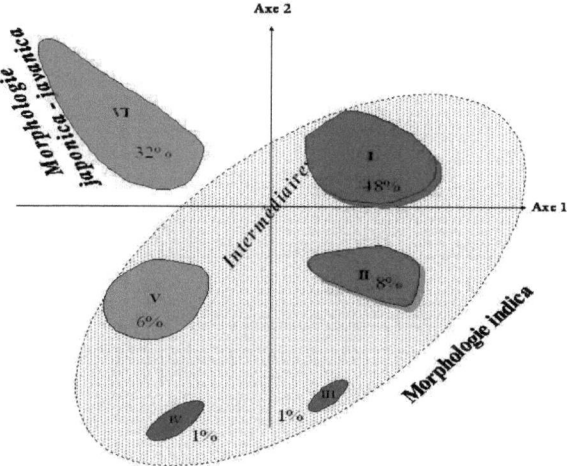

Figure 1-2: Structuration de la diversité génétique de l'espèce asiatique du riz cultivé *O. sativa* (d'après Glaszmann, 1987).

I : *indica* typiques ; II : variétés à cycle court des contreforts de l'Himalaya, de l'Iran à l'Assam (Inde), écotypes Aus et Boro ; III : riz flottant à cycle court, non photosensible, du Bangladesh ; IV : riz flottant à cycle long du Bangladesh ; V : variétés présentes le long de l'Himalaya, de l'Iran à la Birmanie, riz de qualité d'Iran (Sadri) et de Pakistan-Inde-Népal (Basmati) ; VI : groupe des *japonica* (tempérés et tropicaux).

1.4.3 Système de reproduction et barrières reproductives

1.4.3.1 Système de reproduction

Le riz est une plante autogame ; le taux d'allogamie, variable selon les groupes variétaux et les conditions climatiques, est rarement supérieur à 10%. Les fleurs sont hermaphrodites et ne s'ouvrent que quelques heures en une seule fois. L'ouverture de la fleur se fait pendant la période chaude de la journée et ne dure au maximum que trois heures. Elle commence par les fleurs qui se trouvent à l'extrémité de la panicule et continue vers la base, il faudrait donc de 7 à 10 jours pour que toutes les fleurs de la même panicule soient fécondées, la majorité étant fécondées en 5 jours.

La déhiscence des anthères se produit habituellement juste avant ou pendant que le lemma et le palea s'ouvrent : par conséquent beaucoup de grains de pollen tombent sur le stigmate. Pour cette raison, le riz est une plante généralement autofécondée (Yoshida, 1981). Quand les fleurs s'ouvrent, les anthères émergent de l'épillet et les grains de pollen sont libérés dans l'air, à l'extérieur du lemma et du palea. Ainsi, les grains du pollen sont éparpillés par le vent et peuvent atteindre les stigmates d'autres fleurs. Les grains de pollen sont viables seulement 5 minutes après avoir quitté l'anthère tandis que les stigmates peuvent être fécondés pendant 3 à 7 jours (Yoshida, 1981).

Certaines pratiques traditionnelles sont favorables à la fécondation croisée. Par exemple les variétés qui sont constituées d'un mélange volontaire ou involontaire de formes différentes (Portères, 1966; Miézan and Ghesquière, 1986), les parcelles de riz qui sont placées les unes à côté des autres, et le cas de différentes variétés cultivées dans la même parcelle. Notons que les fécondations croisées se passent préférentiellement entre plantes proches (0.9%), et entre parcelles proches (0.08%) (Reano and Pham, 1998). Lambert (1985) a observé en Malaisie que la proximité des parcelles de culture portant des variétés différentes les unes des autres, entraîne une forte pollinisation croisée. Des preuves indirectes d'hybridation naturelle entre les 2 espèces cultivées, *O. sativa* et *O. glaberrima* et entre *O. sativa* et l'espèce sauvage apparentée *O. longistaminata* ont été apportées par Ghesquière (1988) et par Barry et *al.* (2007) également observées en Afrique de l'ouest mais il s'agit d'événements très rares.

1.4.3.2 Barrières reproductives

Kato et *al.* (1928) ont, les premiers, souligné l'existence d'une stérilité chez les hybrides F1 issus de croisement entre variétés appartenant aux groupes *indica* et *japonica*. Cette stérilité est en général incomplète mais peut se poursuivre sur les générations plus avancées du croisement. Son importance a conduit de nombreux chercheurs à utiliser le terme de sous-espèces *indica* et *japonica*. Cette stérilité est due à des gènes d'incompatibilité, entraînant l'avortement gamétique ou zygotique ou encore, s'exprimant de manière plus subtile, une faible vigueur végétative de l'hybride. Le nombres des gènes impliqués a été estimé à plus d'une vingtaine (Harushima et *al.*, 2002).

Il existe des exceptions à la règle d'incompatibilité *indica* x *japonica*. En effet certaines variétés appelées à « compatibilité large » donnent des hybrides fertiles en croisement avec toutes les variétés du groupe opposé. Morinaga et Kuryama (1958) identifient, les premiers, des variétés à large compatibilité au sein des sous-groupes Bulu et Aus qui sont des variétés de riz pluvial, respectivement originaires de Java et du Bengale. Kumar et Virmani (1992) ont identifié 7 variétés à large compatibilité en vue d'utilisation dans les programmes de création de variétés hybride F1: BPI-76 (*Indica*); N 22, Lambayeque-1, Dular (*Aus*); Morobérékan, Palawan et Fossa HV (*Japonica*). Le déterminisme génétique de la compatibilité large serait lié à l'existence d'allèles particuliers aux locus impliqués dans la stérilité gamétique (Pham,

1992).

La barrière reproductive est encore plus forte entre les deux espèces cultivées de riz *O. sativa* et *O. glaberrima*. La stérilité des hybrides F1 est complète et seuls des rétrocroisements successifs permettent de restaurer progressivement la fertilité dans la descendance. Ceci explique la rareté des événements de recombinaison naturelle entre les deux espèces. Gravito et al. (2010) ont finement cartographié le gène S_1 qui joue un rôle majeur dans l'expression de cette stérilité.

1.4.4 Conservation et valorisation des ressources génétiques du riz

La collection mondiale des variétés de riz maintenue *ex situ* par l'IRRI (Centre international de recherche sur le riz), comporte plus de 90 000 accessions collectées dans plus de 100 pays. La majorité sont des variétés traditionnelles de l'espèce *Oryza sativa* (Jackson, 1997). Les ressources génétiques du riz sont aussi conservées dans grand nombre d'autres banques de gènes internationales, régionales et nationales.

La connaissance de la diversité génétique du riz maintenue *in situ* est moins précise. (Jacquot et al., 1997) ont estimé le nombre de variétés de riz cultivées dans le monde à environ 140 000. Des analyses à l'échelle régionale, nationale ou locale ont été réalisées dans différents endroits du globe. Les résultats montrent soit (i) l'importance de la diversité morpho-physiologique d'une zone déterminée (Patra and Dhua, 2003) d'où la nécessité de la conservation ; soit (ii) la variation de la diversité d'une zone agro-écologique à une autre (Zeng et al., 2001; Yawen et al., 2003; Sanni et al., 2007), ou d'une communauté à une autre (Shuichi et al., 2006) ; soit (iii) l'évolution de la diversité dans le temps de la diversité dans une zone bien déterminée afin de mettre en évidence l'érosion génétique par une approche diachronique (Chaudhary et al., 2004). Barry et al. (2008), analysant l'évolution de la diversité génétique du riz en Guinée sur une période de 25 ans ont montré que dans ce pays où les systèmes de production restent encore largement traditionnels, la diversité génétique du riz (nombre de variétés et richesse allélique) est restée stable ou a légèrement augmenté.

1.5 Les ressources génétiques du riz à Madagascar

1.5.1 La riziculture

L'histoire de l'introduction du riz à Madagascar se confond avec celle du peuplement de l'île qui s'étend sur plus de quinze siècles, et qui s'est effectué à l'intérieur d'un espace maritime et commercial austronésien s'étendant jusqu'au nord-ouest de l'océan Indien et à l'Afrique de l'est (Domenichini-Ramiaramanana and Domenichini, 1983; Domenichini-Ramiaramanana, 1988). On distingue généralement deux périodes : (i) la période d'essartage, qui s'étend depuis l'arrivée de proto-malgaches venus d'Indonésie, jusqu'au début du 15ème siècle ; et (ii) la période de la riziculture irriguée, à partir du 15ème siècle, liée à de nouvelles vagues d'immigration ayant emprunté des voies plus complexes (Boiteau, 1977).

Aujourd'hui, le riz est une denrée de très grande importance économique, sociale et politique (Abé, 1984; Dabat et al., 2004). Il constitue la base de l'alimentation des Malgaches avec une consommation annuelle moyenne de 110kg par habitant. Le riz se présente comme la première production agricole de l'île devant le manioc et le maïs avec environ 2,5 millions de tonnes de paddy par an. La place du riz dans l'agriculture et même dans l'économie malgache est indéniable, la filière riz représentant 12 % du produit intérieur brut (PIB) national et 43 % du PIB agricole. La production rizicole occupe 10 millions de personnes sur une population totale de 15 millions d'habitants (UPDR/FAO, 2001). Malheureusement, entre 1990 à 2003, le taux de croissance moyen annuel de la production de paddy a été de seulement 1,2% tandis que celui de la population a été de 2,8%. Aujourd'hui, Madagascar doit importer près de 300 000t de riz, soit l'équivalent de 10% de la production nationale (Dabat *et al.*, 2004). Le riz est cultivé dans toutes les régions de l'île avec des importances variables en termes de superficie. Le rendement moyen national avoisine les 2t/ha. Actuellement, l'autosuffisance en riz par l'amélioration de ce rendement constitue un défi public majeur (Figure 1-3).

Selon le mode d'alimentation hydrique, la riziculture malgache peut être subdivisée en trois types (i) la riziculture irriguée englobant toute culture de riz dans les bas-fonds et les plaines, faite sous lame d'eau durant le cycle cultural ; (ii) la riziculture pluviale englobant toute culture pratiquée sur sol exondé d'un versant ou de la partie sommitale des collines et dont l'alimentation hydrique est totalement assurée par la pluie ; et (iii) la riziculture de *tavy* qui est une riziculture pluviale itinérante sur l'abattis-brûlis (essartage) de la végétation préexistante (Rakotoarisoa, 2004). La riziculture aquatique reste de loin dominante avec 79% de la superficie en riz contre 10% pour la riziculture pluviale et 11% pour la riziculture de *tavy* (Collectif, 2004).

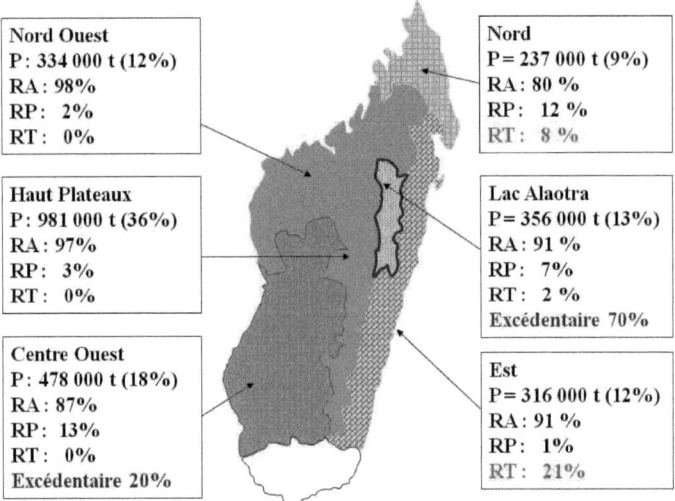

Figure 1-3: Distribution géographique de la production de riz à Madagascar et des systèmes de culture associés.
P: Production en tonnes et en pourcentage de la production nationale; en pourcentage de la production de la région, RA : riz aquatique ; RP : riz pluvial ; RT : riz pluvial de *tavy*.

1.5.2 Particularités des ressources génétiques du riz à Madagascar

L'espèce asiatique *Oryza sativa* est la seule cultivée à Madagascar, l'espèce cultivée africaine *O. glaberrima* est absente de Madagascar. Deux espèces sauvages, *Oryza longistaminata* et *Oryza punctata*, sont aussi présentes dans les régions marécageuses de l'est, de l'ouest et du nord de l'île (Ravaonoro *et al.*, 1999) ; elles n'ont pas été observées dans le Vakinankaratra, notre région d'étude.

La diversité des types de riziculture de Madagascar s'accompagne d'une grande diversité des variétés de riz cultivées. La collection nationale des variétés de riz, dont la constitution a commencé en 1927, compte plus de 4000 accessions de variétés traditionnelles et 2000 accessions de variétés issues des programmes de création variétale du Centre national de recherche agronomique, FOFIFA, (Ravaonoro *et al.*, 1999). L'examen des noms vernaculaires des variétés de riz avait permis à Peltier (1970) de procéder à une première classification en grandes familles variétales (*Botra, Lava, Makalioka, Rojo, Tsipala, Vato,* ...) correspondant chacune, en général, à un type morphologique ou à un type de culture. Une enquête réalisée en 2002 à l'échelle nationale, a recensé 774 dénominations de riz cultivé (Randrianarisoa, 2004).

L'analyse de la diversité morpho-physiologique et enzymatique de la collection nationale a conduit (Ahmadi et *al.* 1988) à identifier, à côté des groupes *indica* et *japonica* habituellement rencontrés chez *Oryza sativa*, un groupe « atypique », spécifique à l'île, préférentiellement présent en zone d'altitude. Deux hypothèses ont alors été émises sur l'origine de ce groupe atypique : (i) effet de fondation en lien avec les introductions en provenance du Tamil Nadu (Inde du sud) et du Sri Lanka ; (ii) sélection de descendance de croisements entre les deux sous-espèces *indica* et *japonica* à la faveur des conditions pédoclimatiques spécifiques des hauts plateaux malgaches. L'existence du groupe atypique a été par la suite confirmée par d'autres études de diversité enzymatiques (Ahmadi *et al.*, 1988; De Kochko, 1988; Rabary *et al.*, 1989).

Si l'on dispose d'une bonne connaissance relative de la diversité génétique du riz à Madagascar et de la distribution géographique des deux sous-espèces *indica* et *japonica* à l'échelle du pays, on ne sait quasiment rien sur la distribution de cette diversité à l'intérieur de chaque région, aux niveaux des villages et des exploitations. Il en est de même des modalités de gestion de cette diversité par les agriculteurs et des déterminants agro-environnementaux de leurs décisions relatives à cette gestion.

1.6 Objectifs de la thèse et modèle d'étude

Nous avons vu que la connaissance des dynamiques actuelles de la biodiversité agricole dans les agrosystèmes traditionnels est un préalable indispensable à la conception et à la mise en œuvre de projets de développement durable visant l'amélioration de la productivité agricole tout en ménageant le capital de diversité des ressources génétiques des plantes cultivées ; cette diversité représente des valeurs d'assurance, d'adaptation et de meilleure efficience économique, non seulement à l'échelle de la parcelle cultivée mais aussi à celle de l'exploitation agricole et des écosystèmes. Nous avons vu aussi que même la mise en œuvre d'actions ciblant plus spécifiquement la conservation *in situ* des ressources génétiques nécessite de rassembler des informations sur la distribution de la diversité génétique maintenue par les paysans dans le temps et dans l'espace, sur les facteurs qui influencent le maintien de la diversité génétique dans la ferme et sur les processus de prise de décisions relatives à la gestion des variétés et des semences par les paysans.

1.6.1 L'objectif de la thèse

L'objectif de la thèse est de traiter la question des dynamiques actuelles de la biodiversité agricole dans les agrosystèmes traditionnels, à travers le cas de la diversité génétique du riz à Madagascar, un pays de grande tradition rizicole mais encore faiblement touché par la révolution verte. Il s'agit de :

- Evaluer l'importance, quantitative et qualitative, et la structuration de la diversité des

ressources génétiques du riz à l'échelle d'une région agricole, et de situer cette diversité par rapport à la diversité globale de l'espèce ;
- Analyser la répartition éco-géographique de la diversité et les déterminants agro-environnementaux de cette répartition ;
- Analyser la gestion paysanne de la diversité génétique du riz (système de nomenclature, critère de choix variétal, richesse variétale, renouvellement des semences et des variétés, structure génétique des variétés, ...) et d'identifier les déterminants agro-économiques (système de culture et système de production) et, autant que possible, socioculturels des pratiques de cette gestion à différentes échelles d'organisation sociale : des différentes catégories d'actifs agricoles, de l'exploitation agricole et du village ;
- Procéder à une hiérarchisation des déterminants agro-environnementaux de la diversité génétique maintenue par les agriculteurs ;
- Identifier les indicateurs les plus pertinents de la diversité génétique du riz pour en faciliter le suivi dans le temps.

Les connaissances ainsi rassemblées devraient permettre d'identifier les processus-clefs du maintien de la diversité du riz par les agriculteurs, de détecter d'éventuelles évolutions défavorables et de formuler une stratégie de conservation des ressources génétiques compatible avec la nécessaire augmentation de la productivité rizicole.

1.6.2 Choix de la région d'étude, le Vakinankaratra

La grande étendue de Madagascar étant peu compatible avec une étude approfondie des dynamiques locales de la gestion de la diversité du riz, nous avons choisi de focaliser nos recherches sur une seule région agricole, le Vakinankaratra, située sur le plateau central, qui se caractérise par :
- Une population ayant une tradition rizicole et donc de la gestion de variétés et de semences de riz (Rollin, 1993). Elle est le siège aujourd'hui d'une nouvelle dynamique rizicole liée au développement de la riziculture pluviale. En effet, l'attachement de la population à la riziculture l'a conduite à aménager et à cultiver la quasi-totalité des terres inondables naturellement adaptées à la culture du riz. Actuellement, la possibilité d'extension de la riziculture irriguée étant limitée, l'augmentation de la production du riz passe par le développement d'une nouvelle forme de riziculture : la riziculture pluviale, absente jusque là de la région du fait de contraintes climatiques.
- La région semble héberger une diversité génétique importante du riz, y compris une composante atypique, spécifique de Madagascar (Ahmadi et al. 1988; Kockho 1988; Rabary et al. 1989; Ahmadi et al. 1991), mais elle n'a pas encore fait l'objet d'une prospection systématique.
- L'importance de la diversité des conditions agro-écologiques (altitudes variant de 600 à 2600m) devrait faciliter l'analyse des relations entre les conditions agro-climatiques et la diversité génétique et variétale maintenue par les agriculteurs.
- La diversité des conditions économiques (densité de population, niveau d'enclavement, ...) associée à une relative homogénéité culturelle devrait faciliter l'analyse du rôle des facteurs économiques sur la diversité génétique maintenue par les agriculteurs.

1.7 Plan de la thèse

Ce document de thèse est divisé en sept chapitres :

Le chapitre 2 est constitué par les matériels et méthodes.

Le chapitre 3 intitulé « La région de Vakinankaratra, diversité agro-écologique, systèmes de production et système de culture du riz », décrit (i) la diversité du milieu physique et socio-économique à partir des données secondaires officielles disponibles et (ii) la diversité des systèmes de production et des systèmes de culture du riz à partir de données d'enquêtes que nous avons réalisé en 2005.

Le chapitre 4, intitulé « Dynamique de la diversité variétale du riz dans la région de Vakinankaratra » décrit la richesse variétale à différentes échelles et les facteurs qui l'influencent, les aspects quantitatifs, l'utilisation des variétés par les agriculteurs, le système de nomenclature des variétés, la perception paysanne des caractéristiques des variétés, les échanges de variétés intra et inter-villages, ainsi que les modes d'approvisionnement en semences et les pratiques de sélection.

Le chapitre 5, intitulé « Diversité génétique du riz dans la région de Vakinankaratra : confirmation de l'existence d'un groupe atypique au moyen de marqueurs moléculaires et de caractères agro-morphologiques », analyse la structuration de la diversité phénotypique et génotypique dans la région de Vakinankaratra, ainsi que les liens entre les groupes phénotypiques et génotypiques. Les données utilisées sont issues des mesures et des observations sur les champs d'expérimentation, et des analyses faites au laboratoire. Une « core collection » représentative de la diversité génotypique de la région est construite.

Le chapitre 6, intitulé « Distribution éco-géographique de la diversité génétique du riz dans la région de Vakinankaratra et ses déterminants agro-environnementaux », traite de la répartition éco-géographique et de la distribution à différentes échelles (altitude, village, exploitation et parcelle) de la diversité génétique. Les données utilisées sont issues de l'analyse moléculaire et de la caractérisation agro-morphologique des échantillons collectés. Les résultats sont des informations indispensables pour la mise en place de stratégies de conservation des ressources génétiques.

Le chapitre 7 est la discussion générale de la thèse, il en résume les résultats saillants, discute les applications possibles des données obtenues afin d'atteindre l'objectif de réconciliation entre développement et conservation. Il exprime les nouveaux acquis de connaissances apportées par le présent travail et les questions suscitées après l'analyse des résultats.

1.8 Références

Abé, Y., 1984. Le riz et la riziculture à Madagascar, une étude sur le complexe rizicole d'Imerina. Editions CNRS.

Ahmadi, N., Becquer, T., Larroque, C., Arnaud, M., 1988. Variabilité génétique du riz (*Oryza sativa* L.) à Madagascar. L'agronomie tropicale 43, 209-221.

Ahmadi, N., Glaszmann, J.-C., Rabary, E., 1991. Traditional highland rices originating from intersubspecific recombination in Madagascar. Proceeding of the Second International Rice Genetics Symposium. IRRI, Los Banos, Philippines, pp. 67-79.

Altieri, M.A., Merrick, L.C., 1987. In Situ Conservation of Crop Genetic Resources through Maintenance of Traditional Farming Systems. Economic botany 41, 86-96.

Alvarez, N., Garine, E., Khasah, C., Dounias, E., Hossaert-McKey, M., McKey, D., 2005. Farmers' practices, metapopulation dynamics, and conservation of agricultural biodiversity on-farm: a case study of sorghum among the Duupa in sub-sahelian Cameroon. Biological Conservation 121, 533-543.

Arraudeau, M., 1998. Le riz irrigué. Editions Maisonneuve et Larose, Paris.

Aulong, S., Figuières, C., Thoyer, S., 2006. Agriculture production versus biodiversity protection: what role for north-south unconditional transfers? , World Congress of Environmental and Resource Economists", Kyoto.

Baco, M.N., Biaou, G., Lescure, J.-P., 2007. Complementarity between Geographical and Social Patterns in the Preservation of Yam (*Dioscorea sp.*) Diversity in Northern Benin. Economic botany 61, 385-393.

Baco, M.N., Biaou, G., Pham, J.-L., Lescure, J.-P., 2008. Facteurs géographiques et sociaux de la diversité des ignames cultivées au Nord Bénin. Cahiers d'études et de recherches francophones / Agricultures 17, 172-177.

Baenziger, P.S., Russell, W.K., Graef, G.L., Campbell, B.T., 2006. Improving Lives: 50 Years of Crop Breeding, Genetics, and Cytology (C-1). Crop Science 46, 2230-2244.

Barnaud, A., Deu, M., Garine, E., McKey, D., Joly, H., 2007. Local genetic diversity of sorghum in a village in northern Cameroon: structure and dynamics of landraces. TAG Theoretical and Applied Genetics 114, 237-248.

Barnaud, A., Joly, H.I., McKey, D., Deu, M., Khasah, C., Monné, S., Garine, E., 2008. Gestion des ressources génétiques du sorgho (*Sorghum bicolor*) chez les Duupa (Nord Cameroun). Cahiers d'études et de recherches francophones / Agricultures 17, 178-182.

Barry, M.B., 2006. Diversité génétique des riz cultivés en Guinée maritime : dynamique des variétés traditionnelles et conservation in situ des ressources génétiques. Thèse de doctorat. ENSA, Rennes, France.

Barry, M., Pham, J., Noyer, J., Billot, C., Courtois, B., Ahmadi, N., 2007. Genetic diversity of the two cultivated rice species (*O. sativa* & *O. glaberrima*) in Maritime Guinea. Evidence for interspecific recombination. Euphytica 154, 127-137.

Barry, M.B., Diagne, A., Pham, J.-L., Ahmadi, N., 2008. Évolution récente de la diversité génétique des riz cultivés (*Oryza sativa et O. glaberrima*) en Guinée. Cahiers d'études et de recherches francophones / Agricultures 17, 122-127.

Bazile, D., Dembélé, S., Soumaré, M., Dembélé, D., 2008. Utilisation de la diversité variétale du sorgho pour valoriser la diversité des sols au Mali. Cahiers d'études et de recherches francophones / Agricultures 17, 86-94.

Bellon, M.R., Taylor, J.E., 1993. "Folk" Soil Taxonomy and the Partial Adoption of New Seed Varieties. Economic Development and Cultural Change 41, 763.

Bellon, M., Brush, S., 1994. Keepers of maize in Chiapas, Mexico. Economic Botany 48, 196-209.

Bellon, M.R., 1996. The Dynamics of Crop Infraspecific Diversity: a Conceptual Framework at the Farmer Level. Economic Botany 50, 26-39.

Bellon, M.R., 1997. On-Farm Conservation as a Process:An Analysis of Its Components. In: Sperling, L., Leovinsohn, M. (Eds.), Using Diversity Enhancement and Maintaining

Genetic Resources On-farm: Proceedings of a Workshop held on 19-21 June 1995, New Delhi, India.

Bellon, M.R., 2001. Demand and Supply of Crop Infraspecific Diversity on Farms: Towards a Policy Framework for On-Farm Conservation. CIMMYT, Mexico.

Boiteau, P., 1977. Les proto-malgaches et la domestication des plantes. Bulletin de l'Académie Malgache 55, 21-26.

Brock, W., Xepapadeas, A., 2002. Optimal Ecosystem Management when Species Compete for Limiting Resources. Journal of Environmental Economics and Management 44, 189-220.

Brown, A.H.D., 1989. Core collections: a pratical approach to genetic resources management Genome 31, 818-824.

Brown, A.H.D., Schoen, D.J., 1994. Optimal sampling strategies for core collections of genetic resources. In: Loeschcke, V., Tomiuk, J., Jain, S.K. (Eds.), Conservation Genetics. Birkhäuser Verlag, Bazel, Switzerland, pp. 354-370.

Brush, Meng, E., 1998. Farmers' valuation and conservation of crop genetic resources. Genetic Resources and Crop Evolution 45, 139-150.

Brush, S.B., 1989. Rethinking Crop Genetic Resource Conservation. Conservation Biology 3, 19-29.

Brush, S.B., 1991. A farmer-based approach to conservating crop germplasm. Economic botany 45, 153-165.

Brush, S.B., 1992. Farmer's rights and genetic conservation in traditional farming systems. World Development 20, 1617-1630.

Brush, S.B., 2000a. Genes in the field: on-farm conservation of crop diversity. Lewis Publishers, International Development Research Centre, International Plant Genetic Resources Institute.

Brush, S.B., 2000b. The issues of in situ conservation of crop genetic resources. In: Brush, S.B. (Ed.), Genes in the field: On-Farm Conservation of Crop Diversity. IPGRI-IDRC-Lewis Publishers, Boca Raton (USA), pp. 3-28.

Brush, S.B., Perales, H.R., 2007. A maize landscape: Ethnicity and agro-biodiversity in Chiapas Mexico. Agriculture, Ecosystems & Environment 121, 211-221.

Chaudhary, P., Gauchan, D., Rana, R.B., Sthapit, B.R., Jarvis, D.I., 2004. Potential loss of rice landraces from a Terai community in Nepal: a case study from Kachorwa, Bara. Plant Genetic Resources Newsletter 137, 14-21.

Collectif, 2004. Le riz à Madagascar. Revue d'Information Economique, publication trimestrielle de la Direction générale de l'économie 17, 1-19.

Cooper, D., Vellvé, R., Hobbelink, H., 1992. Growing Diversity: Genetic Resources and local food security. Intermediate Technology Publication, London, UK.

Dabat, M.-H., Razafimandimby, S., Bouteau, B., 2004. Atouts et perspectives de la riziculture périurbaine à Antananarivo (Madagascar). Cahiers d'études et de recherches francophones / Agricultures 13, 99-109.

De Candolle, A., 1883. Origine des plantes cultivées. Germer Baillière, Paris.

De Kochko, A., 1988. Variabilité enzymatique des riz traditionnels malgaches *Oryza sativa* L. L'agronomie tropicale 43, 203-208.

Domenichini-Ramiaramanana, B., 1988. Madagascar dans l'Océan Indien du VII au XIe siècle. In: El Fasi, M. (Ed.), Histoire générale de l'Afrique, III: L'Afrique du VII au XIe siècle. Unesco, Paris.

Domenichini-Ramiaramanana, B., Domenichini, J.-P., 1983. Madagascar dans l'Océan Indien avant XIIe siècle. Présentation de données suggérant des orientations de recherches. Les nouvelles du Centre d'Art et d'Archéologie 1, 5-19.

Duvick, D., 1984. Genetic diversity in major farm crops on the farm and in reserve. Economic botany 38, 161-167.

Elias, M., Panaud, O., Robert, T., 2000. Assessment of genetic variability in a traditional cassava (*Manihot esculenta* Crantz) farming system, using AFLP markers. Heredity 85, 219-230.

Evenson, R.E., Gollin, D., 2003. Assessing the Impact of the Green Revolution, 1960 to 2000. Science 300, 758-762.

FAO, 1996. Rapport sur l'état des ressources phytogénétiques dans le monde. FAO.

Finckh, M.R., Gacek, E.S., Goyeau, H., Lannou, C., Merz, U., Mundt, C.C., Munk, L., Nadziak, J., Newton, A.C., de Vallavieille-Pope, C., Wolfe, M.S., 2000. Cereal variety and species mixtures in practice, with emphasis on disease resistance. Agronomie 20, 813-837.

Fowler , C., Jiggins, J., 2000. Genetic resources and the policy environment. In: Almekinders, C.J.M., De Boef, W. (Eds.), Encouraging diversity. The conservation and development of plant genetic resources. Intermediate Technology Publication London, pp. 34-40.

Fowler , C., Mooney, P., 1990. Shattering : Food politics and the Loss of Genetic Diversity. University of Arizona Press, Tucson, USA.

George, P., Verger, F., 1996. Dictionnaire de la Géographie. PUF, Paris.

Ghesquière, A., 1988. Diversité de l'espèce sauvage de riz Oryza longistaminata A. Chev. & Roehr et dynamique des flux géniques au sein du groupe Sativa. Université Paris Sud Orsay, Orsay, France.

Glaszmann, J.C., 1987. Isozymes and classification of Asian rice varieties. TAG Theoretical and Applied Genetics 74, 21-30.

Griffon, M., 2006. Nourrir la planète. Odile Jacob, Paris, France.

Harlan, J.R., 1965. The possible role of weed races in the evolution of cultivated plants. Euphytica 14, 173-176.

Harlan, J.R., 1995. The Living Fields: Our Agricultural Heritage. Cambridge University Press, Cambridge, U.K.

Harlan, J.R., De Wet, J.M.J., 1971. Toward a rational classification of cultivated plants. Taxon 20, 509-517.

Harushima, Y., Nakagahra, M., Yano, M., Sasaki, T., Kurata, N., 2002. Diverse Variation of Reproductive Barriers in Three Intraspecific Rice Crosses. Genetics 160, 313-322.

Hawkes, J.B., 1985. Plant genetic resources. The impact of the International Agricultural Research Centers. CGM Study Paper No. 3. World Bank, Washington, D.C.

Itzstein-Davey, F., Taylor, D., Dodson, J., Atahan, P., Zheng, H., 2007. Wild and domesticated forms of rice (*Oryza sp.*) in early agriculture at Qingpu, lower Yangtze, China: evidence from phytoliths. Journal of Archaeological Science 34, 2101-2108.

Jackson, M.T., 1997. Conservation of rice genetic resources: the role of the International Rice Genebank at IRRI. Plant Molecular Biology 35, 61-67.

Jacquot, M., Clément, G., Ghesquière, A., Glaszmann, J.-C., Guiderdoni, E., Tharreau, D., 1997. Les riz. In: Charrier, A., Jacquot, M., Hamon, S., Nicolas, D. (Eds.), L'amélioration des plantes tropicales CIRAD-ORSTOM, pp. 533-564.

Kaosa-ard, M.S., Rerkasem, B., 2000. The Growth and Sustainability of Agriculture in Asia. Asian Development Bank's Study of Rural Asia: Beyond the Green Revolution. Oxford University Press, Oxford, USA.

Kato, S., Kosaka, H., Hara, S., 1928. On the affinity of rice varieties as shown by the fertility of hybrid plants. Bull. Sci. Facult. Terkult Kyushu Univ. 3, 132-147.

Khush, G., 2005. What it will take to Feed 5.0 Billion Rice consumers in 2030. Plant Molecular Biology 59, 1-6.

Kovach, M.J., Sweeney, M.T., McCouch, S.R., 2007. New insights into the history of rice domestication. Trends in Genetics 23, 578-587.

Kshirsagar, K.G., Pandey, S., 1995. Diversity of Rice Cultivars in a Rainfed Village in the Orissa State of India. Proc. Seminar 'Using diversity: enhancing and maintaining genetic resources onfarm'. International Development Research Centre, New Delhi, India.

Kumar, R.V., Virmani, S.S., 1992. Wide compatibility in rice (Oryza sativa L.). Euphytica 64, 71-80.

Lambert, D.H., 1985. Swamp Rice Farming: The Indigenous Pahang Malay Agricultural System. Westview Press, Boulder and London.

Levins, R., 1970. Extinction In: Gerstenhaber, M. (Ed.), Some mathematical questions in Biology. Amercan Mathematical Society, Providence, R.I., pp. 75-108.

Louette, D., Charrier, A., Berthaud, J., 1997. In Situ Conservation of Maize in Mexico: Genetic Diversity and Maize Seed Management in a Traditional Community. Economic Botany 51, 20-38.

Matsuo, T., 1952. Genecological studies on the cultivated rice. Bull. Nat. Inst. Agric. Sci.(Japan) 3, 1-111.

Maxted, N., Ford-Lloyd, B.V., Hawkes, J.G., 1997. Complementary conservation strategies. In: Maxted, N., Ford-Lloyd, B.V., Hawkes, J.G. (Eds.), Plant Genetic Conservation. The in-situ approach. Chapman & Hall, London, London, pp. 15-40.

McKey, D., Emperaire, L., Elias, M., Pinton, F., Robert, T., Desmoulière, S., Rival, L., 2001. Gestions locales et dynamiques régionales de la diversité variétale du manioc en Amazonie. Genet. Sél. Evol. 33, 465-490.

Miézan, K., Ghesquière, A., 1986. Genetic structure of African traditional rice cultivar. In: Khush, G. (Ed.), Rice genetics symposium. IRRI, Los Banos, Philippines.

Morinaga, T., Kuriyama, H., 1958. Intermediate type of rice in the subcontinent of India and Java. Jap. J. Breeding 7, 253-259.

Normile, D., 1997. Archaeology: Yangtze Seen as Earliest Rice Site. Science 275, 5298-5309.

Oakley, E., Momsen, J.H., 2005. Gender and agrobiodiversity: a case study from Bangladesh. The Geographical Journal 171, 195-208.

Oka, H.-I., 1958. Intervarietal variation and classification of cultivated rice. Indian J. Genet. Plant Breeding 18, 79-89.

Oka, H.-I., Morishima, H., 1982. Phylogenetic differentiation of cultivated rice, XXIII. Potentiality of wild progenitors to evolve the indica and japonica types of rice cultivars Euphytica 31, 41-50.

Oldfield, M.L., Alcorn, J.B., 1987. Conservation of traditional agroecosystems. Bioscience 37, 199-208.

Olivieri, I., Couvet, D., Gouyon, P.H., 1990. The genetics of transient populations: research at the metapopulation level. Trends Ecol. Evol. 5, 207-210.

Østergård, H., Fontaine (Eds.), L., 2006. Proceedings of the COST SUSVAR workshop on Cereal crop diversity: Implications for production and products, La Besse (Camon, Ariège), France, 13-14 June 2006. ITAB, Paris, France.

Patra, B.C., Dhua, S.R., 2003. Agro-morphological diversity scenario in upland rice germplasm of Jeypore tract. Genetic Resources and Crop Evolution 50, 825-828.

Perales, H.R., Benz, B.F., Brush, S.B., 2005. Maize diversity and ethnolinguistic diversity in Chiapas, Mexico. Proc. Nat. Acad. Sci. 102, 949-954.

Pernès, J., 1984. Gestion des ressources génétiques des plantes. Lavoisier, Paris.

Pham, J.-L., Morin, S.R., Sebastian, L.S., Abrigo, G.A., Calibo, M.A., Quilloy, S.M., Hipolito, L., Jackson, M.T., 2002. Rice, Farmers and Genebanks: a Case Study in the Cagayan Valley, Philippines. In: Engels, J.M.M., Ramanatha Rao, V., Brown, A.H.D., Jackson, M.T. (Eds.), Managing Plant Genetic Diversity. IPGRI - Cabi publishing, London, UK, pp. 149-160.

Pinton, F., Emperaire, L., 2001. Le manioc en Amazonie brésilienne: diversité variétale et marché. Genet. Sel. Evol. 33, 491-512.

Pistorius, R., 1997. Scientists, plants and politics: a history of the plant genetic resources movement. International Plant Genetic Resources Institute, Rome (Italy).

Portères, R., 1966. Les noms des riz en Guinée. Journal d'Agriculture Tropicale et de Botanique Appliquée 13.

Rabary, E., Noyer, J.-L., Benyayer, P., Arnaud, M., Glaszmann, J.-C., 1989. Variabilité génétique du riz (*Oryza sativa* L.) à Madagascar: origine de types nouveaux. L'agronomie tropicale 44, 305-312.

Rakotoarisoa, J., 2004. Les systèmes de cultures rizicoles à Madagascar et les stratégies de la recherche pour l'intensification rizicole. Revue de la recherche agricole à Madagascar 22, 5-8.

Rana, R., Garforth, C., Sthapit, B., Jarvis, D., 2007b. Influence of socio-economic and cultural factors in rice varietal diversity management on-farm in Nepal. Agriculture and Human Values 24, 461-472.

Randrianarisoa, J.-C., 2004. La diffusion des variétés de riz à Madagascar. Revue de la recherche agricole à Madagascar 22, 14-19.

Ravaonoro, S., Ravatomanga, J., Rakotonjanahary, X., Randrianarivony, H., 1999. Report on Rice germplasm collection in Madagascar. FOFIFA, SDC, IRRI, Antananarivo, p. 17.

Reano, R., Pham, J.-L., 1998. Does cross-pollination occur during seed regeneration at the International Rice Genebank ? International Rice Research Notes 23, 5-6.

Rollin, D., 1993. Evolution de la place du système rizière dans le Vakinakaratra (Madagascar). In: Raunet, M. (Ed.), Bas-fonds et riziculture. Cirad, Antananarivo, Madagascar, pp. 63-71.

Sang, T., Ge, S., 2007. The Puzzle of Rice Domestication. Journal of Integrative Plant Biology 49, 760−768.

Sanni, K., Fawole, I., Guei, R., Ojo, D., Somado, E., Tia, D., Ogunbayo, S., Sanchez, I., 2007. Geographical patterns of phenotypic diversity in Oryza sativa landraces of Côte d'Ivoire. Euphytica.

Scarascia-Mugnozza, G.T., Perrino, P., 2002. The History of ex situ Conservation and Use of Plant Genetic Resources. In: Engels, J.M.M., Ramanatha Rao, V., Brown, A.H.D., Jackson, M.T. (Eds.), Managing Plant Genetic Diversity. IPGRI - Cabi Publishing, London, UK, pp. 1-22.

Second, G., 1985. Evolutionary relationships in the Sativa group of Oryza based on isozyme data. Genet. Sel. Evol. 17, 89-114.

Shuichi, F., Tran, S., Kaworu, E., Luu, T., Tsukasa, N., Kazutoshi, O., 2006. Diversity in Phenotypic Profiles in Landrace Populations of Vietnamese Rice: A Case Study of Agronomic Characters for Conserving Crop Genetic Diversity on Farm. Genetic Resources and Crop Evolution 53, 753-761.

Swaminathan, M.S., 2006. An Evergreen Revolution. Crop Science 46, 2293-2303.

Sweeney, M., McCouch, S., 2007. The Complex History of the Domestication of Rice. Annals of Botany 100, 951-957.

Tang, T., Shi, S., 2007. Molecular Population Genetics of Rice Domestication. Journal of Integrative Plant Biology 49, 769−775.

Ting, Y., 1957. The origin and evolution of cultivated rice in China. Acta Agron. Sinica 8, 243-260.

Trinh, L.N., Watson, J.W., Huec, N.N., Ded, N.N., Minhe, N.V., Chuf, P., Sthapit, B.R., Eyzaguirre, P.B., 2003. Agrobiodiversity conservation and development in Vietnamese home gardens. Agriculture, Ecosystems and Environment 97, 317-344.

Tunstall, V., Teshome, A., Torrance, J.K., 2001. Distribution, abundance and risk of loss of sorghum landraces in four communities in North Shewa and South Welo, Ethiopia. Genetic Resources and Crop Evolution 48, 131-142.

UPDR/FAO, 2001. Diagnostic et perspectives de développement de la filière riz à Madagascar. FAO/RAFP, Antananarivo.

Vaughan, D.A., Morishima, H., Kadowaki, K., 2003. Diversity in the Oryza genus. Current Opinion in Plant Biology 6, 139-146.

Vavilov, N.I., 1926. Studies on the Origin of Cultivated Plants. Leningrad: State Press, Leningrad.

Vernooy, R., 2003. Les semences du monde : l'amélioration participative des plantes. Centre de recherches pour le développement international Ontario, Canada.

World Resources Institute, 2005. The Wealth of the Poor: Managing Ecosystems to Fight Poverty. World Resources Institute Washington, DC, USA.

Yawen, Z., Shiquan, S., Zichao, L., Zhongyi, Y., Xiangkun, W., Hongliang, Z., Wen, 2003. Ecogeographic and genetic diversity based on morphological characters of indigenous rice (*Oryza sativa* L.) in Yunnan, China. Genetic Resources and Crop Evolution 50, 567-577.

Yoshida, S., 1981. Fundamentals of rice crop science. IRRI, Manila, The Phillipines.

Zeng, Y., Li, Z., Yang, Z., Wang, X., Shen, S., Zhang, H., 2001. Ecological and genetic diversity of rice germplasm in Yunnan, China. Plant Genetic Resources Newsletter 125, 24-28.

Zhu, Y., Wang, Y., Chen, H., Lu, B.-R., 2003. Conserving Traditional Rice Varieties through Management for Crop Diversity. Bioscence 53, 158-162.

2 Matériels et méthodes

2.1 Démarche générale

La démarche générale consiste à :
- Caractériser les différentes composantes du système milieu – pratiques agricoles – diversité génétique :
    o diversité des conditions biophysiques et socio-économiques du milieu ;
    o diversité des systèmes de culture du riz et de gestion des variétés et semences ;
    o diversité variétale et diversité génétique (évaluée au moyen de variables morpho-physiologiques et de marqueurs moléculaires) maintenues à différentes échelles spatiales et organisationnelles.
- Identifier et hiérarchiser les facteurs du milieu qui influencent les pratiques de gestion des variétés et des semences ainsi que les composantes de ces gestions qui agissent sur la diversité génétique, en s'appuyant sur des méthodes d'analyse comparative.

La démarche a été mise en œuvre en cinq grandes étapes :
- Zonage agro-écologique de la région d'étude ;
- Echantillonnage des villages et des exploitations ;
- Enquête et collecte des échantillons de matériel végétal dans les villages et exploitations choisies ;
- Caractérisations des échantillons de matériel végétal collectés ;
- Analyse des données.

Les questions posées, les données collectées et les méthodes d'analyse mobilisées sont résumées dans le tableau 2-1.

Tableau 2-1: Questions traitées dans la thèse, données collectées et méthodes d'analyse mises en œuvre pour y répondre.

Questions posées	Données	Méthode de collecte et d'analyse
- Quelle est la diversité des conditions agroclimatiques ? - Quelle est la diversité des caractères socio-économiques ?	- Données géographiques et économiques secondaires - Enquêtes dans 32 villages	- Système d'information géographique - Statistiques multi-variées - Classification simple
- Quelle est la diversité des systèmes de culture du riz ? - Quelle est la diversité des pratiques de gestion de semences et de variétés ? - Quelles sont les relations entre diversité variétale et diversité des systèmes de culture et des systèmes de production ?	- Enquêtes dans 1024 exploitations réparties dans 32 villages	- Statistiques descriptives - Indices de diversité : nombre de variétés par village, nombre de variétés par exploitation, indice de Shannon - Anova
Quelle est la perception paysanne de la diversité variétale ?	Enquêtes auprès de 3 paysans détenteurs de chaque variété recensée	Statistiques multi-variées : -Analyse factorielle de correspondance multiple (AFCm), - Classification ascendante

- Quelle est la structure de la diversité agro-morphologique ? - Quelle est la structure de la diversité génétique ? - Quelles sont les relations entre la perception paysanne de la diversité variétale et la structuration de cette diversité obtenue par la caractérisation morpho-physiologique et moléculaire ?	- Caractérisation agro-morphologique de 306 accessions au champ - Caractérisation moléculaire de 349 accessions au laboratoire	hiérarchique (CAH) Statistiques multi-variées : - Analyse en composante principale (ACP), -Classification ascendante hiérarchique (CAH) - Analyse factorielle discriminant - Anova
- Quelle est la distribution éco-géographique et à différentes échelles (exploitation, village, sous-région) de la diversité variétale et de la diversité génétique ?	- Caractérisation moléculaire (349 accessions + 10 accessions)	- Analyse de la variance moléculaire (Amova) - Indices de différenciation génétique
- Quelle est la consistance des noms de variétés ? - Y a-t-il des relations entre les grandes familles vernaculaires et les caractères morpho-physiologiques et/ou génétiques ?	- Caractérisation moléculaire (349 accessions + 10 accessions) - Caractérisation agro-morphologique	Statistiques multi-variées : - ACP, arbre Neighbor joining - Indices de diversité : PIC, Fst - Anova
- Quelles applications pourraient être réalisées à partir des résultats obtenus dans ce travail pour la conservation des ressources génétiques ? - Quels sont les résultats originaux (nouvel apport à la connaissance globale) ? - Quelles sont les limites de l'interprétation des résultats obtenus ?	- Résultats de l'enquête - Résultats de la caractérisation agro-morphologique - Résultats de la caractérisation moléculaire	Discussion générale des résultats à la lumière des perspectives d'évolution socio-économique de la région d'étude.

2.2 Zonage agro-écologique et échantillonnage des villages et exploitations

2.2.1 Zonage agroécologique et échantillonnage des villages

Le zonage agroécologique a été réalisé en deux étapes : une synthèse bibliographique et un traitement des données secondaires disponible à l'échelle de la région au moyen du logiciel MapInfo (version 6.5). Celles-ci étaient composées de :

- Données officielles : (i) d'altitude moyenne, (ii) de densité de population, (iii) d'enclavement (trois classes) et (iv) de superficie des rizières par habitant, à l'échelle des communes ;
- Les typologies réalisées par Razafimandimby (2005) : (v) zonage climatique et (vi) zonage agricole.

La superposition de ces six couches d'information à l'aide du logiciel MapInfo, a permis d'identifier 10 petites zones homogènes. (Figure 2-1).

Ce zonage a permis d'effectuer le choix des villages d'étude en s'appuyant sur des critères pertinents. Dans chaque zone homogène, trois communes au moins ont été choisies sur la base de l'accessibilité et de la présence significative de rizières (usage de la carte de répartition des rizières). Dans chaque commune un *Fokontany* (entité administrative subsidiaire) puis un village ont été choisis en fonction des mêmes critères d'accessibilité et de présence de rizières. Si, dans une zone homogène donnée, le nombre de communes était inférieur à 3, alors plusieurs villages sont retenus dans la même commune de manière à disposer d'au moins 3 villages par zone homogène.

Au total 32 villages ont été retenus, soit environ 1,6 % du nombre total de villages de la région, estimé proche de 2000.

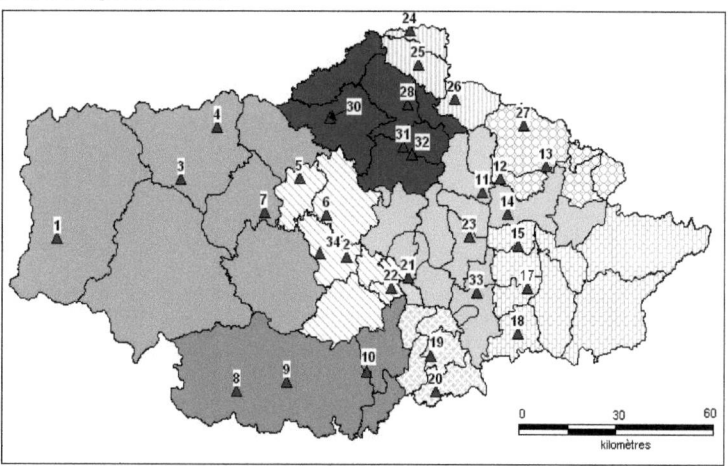

Figure 2-1: Subdivision de la région de Vakinankaratra en 10 zones homogènes sur la base de données géographiques, agricoles et rizicoles, et position des 32 villages d'étude retenus.

2.2.2 Echantillonnage des exploitations d'étude

Dans chaque village, les exploitations, dont la liste a été fournie par le chef du village, ont été classées en trois groupes suivant leur taille : grande (possédant une importante superficie cultivée notamment en rizière, et un nombre élevé de bovins), moyenne ou petite (ménages les plus démunis du village). Dans chaque groupe, sur proposition du chef de village, une dizaine d'exploitations ont été retenues pour la réalisation de l'enquête exploitation. Ainsi, une trentaine d'exploitations choisies représentent en moyenne les 2/3 des exploitations du village.

2.3 Enquête sur les systèmes de production et les systèmes de culture du riz

L'analyse de la diversité des systèmes de production et des systèmes de culture du riz a été réalisée à deux échelles : à l'échelle régionale en s'appuyant sur un échantillon de villages représentatifs (enquête village), et au niveau de chacun des villages en s'appuyant sur un échantillon de ses exploitations agricoles (enquête exploitation).

2.3.1 Enquête au niveau village

L'enquête village a été conduite sous forme d'entretien semi-directif avec les personnes ressources : les responsables du village, les « anciens » connaissant bien le village, et les vulgarisateurs ou techniciens. Trente-deux villages ont été enquêtés. Les données collectées concernent :

- Les caractéristiques générales du village (8 variables): altitude, distance par rapport à la route nationale bitumée, distance par rapport à la route secondaire carrossable, ancienneté du village (date de son établissement), composition ethnique, encadrement agricole, organisations de producteurs, ainsi que des informations préliminaires sur la gestion et l'utilisation des variétés de riz.
- L'importance des facteurs de production (6 variables) : données démographiques (nombre d'habitants, nombre de toits), richesse (nombre de maisons en tôle et nombre de bovins), technicité agricole (nombre de charrues), technicité rizicole (nombre de sarcleuses).
- Les systèmes de production des villages (18 variables) : pourcentage des exploitations qui pratiquent les cultures de saison (maïs, manioc, haricot, patate douce, pomme de terre, fourrage, fruitiers, taro, tomate, orge), le maraîchage de contre-saison (tomate, carotte, pomme de terre) en bas-fond, les différents types d'élevage (bovin laitier, bovin viande, porcin), ainsi que l'importance du salariat agricole et des activités non agricoles (artisanat) dans les revenus monétaires.
- Inventaire nominatif préliminaire des variétés de riz cultivées dans le village dans l'année en cours.

2.3.2 Enquête au niveau exploitation

Elle a pour objet :

- La caractérisation de l'exploitation par sept variables descriptives quantitatives : nombre de personnes actives dans l'exploitation (NPE), nombre d'enfants et d'inactifs (NEI), âge du chef d'exploitation (AE), nombre de parcelles en riz (NPR), nombre de bovins (NB), nombre de charrues (NC), et nombre de sarcleuses (NS).
- La caractérisation des systèmes de culture du riz par :
    - variables quantitatives : nombre total de parcelles (NTPR), nombre de parcelles en riz irrigué de première saison (RI-1), nombre de parcelles en riz irrigué de deuxième saison (RI-2) et nombre de parcelles en double riziculture irriguée (RI-3) ; nombre et nom, type (amélioré / local) et vocation culturale des variétés de riz.
    - variables qualitatives : repiquage en ligne ou en foule (RL), pratique du système de riziculture intensive (SRI), apport de fumure organique (FO), apport de fumure minérale (FM), pratique de la riziculture pluviale (RP).
- Inventaire nominatif des variétés de riz cultivé dant l'année en cours.

L'enquête exploitation a été faite en entretien individuel, semi-directif, avec le chef d'exploitation ou sa conjointe. Au total, 1049 exploitations (EE-1049-32) ont été enquêtées, elles se répartissent en 32 villages.

Afin d'obtenir des informations plus fines, une deuxième enquête exploitation (EE-18-3) a été réalisée auprès de 18 exploitations réparties dans 3 villages représentant un gradient altitudinal. Les villages sont : (i) *Alakamisinandrianovona* (village n°6) situé à 1318m d'altitude, zone climatique A ; (ii) *Mananety Vohitra* (n°17) situé à 1720m, zone climatique C ; et (iii) *Tsarahonenana* (n°32) situé à 1904m, zone climatique D. Dans chaque village, 6 exploitations ont été identifiées, 2 de grande taille, 2 moyennes et 2 de petite taille.

Dans chaque exploitation, l'ensemble des parcelles rizicultivées ont été recensées. Pour chaque parcelle, la superficie, la distance par rapport au village, la dénomination locale du type de sol, l'appréciation de l'agriculteur propriétaire sur le niveau de maîtrise de l'eau, ainsi que l'origine (héritée, achetée), et le statut (patrimoine, location) ont été enregistrés. De même l'historique de la mise en valeur rizicole de la parcelle sur 4 ans a été reconstituée, en particulier en termes de variétés et de semences utilisées.

2.4 Collecte d'échantillons de riz et caractérisation paysanne des variétés de riz

2.4.1 Collecte d'échantillons de matériel végétal

Dans chaque village, en connaissant la liste des variétés à partir de l'inventaire variétal, un échantillon « consensus » a été prélevé pour chaque variété. La procédure de constitution de l'échantillon consensus a fait suite à celle de description du profil de chaque variété du village par un groupe de 3 agriculteurs. Elle a été réalisée durant la même réunion organisée par le chef de village. Lors de cette réunion, pour chaque variété, les échantillons prélevés lors du tour de champ et/ou apportés par les trois agriculteurs ayant participé à la description de la variété, sont présentés à l'assistance et il leur est demandé de confirmer l'identité (nom donné au lot de semence) de l'échantillon ; puis un des échantillons est représentatif de la variété est constitué.

Chaque échantillon est constitué de 20 panicules mûres, soit récoltées par nous même lors du tour de champ, soit apportées à un autre moment par les agriculteurs qui ont participé au tour de champ. Quelques échantillons apportés par les agriculteurs ont été des semences en vrac.

Nos échantillons représentent ainsi ce que Louette (1994) considère comme une accession : « l'ensemble des graines d'une variété, sélectionnées par un producteur, et semées au cours d'un cycle de culture ainsi que leur descendance directe ». En effet, pour une variété donnée, plusieurs échantillons peuvent être prélevés chez différents paysans. Un seul de ces échantillons est appelé une accession.

Dans ce qui suit nous utiliserons donc le terme « accession » pour désigner chacun des échantillons que nous avons collectés dans nos 32 villages d'étude. Au total, au cours de la campagne agricole 2005-2006, 349 accessions ont été collectées dans les 32 villages dont 306 proviennent de la riziculture irriguée et 43 de la riziculture pluviale.

2.4.2 Description paysanne du profil des variétés de riz collectées

Cette description visait à comprendre le mode de caractérisation par les agriculteurs des variétés de riz qu'ils cultivent. Elle a été réalisée en deux temps de la façon suivante :
- Dans chaque village, à partir de la liste des variétés et de leur répartition dans les exploitations obtenues lors de l'inventaire variétal (enquête exploitation), trois agriculteurs volontaires d'âges différents sont identifiés parmi des exploitations enquêtées pour chacune des variétés. Ces trois agriculteurs ont été enquêtés en groupe par un entretien semi-directif. Autant que possible, l'enquête est conduite lors d'un « tour de

champ » avec les agriculteurs.
- La description du profil variétal porte (Tableau 2-2) sur l'ancienneté et le mode d'introduction dans le village, le comportement agronomique (saison de culture, hauteur, cycle, comportement vis-à-vis de l'inondation, la sécheresse, les maladies, la réponse aux engrais) et les caractéristiques d'usage (résistance à l'égrenage, rendement au décorticage, goût) de chaque variété. Une description plus détaillée des modalités de collecte de l'information sur ces variables et leurs modalités est donnée en Annexe 1.

Tableau 2-2 : Liste des 14 variables utilisées pour la caractérisation des profils variétaux.

Descripteur	Code	Modalité			
		1	2	3	4
Année d'arrivée au village	A	< 10 ans	10 à 50 ans	> 50 ans	
Type de grain	F	Rojo	Tsipala	Telovolana	Madinika
Hauteur de la plante	H	Courte	Moyenne	Haute	
Caractéristique du cycle	C	Court	Moyen	Long	Photosensible
Saison de culture	S	1ère saison	2ème saison	Les 2 saisons	
Tolérance à la sécheresse	TS	Sensible	Peu tolérant	Tolérant	
Résistance aux vents	RV	Mauvaise	Moyenne	Bonne	
Résistance à la verse	RAV	Mauvaise	Moyenne	Bonne	
Résistance à l'inondation	RI	Mauvaise	Moyenne	Bonne	
Résistance aux maladies	RP	Mauvaise	Moyenne	Bonne	
Réponse à la fumure	RF	Mauvaise	Moyenne	Bonne	
Egrenage	E	Facile	Moyen	Difficile	
Rendement à l'usinage	RU	Faible	Moyen	Bon	

Type « Rojo » : grain long et large ; type Tsipala : grain long et fin ; type Telovolana : grain court et large ; type Madinika : grain rond.

Les informations collectées sur les profils variétaux auprès des 3 paysans détenteurs ont été ensuite justifiées et complétées lors d'une réunion organisée par le chef de village où était convié un représentant de chaque exploitation. Cette réunion a été l'occasion d'éliminer les variétés synonymes, de manière à éviter la surestimation ou la sous-estimation du nombre de variétés maintenues dans le village, et d'établir le statut de « locale » ou « améliorée » pour chaque variété.

2.5 Caractérisation des échantillons de matériel végétal collectés

2.5.1 Caractérisation agro-morphologique au champ

Cette caractérisation a porté uniquement sur les 306 accessions collectées en culture irriguée. Ces accessions ont été cultivées au champ, en culture irriguée, à la Station régionale de recherche pour le développement rural (FOFIFA) à Antsirabe (1500m d'altitude), lors de la saison principale de culture du riz de l'année 2006-2007.

Le dispositif expérimental était de type blocs incomplets avec 2 répétitions. Chaque répétition était constituée de 15 sous-blocs recevant chacun 20 accessions à évaluer et une variété témoin (FOFIFA 160). La parcelle élémentaire était constituée de 21 plantes implantées en 3 lignes de 7 plantes, avec 25cm d'écartement entre lignes et entre plantes sur la même ligne.

Pour mettre en place la culture, pour chaque accession 5 panicules ont été tirées au hasard parmi les 20 panicules collectées. Ces panicules ont été semées en pépinière le 20/11/26. Trente 30 jours plus tard, un échantillon de plantules issues des 5 panicules a été prélevé au hasard et repiqué au champ. La culture a été conduite selon les pratiques de la riziculture irriguée recommandées par les services de développement.

Les observations et mesures ont été faites sur les 5 plantes centrales de la ligne centrale de chaque parcelle élémentaire. Un total de 13 caractères quantitatifs et 3 caractères qualitatifs ont été mesurés à différents stades de développement suivant le système standard de l'évaluation de variétés de riz de l'IRRI (http://www.knowledgebank.irri.org/ses/SES.htm). Ces caractères sont : nombre de talles (NT), hauteur de la plante (HP), longueur de la feuille paniculaire (LoFP), largeur de la feuille paniculaire (LaFP), nombre de jours entre repiquage et maturité (NJM), longueur de la panicule (LP), nombre de grains par panicule (NGP), poids de 1000 grains (PG), taux de grains vides (TGV), longueur du grain (LoG), largeur du grain (LaG), épaisseur du grain (EG), couleur des épillets (CE), couleur de l'apex (CA) et importance de l'aristation.

Parmi les 306 accessions, 14 n'ont pas pu être installées et observées de manière complète. On ne dispose donc d'un jeu de données phénotypiques complet que pour 292 accessions. Les 14 accessions avec données manquantes provenaient de 9 villages différents et ne semblaient pas avoir de liens particuliers entre elles. Elles n'introduisent donc pas de biais majeurs dans les résultats des analyses.

Pour certaines analyses, les données quantitatives ont été transformées en données qualitatives en définissant trois classes de même effectifs (Tableau 2-3).

Tableau 2-3: Caractères agro-morphologiques observés et étendue de trois classes phénotypiques définies pour la transformation des variables quantitatives en variables qualitatives.

Caractères quantitatifs et qualitatifs	Etendue des classes phénotypiques			Modalité de mesure des caractères
	1	2	3	
Hauteur de la plante	< 79	79–104	> 104	Mesure de la hauteur des plantes en cm à partir du sol (cm)
Nombre de talles	< 8	8.0–10.4	> 10.4	Comptage du nombre de talles herbacés par plante (à 40j après repiquage)
Longueur de la feuille paniculaire	< 19.4	19.4–26.9	> 26.9	Mesure de la longueur de la feuille paniculaire (cm)
Largeur de la feuille paniculaire	< 1.1	1.1–1.4	> 1.4	Mesure de la largeur de la feuille paniculaire (cm)
Longueur de la panicule	< 19.4	19.4–23	> 23	Mesure de la longueur de la panicule (cm)
Nombre de grains par panicule	< 128	128–178	> 178	Nombre moyen de grains par panicule (n=10)
Taux de stérilité	< 10	10-20	>20	Nombre de grains vides / Nombre total de grains par panicule(%)
Poids de 1000 grains	< 27	27–35.2	> 35.2	Poids de 1000 grains pleins à 14% d'humidité (g)
Longueur de grain	< 7.72	7.7–9.4	> 9.4	Longueur moyenne de 10 grains, mesure au pied à coulisse (mm)
Largeur de grain	< 2.77	2.8–3.2	> 3.2	Largeur moyenne de 10 grains, mesure au pied à coulisse (mm)
Epaisseur de grain	< 2	2.0–2.20	> 2.2	Moyenne épaisseur 10 grains, mesurée avec pied à coulisse (mm)
LoG/LaG	< 2.68	2.7–3.4	> 3.4	Rapport entre la longueur et la largeur du grain (n=10)
Durée du cycle	< 117	117–139	> 139	Nombre de jours entre le repiquage et la maturité de 50% (J)
Couleur du grain	Paille	Or	Brune	Observation visuelle
Couleur de l'apex	IC	C	-	Observation visuelle
Aristation	Absent	Courte	Longue	Observation visuelle

IC : incolore, C : coloré

2.5.2 Caractérisation moléculaire

2.5.2.1 Extraction d'ADN

Pour chaque accession, l'extraction d'ADN a été réalisée sur les jeunes feuilles d'une plante âgée de 30 jours. Les ADN totaux ont été extraits en utilisant du MATAB, selon la méthode décrite par Ristsirucci et al. (2000). Un gramme de tissu foliaire gelé dans de l'azote liquide a été broyé, puis mélangé avec 5ml de tampon d'extraction (1.4 M NaCl, 100 mM Tris HCl pH 8.0, 20 mM EDTA, 10 mM Na_2SO_3, 1% PEG 6000, 2% MATAB) préchauffé à 65°C. Les extraits ont été homogénéisés pendant 10s puis incubés à 65°C pendant 30mn. Après refroidissement à 20°C, 5mle de chloroforme-isoamyl (24 :1) a été ajouté, puis laissé évaporer à température ambiante. Le contenu du tube a été ensuite centrifugé à 3000tr/mn pendant 10mn, le surnageant contenant l'ADN a été précipité à 20°C après l'addition du même volume d'isopropanol. Les ADN ont été enlevés et mélangés avec 1 ml de 0.7 M NaCl, 50 mM Tris-HCl, 10 mM de tampon EDTA, pH 7.0.

2.5.2.2 Génotypage

Les génotypages ont été réalisés au sein de la « Plateforme de génotypage de Montpellier, Languedoc-Roussillon, France », équipée de séquenceurs LI-COR et hébergée par le CIRAD.

Quatorze marqueurs « Simple sequence repeat » (SSR), ou microsatellites, indépendants ont été sélectionnés pour leur polymorphisme élevé à partir d'un ensemble de marqueurs utilisés pour l'analyse de la diversité génétique de l'espèce *Oryza sativa*. Pour chaque marqueur SSR, l'amorce Forward a été additionnée d'une séquence supplémentaire appelé « queue M13 » (5'-CACGACGTTGTAAAACGAC-3'). Celle-ci est marquée par un fluorochrome qui, soumis à un laser, émet à une longueur d'onde de 700 nm ou de 800 nm.

Les amplifications, par « Polymerase Chain Reaction » (PCR), des loci cibles, pour chaque accession étudiée, ont été réalisées en plaques de 96 puits. Le mix d'amplification était composé de Tampon GoTaq, de 200 µM de chacune des nucléotides dATP, dGTP, dCGT et dTTP, de 0.2 µM de chaque Day fluorescent à 700 nm or 800 nm, de 1 unit d'enzyme taq DNA polymerase, et de 20 ng d'ADN de l'une des accessions étudiées.

Les produits PCR ont été séparés par électrophorèse sur gèle d'acrylamide à 5.5%, sur le séquenceur LI-COR. Chaque gel portait, à côté des échantillons des accessions étudiées, 8 répétitions d'une variété de référence IR36 et, aux deux extrémités, un marqueur de taille, de manière à faciliter les lectures et les comparaisons des données collectées sur des gels différents.

La lecture des gels a été réalisée à l'aide du logiciel SAGA-2 (LI-COR inc., Lincoln Nebraska, USA) qui attribue une taille, en nombre de bases, pour chaque allèle du locus étudié. On indique au logiciel à quel individu correspond chaque allèle présent. On peut ainsi observer le profil génétique de chaque individu pour un locus donné. Les témoins permettent aussi d'aligner les données génotypiques obtenus sur des gels différents et/ou dans le cadre de différents projets de recherche.

2.6 Analyse des données

2.6.1 Analyse des données sur les systèmes de production des villages

L'objectif de cette analyse a été de (1) classer les 32 villages d'étude en un petit nombre de groupes en fonction des similarités de leurs systèmes de productions et (2) identifier les variables les plus discriminantes de ces groupes. L'analyse s'est déroulée en 5 étapes :

1. Vérification de la cohérence des données afin de s'assurer de la qualité de la base (valeurs aberrantes ou extrêmes) ; cette vérification a conduit à l'élimination de 2 variables pour les quelles aucune variabilité n'existait entre les villages : le pourcentage des exploitations pratiquant la riziculture (100% dans les 32 villages) et l'élevage bovine pour la viande. (0% dans les 32 villages).

2. « Normalisation » des données relatives aux facteurs de production : pour chaque village, les 5 variables nombre de toits, nombre de maisons en tôle, nombre de bovins, nombre de charrues et nombre de sarcleuses ont été divisées par le nombre d'habitants du village de façon à rendre ces variables comparables entre les villages.

3. Analyse en composantes principales (ACP) a été réalisé sur 22 variables quantitatives descriptives des systèmes de production (au nombre de 17) et des facteurs de production (5 variables normalisées décrites ci-dessus) des 32 villages d'étude. Le nombre d'habitants a été exclu de l'analyse. L'ACP permet de construire une vision simplifiée d'une réalité complexe. Les corrélations complexes entre variables et la multi-dimensionnalité des données (ici 22 dimensions) sont transformées en axes linéarités en retenant le maximum possible de la variation initiale. Le pourcentage de la variance globale expliqué par les 2 ou 3 premiers axes donne une idée de l'efficacité du processus. La contribution des variables à ces axes indique leur pouvoir discriminer les individus.

4. La Classification ascendante hiérarchique (CAH) utilisant les distances euclidiennes, calculées à partir des variables descriptives, et la méthode d'agrégation est Ward (1963), sans fixation à priori du nombre final de classes. Regroupant de manière itérative les individus sur la base de leur ressemblance, la CAH fournit un dendrogramme indiquant l'ordre dans lequel les agrégations successives ont été opérées, ainsi que la valeur de l'indice d'agrégation à chaque niveau d'agrégation. Pour définir le nombre de groupes ou de classes, il est généralement pertinent d'effectuer la « coupure » du dendrogramme après les agrégations correspondant à des valeurs peu élevées de l'indice et avant les agrégations correspondant à des valeurs élevées. En coupant l'arbre au niveau d'un saut important de cet indice, on peut espérer obtenir une partition de bonne qualité car les individus regroupés en-dessous de la coupure étaient proches, et ceux regroupés après la coupure sont éloignés. Le logiciel XL Stat 2007, utilisé pour cette analyse, défini la position de la « coupure » et donc le nombre de groupes à retenir, en maximisation le rapport de la variance enter-groupe et la variance intra-groupes résultant de la coupure.

5. Caractérisés des groupes obtenus au moyen de descripteurs classique: moyenne, écart-type, minimum et maximum.

2.6.2 Analyse des données sur la diversité des exploitations

L'objectif de cette analyse était (1) de classer les 1049 exploitations d'étude en un petit nombre groupes en fonction des similarités de leurs caractéristiques démographiques et richesse et (2) d'identifier les variables les plus discriminantes de ces groupes.

Les étapes et la procédure d'analyse a été identique à celles de l'analyse des systèmes de production (2.2.5.1).

Les variables quantitatives prises en compte sont au nombre de 7: le nombre de personnes actives dans l'exploitation (NPE), nombre d'enfants et d'inactifs (NEI), âge du chef d'exploitation (AE), nombre de parcelles en riz (NPR), nombre de bovins (NB), nombre de charrues (NC), et nombre de sarcleuses (NS).

2.6.3 Analyse des données sur les systèmes de culture du riz

L'analyse a été réalisée en 2 étapes. La première étape a consisté à examiner, une à une, la variabilité de chacune des variables descriptives des systèmes de culture du riz, parmi les 1049 exploitations agricoles étudiées. Cet examen a conduit à constater que les variables relatives aux pratiques culturales (repiquage en ligne ou en foule, pratique du « Système de Riziculture Intensive », apport de fumure organique, apport de fumure minérale, utilisation de variétés éméliorées) présentaient très peu de variabilité et que la diversité des systèmes de culture se confondait, pour l'essentielle, avec la diversité de la pratique des 4 types de rizicultures décrits dans l'étude bibliographique (Cf 3.1.4).

La seconde étape de l'analyse a alors consisté à établir les combinaisons possibles des 4 types de riziculture pratiqués, à recenser leur présence chez les 1049 exploitations d'étude et à analyser les liens entre ces combinaisons et la diversité des types d'exploitations et des conditions agro-écologiques des villages d'appartenance des exploitations.

2.6.4 Analyse des données de l'enquête sur les variétés

L'inventaire des variétés maintenues dans chaque village et la part de ces variétés maintenues par chacune des 30 à 40 exploitations de ce même village ont été déterminées par l'enquête exploitation. Au total, les 1049 exploitations enquêtées maintiennent au total 2345 accessions.

2.6.4.1 Données d'inventaire variétal

Plusieurs types d'indicateurs de diversité ont été utilisés :

1. Les indicateurs bruts : nombre de variétés par village (Sv), nombre moyen de variétés par exploitation (Se).
2. L'indice de Shannon - Weaver (H') qui considère à la fois l'abondance relative et la richesse variétale dans le village. Il complète bien l'indice absolu (Brown and Brubaker, 2002).

$$H' = -\sum_{i=1}^{S} p_i \log p_i$$

p_i = abondance proportionnelle ou pourcentage d'importance des variétés, $p_i = n_i/N$ avec : n_i = nombre d'exploitations utilisant la variété i ; N = nombre total d'utilisations de toutes les variétés dans l'échantillon.

3. Indice d'équitabilité de Shannon (E) indiquant la répartition des variétés au sein du village. Cet indice varie de 0 à 1 dont 1 signifie une répartition parfaitement équitable :

$E = H' / \log Sv$

Sv = nombre de variétés dans le village

4. L'indice d'aptitude culturale par village a été calculé à partir de la classification des variétés de riz fournie par les agriculteurs : variétés spécialisées pour la riziculture de saison précoce, de saison principale, les deux, ou de la riziculture pluviale. Il s'agit de l'indice de Shannon-Weaver sur ces modalités. Deux villages peuvent avoir le même

nombre de variétés mais les niveaux de la diversité des aptitudes culturales de ces variétés peuvent être différents.

5. Les relations entre paramètres de richesse variétale et les autres caractéristiques agroécologiques et exploitations et des villages ont été analysées au moyen de coefficients de corrélation ou de coefficient détermination : le lien entre 2 variables quantitatives est évalué par le coefficient de corrélation (r^2); celui entre une variable quantitative (x) et une variable qualitative (y) est évalué par le coefficient de détermination R^2 qui peut être interprété comme la proportion de la variance de y imputable à la variance de x.

2.6.4.2 Données de description paysanne des profils variétaux

Les données de caractérisation paysanne des variétés (14 variables, 306 accessions) ont fait l'objet d'une analyse factorielle de correspondance multiple (AFCm), suivie par la une CAH. Comme l'ACP, l'AFCm vise à représenter graphiquement un tableau de données tout en réduisant le nombre de dimensions (égal au nombre initial de variables) à quelques axes par combinaisons linéaires des variables de base. Mais l'AFCm permet de traiter des données qualitatives (ou des variables quantitatives et ordinales transformées). Cette méthode est couramment utilisée pour valoriser des enquêtes sociologiques, en mettant en évidence des relations entre modalités de variables, ou pour décrire une répartition selon différents lieux. Elle permet de faire ressortir les grandes caractéristiques de la typologie et serviront de base à la réalisation de la classification.

Les analyses ont été réalisées avec le programme XLSTAT 2007, qui propose automatiquement la meilleure troncature du dendrogramme, en maximisation le rapport de la variance enter-groupe et la variance intra-groupes résultant de la coupure.

2.6.5 Analyse des données expérimentales sur les variétés

2.6.5.1 Analyse des données agro-morphologiques

Pour chaque accession, et chaque variable observée, la moyenne des observations sur les 5 plantes individuelles ont été calculées. Ces moyennes ont été soumises à une analyse de variance pour tester l'effet des sous-blocs. En absence d'effet sous-bloc significatif, pour chaque accession et chaque variable, une moyenne générale a été calculée à partir des moyennes des 2 répétitions. Par la suite, ces moyennes ont été utilisées pour analyser la diversité agro-morphologique dans 3 directions :

- Analyses visant la structuration de la diversité des variables agro-morphologiques : une ACP sur la matrice des 13 variables quantitatives, selon la procédure décrite en 2.2.5.1, suivi d'une CAH sur les coordonnées des individus sur les 5 premiers axes de l'ACP totalisant plus de 75% de l'inertie totale.
- Estimation de la diversité de chaque caractère agro-morphologique au niveau de différentes entités géographiques ou de gestion des variétés. Pour ce faire, les valeurs quantitatives des variables ont été transformées en 3 classes phénotypiques de même effectifs (Tableau 2-2) et l'indice *H'* de diversité de Shannon-Weaver (Jain et *al.*, 1975) a été calculé à partir des fréquences des 3 classes phénotypiques selon la formule

$$H' = - \sum_{i=1}^{S} p_i \log p_i$$

Où *S* est le nombre de classes phénotypiques du caractère et *Pi*, le pourcentage de l'effectif total (dans notre cas des 305) dans chacune des 3 classes phénotypiques définies pour chaque

variable (Tableau 2-3).
- Analyse de la répartition écogéographique de la diversité agro-morphologique par l'Analyse hiérarchique de la variance multivariée (Nested Manova) en utilisant les variables quantitatives. Cette analyse, réalisée avec le logiciel R version 2.10.1, est l'équivalent de l'analyse de la variance moléculaire (AMOVA) avec les données moléculaires. La distance utilisée est euclidienne.

2.6.5.2 Analyse des données moléculaires

2.6.5.2.1 Statistiques descriptives

Les statistiques descriptives : nombre d'allèles par locus (Na), l'hétérozygotie (Ho), la fréquence allélique majeure, le « Polymorphism Information Content » (PIC), la diversité de gènes (GD), le nombre de génotypes multilocus (Ng) et l'indice de fixation F_{ST} ont été calculées à l'aide du logiciel PowerMarker version 3.23 (Liu and Muse, 2005).

Considérons n individus et m loci polymorphes et admettons que le symbole A est utilisé pour représenter les locus avec une série d'allèles A_u. Pour un individu donné, un génotype par locus ou un allèle par locus est observé pour chaque locus. Un allèle Au a une fréquence P_u au niveau de la population des n individus (ou P_{lu}, pour indiquer le locus l) et un génotype A_uA_v a une fréquence de P_{uv} (ou P_{luv}) au niveau des n individu. Les valeurs observées peuvent être utilisées pour estimer les fréquences alléliques au niveau de la population. Dans un échantillon les comptes des allèles et génotypes seront écrites comme n_u et n_{uv} ou n_{lu} et n l_{uv}. Dans ces conditions :

- La diversité de gènes « Gene Diversity » (GD) est définie comme la probabilité pour que deux individus choisis au hasard dans la population aient des allèles différents. Il est calculé par la formule suivante :

$$\widehat{D_l} = (1 - \sum_{u=1}^{k} \tilde{p}_{lu}^2)$$

Si l'on considère que nous avons n individus et k loci polymorphiques. P_{lu}, est la fréquence de l'allèle u au locus l

- Le « Polymorphism Information Content » (PIC) est un estimateur de la diversité au sein d'une population (Botstein et al., 1980). Il est calculé à partir de la formule suivante :

$$\widehat{PIC_l} = 1 - \sum_{u=1}^{k} \tilde{p}_{lu}^2 - \sum_{u=1}^{k-1} \sum_{v=u+1}^{k} 2\tilde{p}_{lu}^2 \tilde{p}_{lv}^2$$

- « Heterozygosity » (Ho) est la proportion d'individus hétérozygotes dans la population.

$$\hat{H}_l = 1 - \sum_{u=1}^{k} \tilde{P}_{luu}$$

Les relations entre ces paramètres descriptifs de diversité génétique des accessions de riz et la diversité agroécologique, la diversité des systèmes de production et celle des exploitations ont été analysées au moyen de coefficients de corrélation ou de détermination. Le lien entre 2 variables quantitatives est évalué par le coefficient de corrélation (r^2); celui entre une variable quantitative (X) et une variable qualitative (Y) est évalué par le coefficient de détermination R^2 qui peut être interprété comme la proportion de la variance de Y imputable à la variance de X.

2.6.5.2.2 Structuration de la diversité génétique

La structuration de la diversité génétique a été analysée par 2 approches.

1. Classification basée sur un model d'appartenance à des populations caractérisées par leur fréquences alléliques. Cette approche a été mise en œuvre à l'aide du logiciel Structure version 2.2, Pritchard et *al.* (2000) qui s'appuie sur une des méthodes Bayésiennes de regroupement pour traduire les données génotypiques multilocus en structure de population et pour assigner, les individus aux sous-populations, sur des bases probabilistes. La méthode consiste à considérer l'existence de K populations caractérisée chacune par les fréquences alléliques à chaque locus, et d'assigner les individus aux populations tout en estimant, simultanément, les fréquences alléliques au sein des populations. Les regroupements ne sont pas réalisés sur la base de distances entre individus mais considèrent que les observations tirées de chaque population sont des tirages au hasard d'un model paramétrique. Le model paramétrique peut considérer ou non l'existence d'individus mélangés (admixtes) dont les allèles proviendraient non pas d'une des populations identifiées mais de plusieurs. C'est ce dernier model, avec admixture, que nous avons utilisé. Une fois les sous-populations caractérisés par leurs fréquences alléliques les individus sont assignés aux sous population en fonction de la proportion de leurs allèles issue de chacune des sous-populations retenues. Les résultats sont exprimés sous forme de coefficient d'appartenance à chaque sous-population. Dix essais indépendants de 20 000 « burning » et 100 000 itérations de la Chaine de Monte Carlo de Markov (MCMC) ont été réalisés avec des valeurs de K allant de 2 à 20. Le nombre optimum de populations (K) a été déterminé en utilisant la statistique ad hoc ΔK (Evanno *et al.* 2005) basé le taux de changement dans le log de probabilité des données entre valeurs successives de K.
2. Classification basée sur les distances entre individus. La matrice contenant la taille des allèles par locus et par individu a été utilisée sous le logiciel Darwin 5.01 (Perrier and Jacquemoud-Collet, 2006) pour calculer des distances "simple matching" (Sokal and Michener, 1958) entre individus. La dissimilarité d_{ij} est :

$$d_{ij} = 1 - \frac{1}{L}\sum_{i=1}^{L} \frac{m_i}{\pi}$$

Avec L: nombre de locus; m_i: nombre d'allèles pour le locus i et π: la ploïdie de l'espèce, dans notre cas, $\pi=2$.

Les distances ainsi calculées ont été ensuite utilisées pour une analyse en coordonnées principales et pour la construction de l'arbre non enraciné (Perrier *et al.*, 2003).

2.6.5.2.3 Distribution éco-géographique de la diversité génétique

La distribution éco-géographique de la diversité génotypique a été analysée en considérant 4 entités géographiques ou de gestion de la diversité qui s'emboîtent de manière hiérarchique:

- Position géographique définie par l'altitude, en distinguant 4 intervalles altitudinaux : inférieure à 1250m, 1250-1500m, 1500-1750m et supérieure à 1750m.
- Le village, en le considérant comme détenteur d'un exemplaire de chacune des accessions qui y ont été recensées.
- L'exploitation agricole, hébergeant une « copie » de quelques-unes (en général inférieur à ¼) des accessions recensées dans le village. En considérant ces « copies », les 1049 exploitations enquêtées maintiennent au total 2345 accessions.

- La parcelle rizicultivée qui porte une « copie » d'une des accessions de l'exploitation.

La distribution et la répartition de la diversité dans les 3 premières entités peuvent être analysées de manière intégrée dans la mesure où il s'agit d'un même échantillonnage et où nous pouvons estimer la diversité détenue par chacune des 1049 exploitations enquêtées à partir des données génotypiques et phénotypiques des 349 accessions collectées et étudiées. Cette analyse a été réalisée avec la procédure AMOVA du logiciel ARLEQUIN version 3.1 (Excoffier et al., 1992).

La diversité au niveau de la parcelle cultivée a été estimée à travers un échantillonnage indépendant. Les accessions utilisées pour cette analyse ont été collectées, spécifiquement, dans 9 champs appartenant à 9 exploitations réparties, à parts égales, dans trois villages ayant fait l'objet de « l'enquête exploitation » approfondie (EE-18-3).

Le dendrogramme de différenciation génétique des 32 villages d'étude a été construit à partir des F_{ST} par paires de villages, par la méthode de l'agrégation totale, en utilisant le logiciel R version 2.4.1.

2.6.5.3 Analyse des noms des variétés de riz

Les noms des accessions collectées ont été d'une part regroupés en grandes familles vernaculaires sur la base de la première composante des noms composés (*Tsipala, Rojo, Botra, Manga et Fotsy, ...*), d'autre part comparés 2 à 2 pour inventorier les homonymies.

Le logiciel XL STAT 2007 a été utilisé pour l'analyse des éventuelles relations entre les caractères mesurés phénotypiquement et les noms. Le logiciel Darwin 5.01 (Perrier and Jacquemoud-Collet, 2006) a été utilisé pour l'identification des éventuelles relations entre les données génotypiques et les noms. La distance « simple matching » a été utilisée pour évaluer les distances génétiques entre les accessions (Sokal and Michener, 1958). Ces distances ont été également utilisées pour l'analyse factorielle et la construction de l'arbre non enraciné (Perrier et al., 2003).

2.7 Références

Brown, A.H.D., Brubaker, C.L., 2002. Indicators for Sustainable Management of Plant Genetic Resources: How Well are we Doing? In: Engels, J.M.M., Ramanatha Rao, V., Brown, A.H.D., Jackson, M.T. (Eds.), Managing Plant Genetic Diversity. IPGRI - Cabi Publishing, London, UK, pp. 249-262.

Botstein, D., White, R.L., Skolnick, M., Davis, R.W., 1980. Construction of a genetic linkage map in man using restriction fragment length polymorphisms. American Journal of Human Genetics 32, 314-331.

Excoffier, L., Smouse, P.E., Quattro, J.M., 1992. Analysis of Molecular Variance Inferred from Metric Distances among DNA Haplotypes: Application to Human Mitochondrial DNA Restriction Data. Genetics 131, 479-491.

Jain, S.K., Qualset, C.O., Bhatt, G.M., Wu, K.K., 1975. Geographical Patterns of Phenotypic Diversity in a World Collection of Durum Wheats. Crop Science 15, 700-704.

Liu, K., Muse, S.V., 2005. PowerMarker: an integrated analysis environment for genetic marker analysis. Bioinformatics 21, 2128-2129.

Louette, D., 1994. Gestion Traditionnelle de variétés de maïs dans la reserve de la Biosphere Sierra de Manantlan (RBSM, états de Jalisco et Colima, Mexique) et conservation in situ des ressources génétiques de plantes cultivées. Thèse de doctorat. Ecole Nationale Supérieure Agronomique de Montpellier, Montpellier, France.

Perrier, X., Flori, A., Bonnot, F., 2003. Data analysis methods. In: Hamon, P., Seguin, M., Perrier, X., Glaszmann, J.C. (Eds.), Genetic diversity of cultivated tropical plants. Science Publishers, Montpellier, pp. 43 - 76.

Perrier, X., Jacquemoud-Collet, J.P., 2006. DARwin software http://darwin.cirad.fr/darwin.

Pritchard, J.K., Stephens, M., Donnelly, P., 2000. Inference of Population Structure Using Multilocus Genotype Data. Genetics 155, 945-959.

Razafimandimby, S., 2005. Caractérisation des unités climatiques et pédo-morphologique de la région de Vakinakaratra. URP SCRID, Cirad, FOFIFA, Université d'Antananarivo, Antananarivo, pp. 1-3.

Risterucci, A.M., Grivet, L., N'Goran, J.A.K., Pieretti, I., Flament, M.H., Lanaud, C., 2000. A high-density linkage map of *Theobroma cacao* L. Theor Appl Genet 101, 948-955.

Sokal, R.R., Michener, C.D., 1958. A statistical method for evaluating systematic relationships. Univ Kans Sci Bull 38, 1409-1438.

3 La région de Vakinankaratra, diversité agro-écologique, systèmes de production et de culture du riz

3.1 Diversité agro-écologique de la région de Vakinankaratra

3.1.1 Le milieu physique

La région de Vakinankaratra se trouve dans la partie sud des Hautes Terres centrales de Madagascar (Figure 3-1). Elle s'étend sur une superficie de 17 496km² et est limitée par les coordonnées géographiques suivantes : entre 18°59' et 20°03' de latitude sud, et entre 46°17' et 47°19' de longitude est (Collectif, 2003).

La région se distingue de l'ensemble des hautes terres par une altitude plus élevée variant de 600 à 2600m. Elle est séparée en deux parties par la chaîne de montagnes de l'Ankaratra, qui se trouve au centre de la région et culmine à 2644m (Figure 3-1). Cette chaîne de montagnes s'étend sur environ 50km de long avec une orientation nord-sud, divisant ainsi la région en deux ensembles naturels. En effet, on peut distinguer : (i) le versant oriental avec une altitude moyenne d'environ 1500m, caractérisé par un massif montagneux d'origine volcanique qui présente de nombreux cratères et lacs, et une série d'effondrements favorisant la formation de dépressions à fond alluvial; (ii) le versant occidental, constitué par une pénéplaine où l'altitude s'abaisse à 1000 m (Rollin, 1994).

Sur le plan morphologique, le paysage caractéristique de Vakinankaratra, est, comme pour l'ensemble des hauts plateaux, celui de vallées collinaires de tailles très variables. Les versants convexes des collines ou *tanety*, qui jouxtent parfois des reliefs montagneux ou *tendrombohitra*, tombent avec une forte pente sur les bas-fonds, vallées à fond plat ou gouttières peu encaissées, de 20 à 500m de large, sans cours d'eau important ou pérenne (Raunet, 1993).

Les sols ferralitiques sur socle granitique sont peu fertiles ; ceux issus du volcanisme sont plus fertiles mais cantonnés dans de petites zones à l'ouest de la région. La couverture végétale est constituée essentiellement d'une savane herbeuse, appelée localement *Bozaka*, dominée par une ou deux espèces de graminées pérennes et cespiteuses : *Pennisetum pseudotriticoïdes* et *Trachypogon spicatus* ou *Aristida rufescens*. La forêt primaire a quasiment disparu ; il en est de même des joncières et des forêts-galeries dans les bas-fonds. On trouve ici et là des îlots forestiers plantés de résineux et d'eucalyptus.

Le climat se caractérise par deux saisons bien distinctes: (i) une saison pluvieuse moyennement chaude de novembre à avril, et (ii) une saison sèche relativement froide de mai à octobre. Ce régime climatique est conditionné par l'arrivée en saison pluvieuse de masses d'air humide en provenance du nord-ouest et en saison fraîche par les alizés venant du sud-est. L'effet de la présence de la chaîne de l'Ankaratra, qui constitue un obstacle perturbateur pour les masses d'air, provoque une nette dissymétrie climatique entre le versant oriental et le versant occidental. Ainsi, en plus de l'effet de l'altitude qui fait diminuer les températures moyennes d'environ 0.6°C par 100m de dénivellation, il existe aussi une différence de précipitation entre les deux versants (Chabanne and Razakamiaramanana, 1997). La pluviosité annuelle varie de 1300 à 2000mm selon l'altitude et l'exposition, elle est plus importante dans les zones à altitude élevée. A altitude égale, il pleut plus à l'ouest mais de façon plus concentrée. Les précipitations sous forme de grêle sont fréquentes en fin de saison des pluies, en particulier autour du massif central de l'Ankaratra. Elles causent des dégâts importants sur les cultures alors à maturité, en particulier le riz.

Razafimandimby (2005) qui a actualisé les travaux de Woillet (1963) subdivise la région en quatre microrégions climatiques (Figure 3-1). La zone climatique A est une zone relativement plate, à massifs isolés, caractérisée par un climat tropical chaud, où la pluviométrie varie de 1300 à 1600mm par an ; la température moyenne annuelle y est de 21°C avec des maxima de 31°C et des minima de 10°C. La zone climatique B est une zone de massifs montagneux, caractérisée par un climat tropical chaud, elle est relativement plus sèche que la zone climatique A. La zone climatique C est caractérisée par un climat tropical froid d'altitude, la pluviométrie annuelle est de 1200 à 1600mm par an. La zone climatique D est caractérisée par un climat tropical froid d'altitude avec une influence plus accentuée du massif de l'Ankaratra. Elle est relativement plus froide (températures moyennes se situant autour de 13 °C avec des maxima de 26°C et des minima de 1°C) et plus humide (2000mm/an) que la zone climatique C.

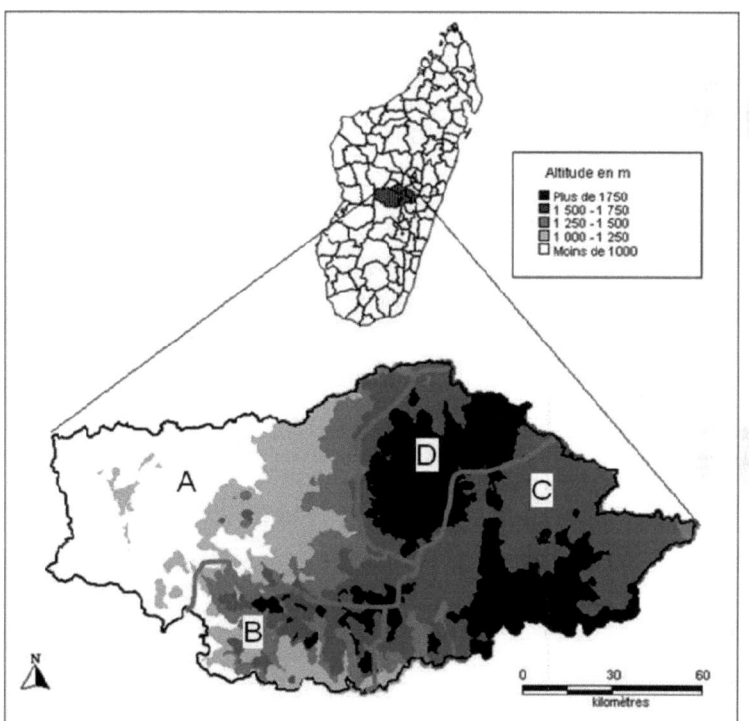

Figure 3-1: Carte du relief et des zones climatiques de la région de Vakinankaratra. A, B, C et D, zones climatiques définies par Razafimandimby (2005).

3.1.2 Le milieu humain

L'histoire du peuplement de la région de Vakinankaratra est mal connue (Dez, 1967). Les études historiques portent en général sur les hauts plateaux malgaches dans leur globalité ou se concentrent sur la zone d'Antananarivo, capitale du pays depuis le 15ème siècle. Le peuplement humain des hauts plateaux remonterait à la fin du premier millénaire (Burney et al., 2004). Connus sous le nom de *Vazimba*, les premiers occupants des hauts plateaux seraient d'origine indo-océanique et auraient vécu de l'essartage, *tavy* en malgache, avec des plantes à multiplication végétative : l'igname, le taro et la banane. L'alimentation de *Vazimba*, d'où le riz était absent, associait les plantes susmentionnées, un haricot local le *voavahy* (*Dolichos lablab*), issu de la cueillette, au poisson d'eau douce (Raison, 1972; Abé, 1984).

Les premiers habitants *Vazimba* auraient été partiellement chassés par de nouveaux arrivants à une période s'étendant jusqu'au 15ème siècle. Les *Merina* seraient issus de l'alliance entre certains clans *Vazimba* des hauts plateaux centraux avec les nouveaux arrivants.

L'histoire du Vakinankaratra commence au début du 18e siècle avec le souvenir conservé de la première migration au départ de *l'Imerina* central (région d'Antananarivo). Avant cette période, la région de Vakinankaratra était peuplée par quelques *Vazimba*, c'était un pays de bois et de marécages (Dez, 1967). Ces migrants *merina* sont partis à cause de luttes et de querelles intestines (Dez, 1967), ou bien parce que la population y était plus dense qu'ailleurs (Mayeur, 1785). Ces migrants arrivaient avec leur technique rizicole et choisissaient leurs sites d'installation en fonction de l'aptitude de ces sites à la riziculture (Rollin, 1993). A la suite de cette première migration, les *Merina* continuèrent à s'installer dans le Vakinankaratra pendant les 18e et 19e siècles (Dez, 1967). Ainsi, deux caractéristiques du peuplement méritent d'être mentionnées : (i) le peuplement du Vakinankaratra provient principalement de *l'Imerina* de la région d'Antananarivo; (ii) la colonisation de la région est récente, et la population a apporté avec elle des techniques rizicoles déjà bien développées dans la région d'Antananarivo.

Les *Merina* constituent aujourd'hui encore l'ethnie numériquement prédominante des hauts plateaux malgaches et également de la région de Vakinankaratra. Un brassage avec les ethnies voisines existe dans la partie sud et dans le moyen-ouest mais dans une très faible proportion. La religion chrétienne (catholicisme et différentes formes de protestantismes) est très majoritaire au sein de la population. Le peuplement actuel de la région de Vakinankaratra peut donc être considéré comme homogène sur le plan ethnique et culturel.

La population de la région était de 1,35 millions d'habitants en 2002 (Collectif 2003). La densité moyenne de la population, de l'ordre de 78 habitants au km², est très supérieure à la moyenne nationale qui est de 31 hab/km². Environ 78% de la population réside en milieu rural. Il existe une grande variabilité de densité de population à l'intérieur de la région avec, en particulier, un gradient décroissant d'est en ouest (Collectif 2003). Cette répartition inégale a été expliquée par Gourou (1984) par la possibilité ou non de créer des rizières avec des moyens techniques artisanaux. En effet, il existe un bon recouvrement entre la distribution de la densité de population et celle des zones inondables (Figures 3-2A et 3-2.B).

Etant donné cette forte densité de population, la région est une zone d'émigration malgré le développement du secteur manufacturier, textile, agroalimentaire, etc. Les migrations, vers les zones peu peuplées de l'ouest de la région, vers la capitale et vers les grandes plaines rizicoles de l'île, saisonnières au départ, deviennent souvent définitives (Collectif, 2003).

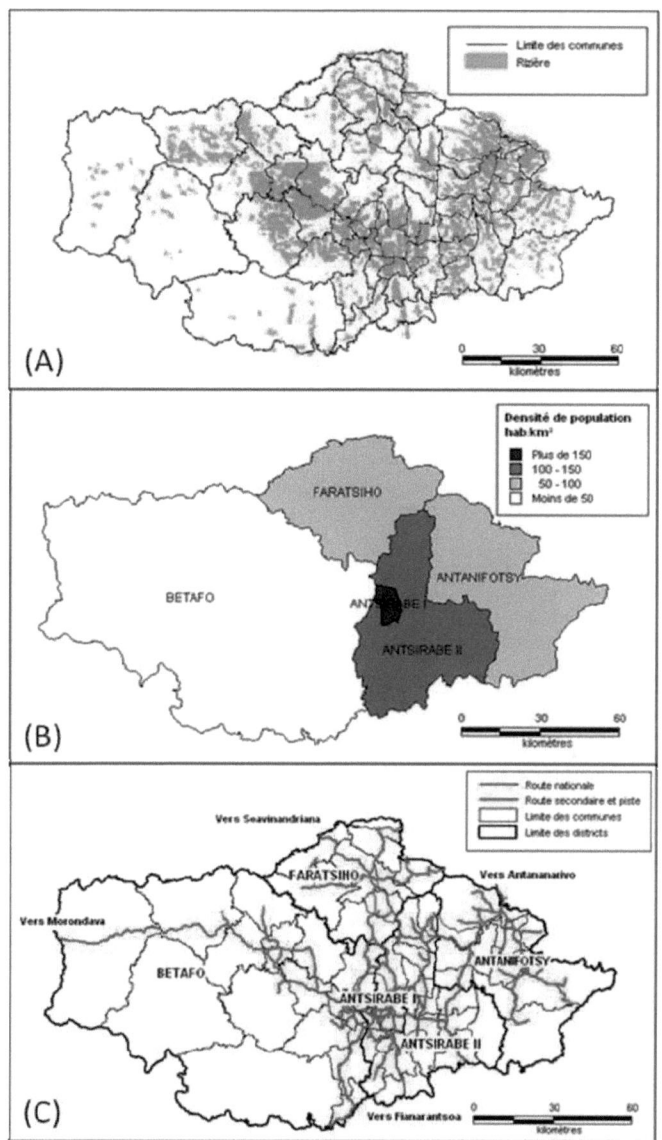

Figure 3-2: Distribution spatiale des principales caractéristiques agro-écologiques de la région de Vakinankaratra. A : zones rizicultivées ; B : densité de population ; C : infrastructure routière de la région de Vakinankaratra.

Sur le plan administratif, la région est subdivisée en cinq districts, eux-mêmes subdivisés en communes : Antsirabe I (chef-lieu de région, une seule commune), Antsirabe II (20 communes), Antanifotsy (11), Betafo (18) et Faratsiho (9). Chaque commune est elle-même subdivisée en *fokontany* (entité administrative de base avant la mise en place des communes rurales), 788 au total, pour la région. Chaque *fokontany* regroupe de 1 à 5 villages, environ 2000 au total. Ceux-ci n'ont pas de statut administratif reconnu mais constituent le premier échelon de l'organisation sociale communautaire. La distribution de l'infrastructure routière (Figure 3-2C) montre que les frontières administratives, même si elles épousent le zonage pédoclimatique, ne constituent pas des barrières aux communications et aux échanges entre communes et villages.

L'unité de base de l'organisation sociale est le village. La majorité des villages sont composés par des lignages différents mais appartenant au même groupe ethnique (Blanc-Pamard *et al.*, 1997). Dans l'ancien *Merina*, la population d'un village appartenait au même clan (Ottino, 1957) et entretenait des relations privilégiées à l'intérieur du groupe, le *fihavanana*, qui est une manière spécifique de penser et d'entretenir des relations : partage des peines et des joies, obligation d'assistance, ... Aujourd'hui, les villages traditionnels hébergeant exclusivement le groupe familial sont rares, les villages sont ouverts. Au *fihavanana* lié à la généalogie s'est ajouté progressivement le *fihavanana* par la résidence qui acquiert pratiquement la même importance. Néanmoins, le principe quasi généralisé de patri-localité, suivant lequel lors d'une union légitime, la femme vient résider dans le village du mari, conduit au fait que les villages sont composés majoritairement de quelques grandes familles (Bied-Charreton, 1968).

Les grandes familles se subdivisent en « ménages », la cellule de base de l'organisation sociale. Il s'agit de « l'ensemble des personnes habitant un même logement, unies par des liens familiaux ou non, partageant les repas principaux et reconnaissant l'autorité d'une seule personne : "le chef de ménage" » (RGPH, 1993). Pour la région, le ménage est en moyenne composé d'un peu plus de 5 personnes. La variation intra-régionale reste faible (Collectif, 2006).

3.1.3 L'agriculture

L'agriculture, constitue l'activité principale de la population comme dans les autres régions de Madagascar. Les cultures vivrières occupent plus de 90 % des superficies cultivées. Les principales cultures sont : le riz (environ 72 000 ha, 40% des surfaces cultivées), le maïs (27%), la pomme de terre (16%), le manioc (6%), la patate douce et le haricot souvent associé au maïs (Collectif, 2003). Les vergers fruitiers ont eux aussi une place importante. Il en est de même des cultures potagères et des céréales (orge, avoine) cultivées en contre-saison.

Comme dans le reste du pays, l'agriculture est le fait d'exploitations familiales de petite taille. Quatre-vingt-huit pour cent des exploitants disposent de moins de 1,5ha de surface cultivée, et seulement 3% ont plus de 4 ha (Collectif, 2006). Les chiffres nationaux sont respectivement de 77% et de 4%.

Razafimandimby (2005) identifie cinq micro-régions agricoles (Figure 3-3), la zone I est caractérisée par la dominance de l'élevage bovin, la production végétale étant principalement composée de riz et de manioc ; la zone II est caractérisée par la dominance de l'élevage bovin et de la polyculture ; la zone III est caractérisée par la dominance des cultures maraîchères, la riziculture et la production fruitière ; la zone IV est dominée par l'élevage laitier ; la zone V est caractérisée par la présence d'une série de vallées et de cuvettes rizicoles, et par l'importance de la culture de la pomme de terre et de la production fruitière.

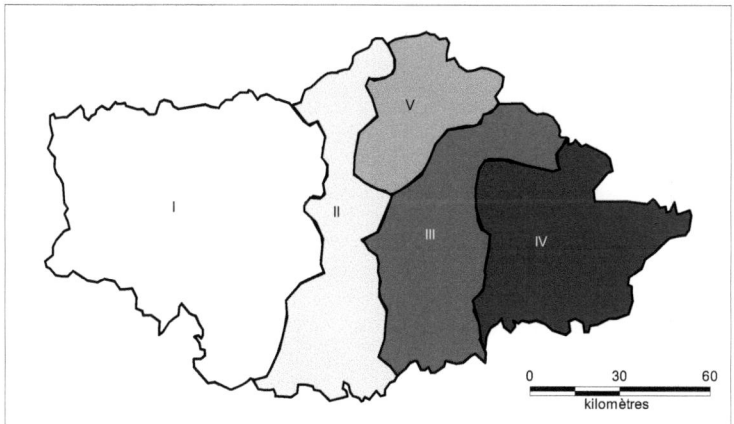

Figure 3-3 : Carte des micro-régions agricoles identifiées par Razafimandimby (2005).

Les services à l'agriculture (vulgarisation agricole, aménagements hydro-agricoles, ...) assurés jusqu'au milieu des années 80s par les structures centralisées de l'Etat, sont de plus en plus prises en charge par des organisations non gouvernementales (ONG), les organisations paysannes (OP) et les collectivités locales. Le niveau de ces services reste largement insuffisant. Le taux de pénétration des organismes de crédit agricole reste faible, même si les ONG et les OP introduisent parmi leurs multiples activités des opérations de crédit. L'accès des agriculteurs aux intrants chimiques reste difficile et coûteux, ce qui limite leur utilisation pour l'essentiel aux cultures de rente.

La situation est la même pour l'accès aux semences. Depuis le milieu des années 80s, le système de production et de diffusion des semences de riz dépendant du Ministère de l'agriculture n'est plus fonctionnel. La diffusion de nouvelles variétés repose sur des initiatives locales d'ONG, d'OP, de projets sectoriels, ou encore sur l'initiative de chercheurs du Centre national de recherche agronomique, le FOFIFA.

3.1.4 La riziculture

La pratique de la riziculture dans les bas-fonds et les petites plaines inondables remonterait à l'arrivée dans la région des populations *Merina*. Aujourd'hui, la majorité des exploitants pratique non seulement ce type de riziculture mais aussi, depuis peu, la riziculture pluviale sur les terres de versant, ou *tanety*.

3.1.4.1 Rizicultures irriguées (« lowland rice »)

La riziculture irriguée, pratiquée dans les bas-fonds et petites plaines inondables, représente environ 80% de la superficie totale en riz de la région. Il y a peu de variations entre les sous-régions à part le cas du district d'Antsirabe II où la culture du riz pluvial a progressé davantage et représente 28% des surfaces en riz (Collectif, 2003).

Malgré la grande ingéniosité des agriculteurs de la région pour l'aménagement des bas-fonds et petites plaines inondables (Blanc-Pamard and Rakoto-Ramiarantsoa, 1991), la maîtrise complète de l'eau est rarement acquise et la production reste fortement dépendante du climat :

installation tardive de la saison des pluies, épisodes cycloniques, grêle de fin de saison des pluies (Chabanne and Razakamiaramanana, 1997). Les rendements, 2.6 t/ha en moyenne, sont légèrement supérieurs à la moyenne nationale (2t/ha) et présentent peu de variation intra-régionale.

A l'échelle des exploitations, les superficies moyennes de rizière par habitant restent faibles, 7 ares, contre 27 au niveau national (Collectif, 2003). Cette disponibilité varie cependant suivant les zones : 18 ares dans le district de Betafo contre 6 ares à Antanifotsy et Faratsiho. Par ailleurs, les parcelles de rizière sont très fragmentées. A part le district de Betafo, le restant de la région est déficitaire en riz (Minten and Razafindraibe, 2003).

Dans ce contexte, la place de la riziculture dans les stratégies paysannes se limite à la subsistance et à la sécurité alimentaire du ménage. L'accès aux revenus monétaires étant assuré par la culture de contre-saison, l'élevage, l'arboriculture et les cultures maraîchères. Compte tenu de cette place, la culture du riz fait l'objet de peu d'investissement monétaire.

On distingue 3 systèmes de culture du riz irrigué, essentiellement en fonction du positionnement de la culture par rapport à la saison des pluies (Figure 3-4):

- Le *vary aloha*, littéralement riz précoce, consiste en la mise en place des pépinières en saison sèche et froide, et un repiquage en septembre dès la fin de la saison froide mais sans attendre l'installation des pluies. Elle suppose la disponibilité de ressources en eau non directement liées aux pluies.

- Le *vary vakiambiaty* qui coïncide avec la saison des pluies est très largement (90%) majoritaire (Collectif 2003).

- Le riz de contre-saison, conduit en saison sèche, est circonscrit aux zones de basse altitude disposant de ressources en eau non directement liées aux pluies.

Les opérations sont similaires pour les trois systèmes de culture. La préparation du sol (labour, hersage, mise en boue) est faite, dans 65% des cas, au moyen de la traction bovine, Pour le reste, elle est réalisée à *l'angady*, la bêche malgache. Les autres opérations culturales (repiquage, désherbage, récolte, battage, ...) restent manuelles. Le désherbage du riz à la houe rotative est très répandu. Les transports sont généralement assurés par la fameuse charrette bovine malgache.

3.1.4.2 Riziculture pluviale (« upland rice »)

Alors que la culture itinérante du riz sur défrichage-brûlis de pentes forestières (essartage), le *tavy*, remonte à plus de 1500 ans sur la côte est de Madagascar (Aubert and Razafiarison, 2002), la culture du riz sur terres exondées et drainées (riz pluvial ou riz de *tanety*) dans la région de Vakinankaratra, en particulier dans les zones d'altitude supérieure à 1250m, ne date que du début des années 90s. Cette adoption tardive de la riziculture pluviale est due essentiellement, à l'absence de variétés adaptées. En effet, c'est la diffusion, au milieu des années 90s, de variétés de riz pluvial d'altitude tolérantes au froid issues d'un programme de création variétale conduit par le FOFIFA et le CIRAD (Dechanet *et al.*, 1997) qui a permis le développement de ce type de riziculture dans la région de Vakinankaratra (Ahmadi, 2004).

Aujourd'hui, la riziculture pluviale est pratiquée par près de 50% des exploitations de la région. Les superficies en riz pluvial restent faibles, en moyenne de 0.15 ha par exploitation (Collectif, 2002). Les variétés utilisées, une dizaine jusqu'à maintenant, sont toutes de type « amélioré », avec des potentiels de production de plus de 7 t/ha. Cependant, étant donné la diversité des sols de la région en termes de fertilité, la variabilité spatiotemporelle de la pluviométrie et la variabilité des pratiques culturales (en particulier la fertilisation organique), les rendements du riz pluvial varient de 0.5 t/ha à 4.5 t/ha avec une moyenne de 2 t/ha.

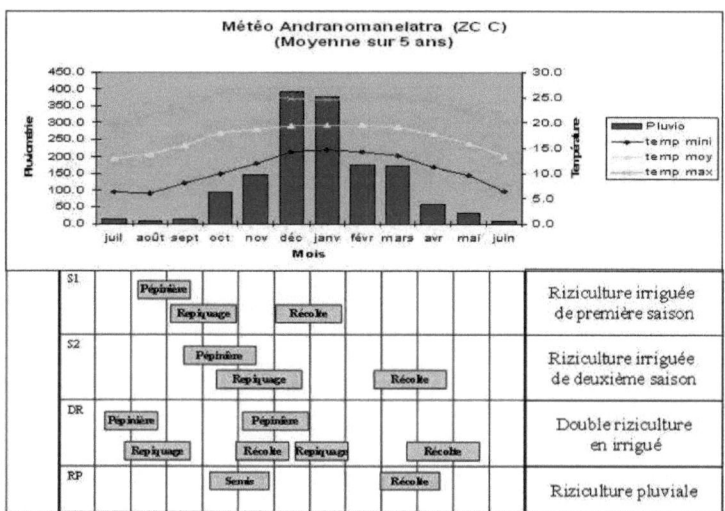

Figure 3-4: Représentation schématique du calendrier des différents systèmes de culture du riz dans la région de Vakinankaratra, et des données climatiques de la période 2001-2005 dans la zone climatique C (tropical d'altitude, altitude 1650m).

3.2 Diversité des systèmes de production

L'analyse de la diversité des systèmes de production s'appuie sur les données collectées au niveau des 32 villages d'étude. Avant de procéder à cette analyse, nous présenterons les caractéristiques de ces villages au regard des principaux facteurs agro-écologiques, en particulier les conditions climatiques qui, comme nous l'avons vu plus haut, jouent un rôle déterminant sur les activités agricoles et rizicoles. Les données par village relatives à ces caractéristiques sont présentées en Annexe 2.

3.2.1 Caractéristiques générales des villages d'étude

3.2.1.1 Caractéristiques climatiques

Le Tableau 3-1 donne la position des 32 villages d'étude par rapport aux 4 zones climatiques définies par Razafimandimby (2005) et par rapport à 4 intervalles d'altitude. Nous avons défini ces intervalles pour pallier l'hétérogénéité de l'altitude au sein de chaque zone climatique. Elles correspondent aussi, approximativement, aux seuils pour l'adaptation des différents types variétaux de riz au froid d'altitude en zone tropicale. L'altitude des 32 villages d'étude varie de 740m à 1904m. Les villages de la zone climatique A sont exclusivement situés à des altitudes inférieures à 1500m, et ceux des zones C et D très majoritairement à des altitudes supérieures à 1500m. Les villages de la zone climatiques B sont partagés entre des altitudes inférieures à 1250 et supérieures à 1500.

Tableau 3-1: Classe d'altitude et position des 32 villages d'étude dans les 4 zones climatiques de la région de Vakinankaratra.

		Zones climatiques				Total
		A	B	C	D	
Altitude (m)	<1250	5	1			6
	1250-1500	3		2	2	7
	1500-1750		2	9	3	14
	>1750			2	3	5
	Total	8	3	13	8	32

A : climat tropical chaud et humide ; B : climat tropical chaud et sec ; C : climat tropical froid d'altitude, relativement plus sec ; D : climat tropical froid d'altitude et humide. Coefficient de détermination entre zones climatique et altitude et $R^2 = 0.643$ ($p<0.0001$).

3.2.1.2 Caractéristiques de peuplement et d'activités agricoles

Les 32 villages sont de fondation ancienne ; 87% des villages ont plus de 50 ans et les 13% restant ont moins de 50 ans. Leur composition ethnique est très homogène : Merina à pratiquement 100%. Le nombre d'habitants des 32 villages d'étude est compris entre 260 et 950 avec une moyenne de 590 ; le nombre de toits par village varie de 20 à 130, avec une moyenne de 65.

Le nombre de charrues varie de 0 à 60, avec une moyenne de 20 et le nombre de sarcleuses (houe rotative manuelle utilisée pour le désherbage du riz irrigué) varie de 0 à 80 avec une moyenne de 28. Le nombre de bovins est de 14 à 300 avec une moyenne de 52. Si les cultures du maïs, du manioc, du haricot et de la pomme de terre sont présentes dans presque tous les villages, le pourcentage des agriculteurs qui les pratique est assez variable. Ainsi, pour la pratique des autres spéculations agricoles, il y a une variabilité inter-village. Le maraîchage, le salariat agricole et les sources de revenus non agricoles peuvent avoir une place particulièrement importante dans les systèmes de production.

Il existe une diversité notable pour le niveau d'encadrement agricole. Parmi les 32 villages, 56% ont bénéficié, par le passé, de la présence de plusieurs projets de développement et d'encadrement agricole, dont 44% de manière épisodique. Au moment de l'enquête (2005-2006), seulement 18% bénéficiaient encore de la présence d'un projet de développement agricole. Cependant, il ne semble pas y avoir de lien entre l'accès à l'encadrement agricole et la position géographique des villages, l'appartenance à une zone climatique, ou l'altitude des villages (Tableau 3-2).

Tableau 3-2: Répartition des villages d'études dans les 4 zones climatiques et les 4 classes d'altitude de la région de Vakinankaratra en fonction de leur niveau d'accès à l'encadrement agricole.

		Encadrement agricole			
		1	2	3	Total
Altitude (m)	<1250	2	4		6
	1250-1500	1	3	3	7
	1500-1750	10	4		14
	>1750	1	1	3	5
	Total	14	12	6	32

		Encadrement agricole			
		1	2	3	Total
Zone climatique	A	2	5	1	8
	B	3			3
	C	6	5	2	13
	D	3	2	3	8
	Total	14	12	6	32

Zones climatiques : A : climat tropical chaud et humide ; B : climat tropical chaud et sec ; C : climat tropical froid d'altitude, relativement plus sec ; D : climat tropical froid d'altitude et humide.

Niveaux d'encadrement agricole 1 : il y a eu, par le passé, un projet de développement; 2 : il n'y en a jamais eu de projet de développement; 3: un projet de développement est encore présent;

3.2.2 Typologie des systèmes de production

L'analyse en composantes principales (ACP) des 5 variables descriptives des facteurs de production (nombre de toits, nombre de toits en tôle, nombre de bovins, nombre de charrues, et nombre de sarcleuses), normalisées avec le nombre d'habitants des villages, et des 17 variables qui décrivent l'importance des spéculations agricoles autres que la riziculture dans les 32 villages, a mis en évidence en premier lieu la singularité des villages n°2 et n°20, masquant la diversité des systèmes de production dans les autres villages. Les caractères distinctifs des 2 villages ayant une contribution très forte à la définition des 2 premiers axes de l'ACP étaient la présence des productions fourragères (contribution de 14.2% à la définition de l'axe 1 et 1.5% à celui de l'axe 2) et d'orge (contribution de 6.8% à la définition de l'axe 1 et de 15.6% à celui de l'axe 2). Ces productions sont absentes de tous les autres villages (Annexe 4).

Pour contourner l'effet de cette singularité nous avons procédé à une nouvelle ACP en excluant les 2 variables de production en cause. La part de la variance expliquée par les trois premiers axes de l'ACP est, respectivement, de 21.2%, 15.3% et 13.0% (Figure 3-5). Les variables qui ont les plus grandes contributions à la définition de l'axe 1 de l'ACP sont dans l'ordre d'importance le nombre de toits/nombre d'habitants du village (16.7%), le nombre de toits en tôle/habitant (13.2%), le nombre de sarcleuses/habitant (10.9%), l'importance de la culture de la pomme de terre (9.9%) le nombre de bovins/habitant (9.8%) et le nombre de charrues/habitant (9.7%) (Figure 3-6). Les variables qui ont les contributions les plus importantes à la définition de l'axe 2 sont l'importance de la culture du manioc (17.4%), l'importance de l'élevage de porcs (14.4%), nombre de toits en tôle/habitant (9.1%) et la présence de l'activité de salarié agricole (8.6%) et le nombre de bovin/habitant (8.1%). Les contributions les plus élevées à l'axe 3 viennent de l'importance de la culture de la tomate en contre-saison (23.5%), de la culture du haricot (16.2%), de la culture de la tomate en saison (15.2%), de la production de lait (11.1%) et de la culture de la patate douce (11.1%).

Pour regrouper les villages en fonction des similarités de leur système de production, nous avons procédé à une classification ascendante hiérarchique (CAH) en agrégeant les distances euclidiennes entre villages par la méthode de Ward et en effectuant une coupure du dendrogramme qui maximise la variance intergroupe (Var =1197) par rapport à la variance intragroupe (Var = 590). Cette démarche a conduit à identifier 3 groupes de villages (Figure 3-7). Notons qu'une autre troncature est possible : il s'agit alors de positionner la coupure au niveau le plus bas possible de la valeur de l'indice de dissimilarité tout en se situant avant des agrégations correspondant à des valeurs élevées de l'indice. Cette troncature subdivise le groupe SP3 en 3 sous-groupes dont 2 de petites tailles (2 et 3 villages). La différenciation de ces sous-groupes entre eux est liée pour l'essentiel à deux variables : la présence de la culture de carotte dans le sous-groupe composé de 2 villages et la quasi-absence de la culture de manioc dans les 2 sous-groupes. Etant donné la petite taille de ces groupes et le faible nombre de variables distinctives, nous avons choisi de retenir la première classification en 3 groupes :

- Les 9 villages appartenant au groupe SP1 se caractérisent par leur spécialisation dans la culture de manioc sur les collines et par un important cheptel bovin (0.15/ habitant contre une moyenne de 0.09) en élevage extensif (Tableau 3-3). Ces villages se trouvent en très grande majorité dans la partie ouest de la région (Figure 3-8), en zone climatique A, à faible densité de population, favorable à la culture de manioc et à la pratique de l'élevage extensif, caractéristique des zones agricoles I et II (Tableau 3-4). Avec une altitude moyenne de 1164m ± 252, tous ces villages se situent dans les 2 premières classes d'intervalle d'altitude inférieure à 1500m.
- Les 16 villages du groupe SP2 sont caractérisés par une production végétale très

diversifiée, où le maraîchage (pomme de terre, patate, carotte) et l'arboriculture ont une place très importante ; l'élevage bovin (0.09 tête/habitant) a une place plus limitée et le l'activité de salarié agricole est importante. La répartition géographique de ces villages de taille importante (moyenne de 654 ± 115 habitants), obéit peu aux zonages agricole, climatique ou altitudinal ; on peut seulement noter la quasi-absence de la zone climatique A et l'absence de zones d'altitude supérieure à 1750m (Tableau 3-4) ; l'altitude moyenne (1560m ± 200) des villages de ce groupe est cependant largement supérieure à celle des villages SP1.

- Les 7 villages du groupe SP3 sont situés en zones climatique C et D, et zones agricoles 3 et 5, caractérisés par des altitudes moyennes élevées; l'altitude moyenne est de 1675m ± 194 et 6 des 7 villages ont des altitudes supérieures à 1500m. Ils se distinguent des autres groupes par l'importance de la production de pomme de terre, en saison et en contre-saison, et de l'élevage porcin ; par contre, le nombre de bovins (0.06/habitant) est plus faible que dans les 2 autres groupes. La taille des villages est comparable à ceux du groupe SP2.

La relation entre le système de production d'un village et son appartenance aux différentes classes de zonage (intervalle d'altitude, zone climatique, région agricole) a été analysée par le calcul d'un coefficient de détermination. Le coefficient de détermination entre l'altitude d'un village et son type de système de production est $R^2=0.497$ ($p<0.0001$); ce coefficient est de $R^2=0.467$ ($p<0.0001$) entre l'intervalle d'altitude du village et son système de production ; le coefficient est de $R^2=0.340$ ($p<0.002$) entre la zone climatique du village et son système de production ; enfin le coefficient de détermination est de $R^2=0.422$ ($p<0.001$) entre la zone agricole du village et son système de production. Par ailleurs, l'hypothèse d'une corrélation significative entre la répartition des villages dans les 4 zones climatiques et dans les 4 intervalles d'altitude, en fonction de leur système de production, est rejetée par le test de Mantel ($p<0.001$). Les deux zonages ne sont donc pas interchangeables.

Ainsi parmi les différentes caractéristiques agro-environnementales des villages d'étude, leur altitude paraît donc avoir le meilleur pouvoir prédictif de leur système de production. C'est donc cette variable que nous privilégierons dans l'analyse des relations de la diversité variétale avec les facteurs agro-environnementaux.

La relation entre le système de production d'un village et son niveau d'enclavement a été analysée sur la base du coefficient de détermination entre système de production et sa distance par rapport aux routes. Ce coefficient est $R^2=0.147$ ($p=0.099$) pour la distance par rapport à la route nationale (DRN), $R^2=0.061$ ($p=0.402$) pour la distance par rapport à une route secondaire (DRS) et de $R^2=0.074$ ($p=0.328$) pour la plus petite distance par rapport à une route carrossable (DRC) (indépendamment de sa nature « nationale » ou « secondaire »). En fait, le niveau d'enclavement est très variable parmi les villages appartenant au même groupe de système de production, en particulier dans les groupes SP2. Par exemple, alors que pour SP1 et SP3 : DSN=14 km ± 11, pour SP2 : DSN=29km ± 25. Il ne semble donc pas y avoir de lien direct entre le niveau d'enclavement et le type de système de production.

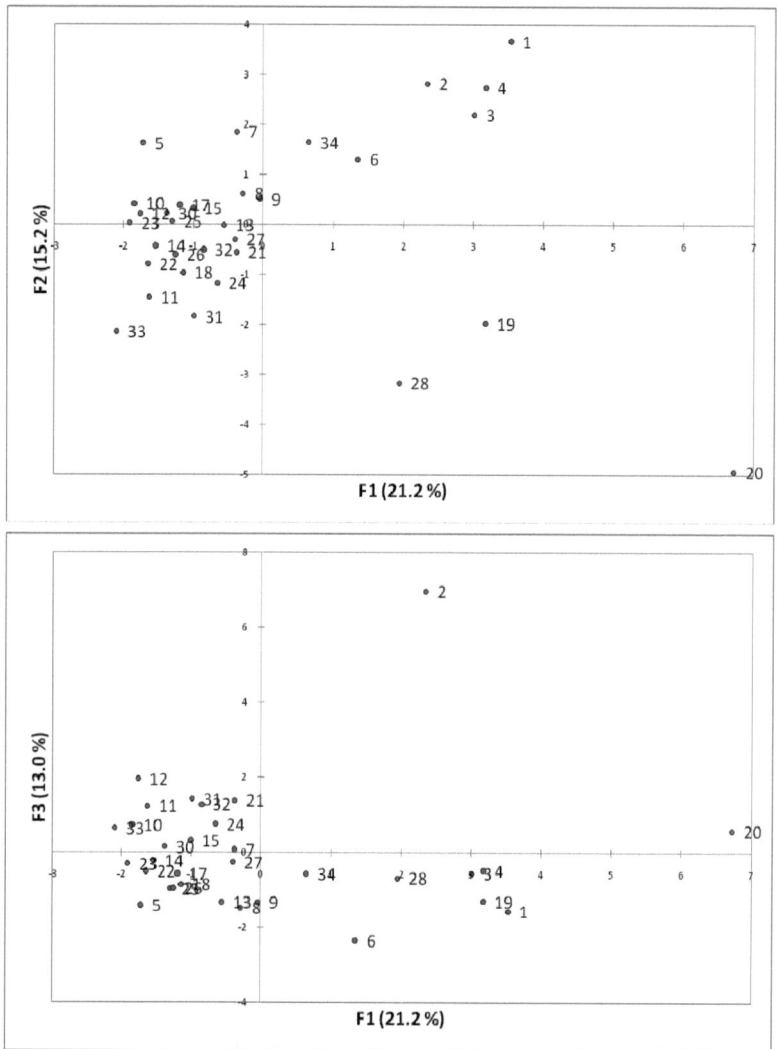

Figure 3-5: Projection de 32 villages d'étude sur les plans des axes 1-2 et 1-3 d'une analyse en composantes principales réalisée sur 20 variables quantitatives relatives aux systèmes de production agricole.

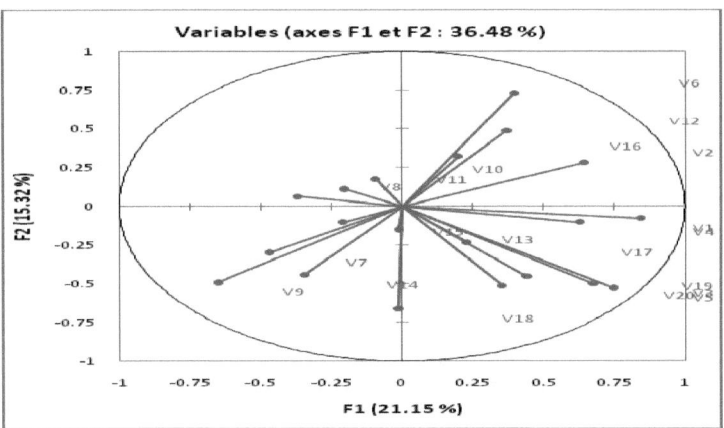

Figure 3-6: Représentation graphique des corrélations entre les variables descriptives des systèmes de production et les deux premiers axes de l'analyse en composantes principales.
V1 : Nombre de toit/habitant ; V2 : bovin/habitant ; V3 : sarcleuse/habitant ; V4 : charrue/habitant ; V5 : toit en tôle/habitant ; V6 : Pourcentage des exploitations cultivant du manioc (% manioc) ; V7 : % maïs ; V8 : % patate ; V9 : % pomme de terre ; V10 : % haricot ; V11 : % taro ; V12 : % tomate ; V13 : fruitiers ; V14 : % pomme de terre de contre-saison (CS); V15 : % carotte CS ; V16 : % tomate CS ; V17 : % élevage laitier ; V18 : % élevage porc ; V19 : % activités artisanales ; V20 : % activité de salarié agricole.

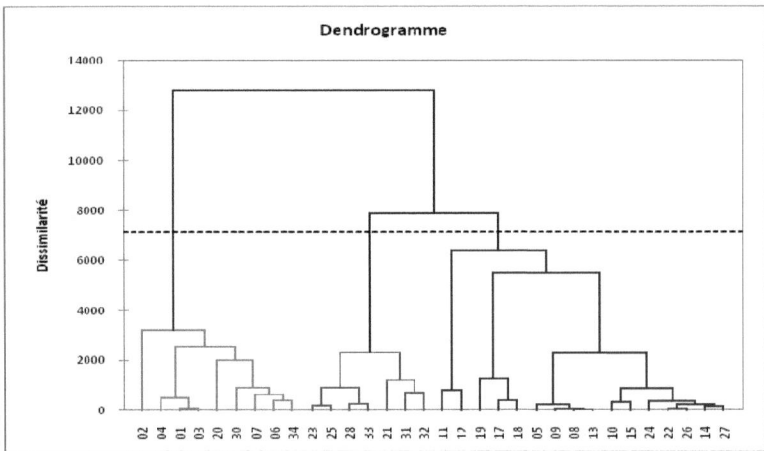

Figure 3-7: Classification ascendante hiérarchique (utilisant des distances euclidiennes et les critères d'agrégation de Ward) des 32 villages d'étude sur la base de 20 variables quantitatives relatives aux systèmes de production agricole.
Groupe 1 : villages n°1, 2, 3, 4, 6, 7, 20, 30, 34 ; Groupe 2 : villages n°5 ; 8 ; 9; 10; 11; 12; 13; 14; 15; 17; 18; 19 ; 22; 24; 26; 27 ; Groupe 3 : villages n°21 ; 23 ; 25; 28; 31; 32; 33.

Tableau 3-3: Description des 3 grands types de systèmes de production (SP) de la région de Vakinankaratra identifiés à partir d'un échantillon de 32 villages d'études.

	Type de système de production		
	SP1	SP2	SP3
Villages (n°)	1, 2, 3, 4, 6, 7, 20, 30, 34	5; 8 ; 9; 10; 11; 12; 13; 14; 15; 17; 18; 19 ; 22; 24; 26; 27	21 ; 23 ; 25; 28; 31; 32; 33
Production végétale dominante (1)	Manioc	Maraîchage et fruitiers	Pomme de terre
Cheptel bovin (têtes/hab)	0.15	0.09	0.065 + lait
Elevage porcin	Faible	Moyen	Importante
Activité de salarié agricole	Important	Importante	Faible
Nombre d'habitants	460 ± 141	654 ± 115	636 ±180
Altitude (m)	1164 ± 252	1581 ± 200	674 ± 194
Enclavement (2)	7.1 ± 7.85	10.0 ± 12.1	3.4 ± 1.1

(1) à l'exclusion du riz ; (2) distance en Km par rapport à la route carrossable la plus proche.

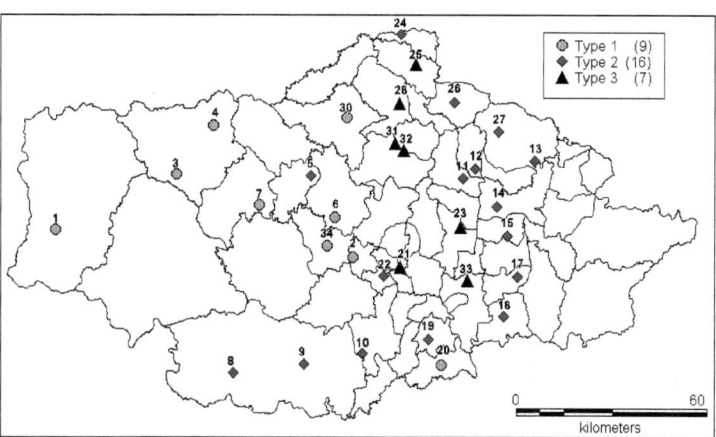

Figure 3-8: Répartition géographique des villages d'étude en lien avec leur appartenance avec l'un des 3 types de systèmes de production agricole identifiés.

Tableau 3-4: Répartition des villages des 3 types de système de production agricole dans les 4 classes d'altitude, les 4 zones climatiques et les 5 microrégions agricoles.

Système de production	Altitude (m)				Zones climatiques				Microrégions agricoles				
	<1250	1250-1500	1500-1750	>1750	A	B	C	D	I	II	III	IV	V
SP1 (9)*	4	5			7			1	4	4	1		
SP2 (16)	2	1	11	2	1	3	9	3	2	3	4	5	2
SP3 (7)		1	3	3			3	4			3		4
Total (32)	6	7	14	5	8	3	12	8	6	7	8	5	6

* : Nombre de villages pour le type de système de production agricole.

3.2.3 Typologie des exploitations agricoles

L'ACP sur les 7 variables descriptives quantitatives [nombre de personnes actives dans l'exploitation (NPE), nombre d'enfants et d'inactifs (NEI), âge du chef d'exploitation (AE), nombre de parcelles en riz (NPR), nombre de bovins (NB), nombre de charrues (NC), et nombre de sarcleuses (NS)] des 1049 exploitations enquêtées indique que la structuration de la diversité des exploitations est influencée en premier lieu par les facteurs de production : les variables NB, NS NPR et NC contribuent respectivement pour 28.6%, 23.8%, 21.0% et 20.1% à la constitution de l'axe 1 de l'ACP. Les variables démographiques NPE et NEI ont de très fortes contributions, respectivement 48.7% et 41.7% à l'axe 2 de l'ACP. L'axe 3 est essentiellement défini par la variable NEI (96.9%). Ces 3 premiers axes expliquent respectivement 44.08%, 17.22% et 13.83% de la variance totale (Figure 3-9).

Aucun lien strict n'a été observé entre la position des exploitations sur les 2 premiers plans de l'ACP et leur positionnement géographique en fonction des zones climatique et agricole, ou en fonction du type de système de production (SP1, SP2 et SP3) de leur village d'appartenance. On peut cependant noter une plus grande concentration des exploitations appartenant à la zone climatique A, à intervalle d'altitude 1 (<1200m), et au groupe de système de production SP1, vers les valeurs les plus faibles de l'axe 1 et un plus grand nombre d'exploitations de la zone climatique D, à intervalles d'altitude 3 et 4 (>1500m) et au groupe SP3, vers les valeurs les plus élevées de l'axe 1 (Figure 3-10A). Ainsi, les exploitations des zones de basse altitude seraient moins pourvues en facteurs de production. Ceci est en légère contradiction avec les données des systèmes de production des villages qui caractérisent les villages SP1 par un nombre élevé de bovins par habitant.

Pour regrouper les exploitations en fonction de leurs similarités, nous avons procédé à une classification ascendante hiérarchique (CAH) en agrégeant les distances euclidiennes entre villages par la méthode de Ward et en effectuant une coupure du dendrogramme qui maximise la variance intergroupe (Var =48.2) par rapport à la variance intragroupe (Var = 15.9). Cette classification conduit à distinguer trois groupes d'exploitations (Tableau 3-5) :

- Le groupe Exp1, regroupant 424 exploitations, est caractérisé par la jeunesse du chef de l'exploitation, la petite taille de la famille et du nombre d'actifs, et des facteurs de production relativement faibles.
- Le groupe Exp2, regroupant 554 exploitations, est caractérisé par l'âge moyen du chef de l'exploitation, le nombre plus élevé d'enfants et des quantités de facteurs de production nettement supérieures à celles du groupe Exp1.
- Le groupe Exp3, regroupant 71 exploitations, est caractérisé par l'âge plus élevé du chef d'exploitation, un nombre d'enfants faible par rapport à la taille de la famille et des quantités de facteurs de production supérieures aux 2 autres groupes.

La Figure 3-10-B, qui montre une plus grande concentration des exploitations Exp1 dans la partie inférieure du plan des 2 premiers axes de l'ACP, et les exploitations Exp3 dans la partie haute de ce même plan, illustre bien le lien entre la définition des groupes d'exploitation et les variables démographiques.

Le Tableau 3-6, qui présente la répartition des trois types d'exploitations dans les 4 zones climatiques, les 4 intervalles d'altitude et les 3 systèmes de production, confirme l'absence de lien direct entre le type d'exploitation agricole et son appartenance à ces trois entités.

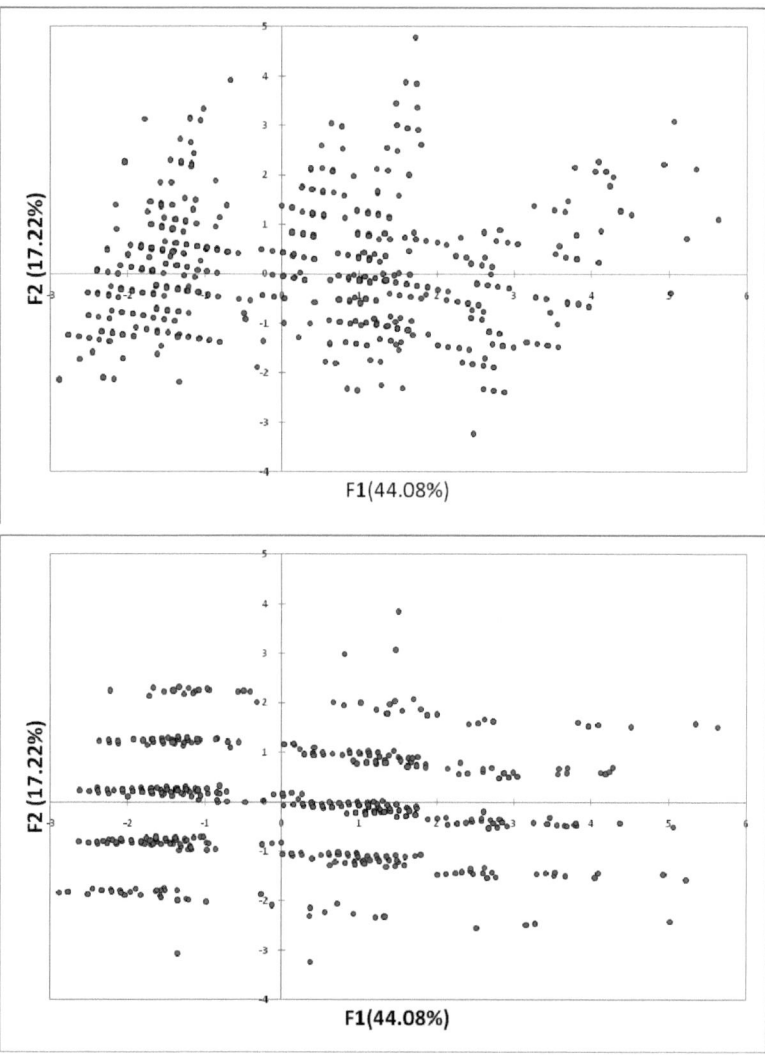

Figure 3-9: Projection de 1049 exploitations appartenant aux 32 villages d'étude, sur les plans des axes 1-2 et 1-3 d'une analyse en composantes principales réalisée sur 7 variables quantitatives relatives à la démographie et aux facteurs de production des exploitations.

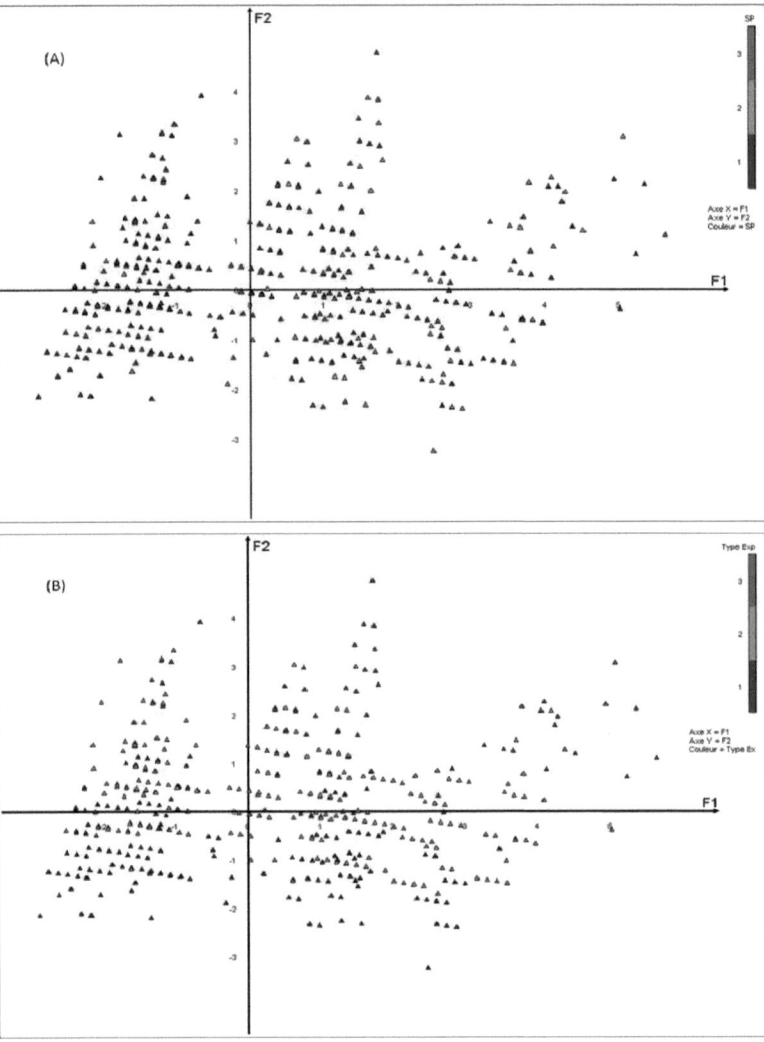

Figure 3-10: Projection de 1049 exploitations appartenant aux 32 villages d'étude, sur les plans des axes 1-2, analyse en composantes principales réalisée sur 7 variables quantitatives relatives à la démographie et aux facteurs de production des exploitations.
A: identification des exploitations en fonction du système de production (SP1, SP2, SP3) de leur village d'appartenance ; B: identification des exploitations en fonction du groupe d'exploitations (Exp1, Exp2, et Exp3) défini par l'analyse ascendante hiérarchique.

Tableau 3-5: Barycentre des 7 variables descriptives de la diversité des 1049 exploitations agricoles d'étude, pour les trois groupes d'exploitations définis par la classification ascendante hiérarchique.

Groupe	Effectif	Variance intragroupe	Variables démographiques et de facteurs de production						
			NPE	NEI	AE	NPR	NB	NC	NS
Exp1	424	10.70	2.57	2.94	33.34	2.78	0.89	0.35	0.36
Exp2	554	17.88	2.77	3.06	42.44	3.09	1.55	0.46	0.57
Exp3	71	31.27	3.27	2.82	59.93	3.68	1.51	0.44	0.76

NPE : nombre de personnes actives dans l'exploitation ; NEI : nombre d'enfants et d'inactifs ; AE : âge du chef d'exploitation ; NPR : nombre de parcelles en riz ; NB : nombre de bovins ; NC : nombre de charrues ; et NS : nombre de sarcleuses.

Tableau 3-6: Distribution des trois des effectifs des groupes d'exploitations agricoles identifiés dans la région de Vakinankaratra dans les classes des 3 zonages agro-écologiques de la région.

Groupes d'exploitation agricole	Altitude (m)				Zones climatiques				Systèmes de production		
	<1250	1250-1500	1500-1750	>1750	A	B	C	D	SP1	SP2	SP3
ExP1(424)	95	89	185	55	132	44	133	115	144	183	97
Exp2 (554)	95	126	276	57	130	40	258	126	145	298	111
Exp3 (71)	16	17	25	13	16	7	34	14	13	36	22
Total (1049)	206	232	486	125	278	91	425	255	302	517	230

Le coefficient de détermination entre l'altitude du village d'appartenance d'une exploitation et son appartenance à l'un des trois groupes d'exploitations est très faible, $R^2=0.001$ et non significatif ($p=0.696$); ce coefficient est de $R^2=0.004$ ($p=0.146$) pour l'intervalle d'altitude du village d'appartenance de l'exploitation, de $R^2=0.001$ ($p=0.646$) pour la distance par rapport à une route carrossable, et de $R^2=0.007$ ($p=0.031$) pour le système de production du village d'appartenance de l'exploitation.

Ces informations confirment l'indépendance de l'appartenance aux trois types d'exploitation par rapport aux caractéristiques agro-environnementales des villages. Il sera donc possible d'analyser les relations entre type d'exploitation et gestion des variétés et des semences de riz indépendamment des contraintes agro-écologiques.

3.2.4 Diversité des systèmes de culture du riz

L'examen des données relatives aux pratiques culturales (repiquage en ligne ou en foule, pratique du « Système de riziculture intensive », apport de fumure organique, apport de fumure minérale, utilisation de variétés améliorées) a révélé très peu de variabilité parmi les 1049 exploitations de l'étude. La variable pour laquelle la plus grande diversité a été observée était l'utilisation ou non d'une variété améliorée mais cette variabilité était fortement liée à la pratique de riziculture de contre-saison et de riziculture pluviale.

Etant donné cette faible diversité des pratiques et le lien étroit entre la diversité existante des pratiques et la saison de culture ou l'écosystème de culture, la diversité des systèmes de culture se confond, pour l'essentiel, avec la pratique des 4 types de ricicultures décrits dans l'étude biobliographique (Cf 3.1.4). Dans ce qui suit, ces 4 types de riziculture seront désignés par le terme « système de culture du riz».

L'inventaire des systèmes de culture du riz au niveau des 1049 exploitations d'étude a permis de détecter que :

- La riziculture irriguée de saison précoce, (système de culture RI-1) est présente dans 20 villages sur 32 et le pourcentage des exploitations de ces 20 villages qui pratiquent ce système varie de 3 à 96% avec une moyenne (m) de 47% et une déviation standard (Ds) de 29%. Cela représente au total 30% des 1049 exploitations.
- La riziculture irriguée de saison principale (système de culture RI-2) est présente dans les 32 villages et le pourcentage des exploitations de chaque village qui pratiquent ce système varie de 53 à 100% avec m = 96% et Ds = 10%. Cela représente au total 95 % des 1049 exploitations.
- La riziculture irriguée de contre-saison (système de culture RI-3) est présente dans 11 villages seulement ; le pourcentage des exploitations des 11 villages qui pratiquent ce système varie de 10 à 97% avec m = 50% et Ds = 36%. Cela représente au total 18% des 1049 exploitations
- La riziculture pluviale (système de culture RP) est présente dans 21 villages sur 32 et le pourcentage des exploitations des 21 villages qui pratiquent ce système varie de 9 à 100% avec m = 58% et Ds = 30%. Cela représente au total 39% des 1049 exploitations.
- Le lien le plus remarquable entre le type d'exploitation (Exp1, Ep2 et Exp3 identifiés en 3.2.3) et le système de culture concerne la pratique de la riziculture pluviale : 46% pour les exploitations de type Exp2, contre 30% pour les exploitations Exp1 et Exp2. La différence entre types d'exploitation pour la proportion d'entre elles qui pratiquent les 3 autres systèmes de culture est inférieure à 5%.

Mais plus que dans la pratique de tel ou tel système de culture du riz pris individuellement, les différences entre villages et entre exploitations se situent dans la pratique d'une des 15 combinaisons possibles des 4 systèmes de culture.

Parmi les 15 combinaisons possibles, 13 ont été recensées chez les 1049 exploitations d'étude. Dans ce qui suit, les combinaisons de systèmes de culture sont désignées par le terme « système rizicole » (SR) et numérotées dans l'ordre inverse de la proportion des 1049 exploitations qui les pratiquent (Figure 3-11).

Il existe une grande disparité dans la proportion des 1049 exploitations d'étude qui pratiquent chaque SR recensé : 36.7% pour la combinaison la plus fréquente SR1 qui correspond à la pratique du système de culture RI2 seul (SR1=RI2), et 0.095% pour la combinaison la moins fréquente SR13 pour la pratique de RI1 seul (Tableau 3-7). Les autres combinaisons recensées à des fréquences importantes sont dans l'ordre d'importance les SR2= RI2+RP (22.0% des exploitations), SR3= RI2+RI1 (19.9%), SR4= RI2+RI1+RP (5.4%), SR5= RI1+RI2+RI3+RI3 (4.5%) et SR6= RI2+RI3 (4.2%). Les 2 combinaisons absentes sont SR14=RI1+RP et SR15=RP seul.

La répartition spatiale des 4 systèmes de culture du riz et de leurs combinaisons ou « système rizicole» n'est pas aléatoire. L'altitude des villages joue un rôle déterminant.

A l'échelle du village :

- L'altitude est négativement corrélée avec la diversité des SR pratiqués par les exploitations (r^2=0.707 ; p<0.0001). Le nombre moyen de SR présents dans un village est de 7.5 pour l'intervalle d'altitude <1250m, de 4.9 pour l'intervalle 1250-1500m, de 2.3 pour l'intervalle 1500-1750m, et de seulement 1.6 en altitudes >1750m.

- Il existe aussi une relation étroite entre le système de production (SP) du village et la diversité des SR pratiqués par les exploitations (R^2=0.508 ; p<0.0001). Le nombre moyen de SR présents dans un village est 6.9 pour SP1, de 2.7 pour SP2 et de 2.0 pour SP3. Etant donné la relation étroite entre SP et altitude, ceci n'est pas étonnant. Par contre aucun lien significatif n'a été détecté entre niveau d'enclavement du village et SR.

Au niveau de l'exploitation :

- L'altitude du village d'appartenance de l'exploitation joue un rôle déterminant sur le SR pratiqué : R^2=0.585 ; p<0.0001. Les combinaisons qui impliquent la présence de RI3 sont cantonnées aux exploitations situées à des altitudes inférieures à 1500m. Les combinaisons qui impliquent le RI1 sont absentes des altitudes >1750m.

- Le lien le plus fort entre le type d'exploitation (Exp1, Ep2 et Exp3) et les systèmes rizicoles concerne SR1 et SR2. Le premier, SR1, est moins présent chez les exploitations Exp2 (29% contre 45% pour Exp1 et 41% pour Exp3) ; à l'inverse SR2 est plus présent dans les Exp2 (28% contre 15% pour chacun des Exp1 et Exp3). Ceci est une conséquence de la pratique de la riziculture pluviale par les Exp2 signalée plus haut.

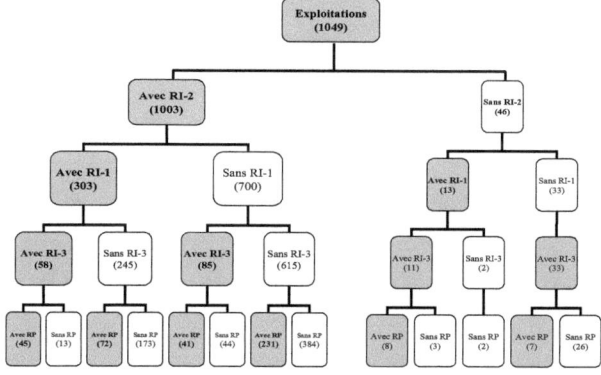

Figure 3-11: Combinaisons de systèmes de culture du riz présentes chez 1049 exploitations réparties dans les 32 villages d'étude de la région de Vakinankaratra.

RI-1: riziculture irriguée de saison précoce; RI-2 : riziculture irriguée de saison principale ; RI-3 : riziculture irriguée de contre-saison et RP : riziculture pluviale ; (x) : nombre d'exploitations.

Tableau 3-7 : Combinaisons de systèmes de culture du riz recensées dans la région de Vakinankaratra et proportion des exploitations qui les pratiquent dans les 32 villages d'étude.

				Combinaisons de systèmes de culture (SR)												
				1	2	3	4	5	6	7	8	9	10	11	12	13
Système de culture RI1						X	X	X				X	X		X	X
Système de culture RI2				X	X	X	X	X	X	X		X				
Système de culture R3								X	X	X	X	X	X	X	X	
Système de culture RP					X		X	X		X			X	X		
N°V	A (m)	SP	N-Exp														N-SR
1	740	SP1	39	0.03	0.05	0.05	0.10	0.49		0.08	0.05	0.03	0.05	0.05	0.03		11
3	891	SP1	33				0.03	0.33	0.03	0.45			0.09	0.06			6
4	950	SP1	38			0.11		0.11	0.39	0.11	0.13	0.11			0.05		7
5	1108	SP2	34	0.21	0.15	0.32	0.15	0.06	0.03	0.03		0.06					8
7	1120	SP1	32	0.22	0.03			0.06	0.16	0.38	0.03	0.03	0.06	0.03			9
9	1174	SP2	30	0.03		0.03				0.47		0.47					4
34	1287	SP1	37	0.16	0.03	0.57	0.05		0.03		0.11			0.05			7
2	1318	SP1	34	0.26		0.24	0.32	0.12		0.03			0.03				6
6	1318	SP1	31	0.26	0.03	0.13	0.16	0.10	0.10	0.16		0.06					8
25	1371	SP3	32	0.63		0.38											2
20	1375	SP1	32	0.09		0.78		0.06				0.06					4
19	1386	SP2	37	0.05		0.92									0.03		3
30	1482	SP1	29	0.86		0.03			0.07			0.03					4
21	1540	SP3	34	0.38	0.62												2
24	1567	SP2	33	1.00													1
22	1570	SP2	29	0.90	0.10												2
13	1578	SP2	31			0.52	0.48										2
10	1579	SP2	28	0.07			0.64	0.29									3
27	1588	SP2	31	0.39	0.61												2
33	1609	SP3	33	0.30	0.36	0.12	0.21										4
23	1647	SP3	33	0.18	0.70		0.12										3
26	1649	SP2	32	1.00													1
12	1672	SP2	32	0.16	0.13	0.41	0.31										4
8	1684	SP2	33	0.85	0.09	0.06											3
15	1693	SP2	34	0.12	0.88												2
17	1720	SP2	34	0.12	0.88												2
14	1725	SP2	35		1.00												1
28	1741	SP3	34	1.00													1
11	1760	SP2	30	0.53			0.43							0.03			3
18	1837	SP2	31	0.19	0.81												2
32	1904	SP3	32	1.00													1
31	1906	SP3	32	1.00													1
Total exploitations			1049	384	231	173	72	45	44	41	26	13	8	7	3	2	
% des 1049 exploitations				36.61	22.02	16.49	6.86	4.20	4.19	3.91	2.48	1.24	0.76	0.67	0.29	0.19	
% des 32 villages				0.88	0.53	0.53	0.31	0.25	0.25	0.22	0.16	0.22	0.16	0.22	0.06	0.13	0.09	0.03
Exploitations de type Exp1				0.45	0.15	0.15	0.06	0.03	0.05	0.05	0.03	0.01	0.01	0.01	0.00		
Exploitations de type Exp2				0.29	0.28	0.17	0.08	0.05	0.04	0.04	0.02	0.01	0.01	0.01	0.00	0.00	
Exploitations de type Exp3				0.41	0.15	0.21	0.03	0.08	0.06	0.01	0.01	0.01	0.01				

N°V : Numéro du village ; A : altitude du village (m) ; SP : système de production du village parmi les 3 systèmes définis en chapitre 3.2.2 ; N-Exp : nombre d'exploitations enquêtées dans le village ; N-RS : nombre de combinaisons de systèmes de culture présentes dans le village.

3.3 Conclusions

La région de Vakinankaratra se caractérise par des conditions climatiques très contrastées selon un axe est-ouest, liées essentiellement aux différences d'altitude. C'est sur ce contraste que sont basés les zonages climatiques et d'activités agricoles. Cependant, il existe une variabilité non négligeable de l'altitude à l'intérieur de chaque zone, et de ce fait ces zonages ne permettent pas toujours de prédire l'activité agricole à l'échelle du village. Pour un village donné, l'indicateur le plus pertinent des contraintes du milieu physique est son altitude propre, plutôt que la zone climatique d'appartenance. C'est cet indicateur que nous privilégierons dans l'analyse de l'influence des facteurs biophysiques sur la gestion des variétés et des semences par les paysans et la dynamique de la diversité génétique *in situ* du riz

La région se caractérise par l'homogénéité de peuplement, constitué essentiellement de *Merina*. Paradoxalement, c'est à l'est de la région, au climat le plus rude, que la densité de population est la plus élevée. Cette densité, largement supérieure à la moyenne nationale, a conduit la population à acquérir un haut niveau de technicité agricole pour exploiter toutes les potentialités de la région liées à la diversité de ses conditions climatiques. Cependant, en l'absence d'un environnement technico-économique favorable, les innovations techniques récentes (intrants chimiques, variétés améliorées, pratiques culturales innovantes, ...), bien que connues de la population, sont peu adoptées ; la productivité agricole reste faible et la production vivrière de la région, notamment celle de riz, ne couvre pas ses besoins. La détention de bovins, support privilégié d'épargne, est le signe de richesse le plus important.

Le niveau d'enclavement est globalement assez contrasté d'est (grande densité de routes) en ouest. Mais il ne semble pas y avoir de relation de cause à effet entre le niveau d'enclavement des villages et leur système de production et les systèmes de culture du riz qui y sont pratiqués.

On peut distinguer trois grandes catégories de systèmes de production : ceux où l'élevage bovin et la culture du manioc sont les activités prédominantes, ceux où le maraîchage et la production fruitière prédominent, et ceux caractérisés par la combinaison de la production de la pomme de terre avec l'élevage porcin. La répartition géographique de ces systèmes est fortement influencée par le contraste climatique est-ouest et à l'échelle d'un village par son altitude. Il sera donc difficile de distinguer l'effet des systèmes de production et de la position géographique des villages sur la dynamique de la diversité génétique.

Au sein de chaque village, il est possible de subdiviser les exploitations agricoles en 3 catégories, en fonction de l'âge du chef de l'exploitation. L'âge de ce dernier a un rôle déterminant sur la richesse de l'exploitation que l'on peut mesurer par le nombre de bovins et le nombre de parcelles de rizière, et sur la quantité des facteurs de production : actifs agricoles, équipements agricoles et aussi nombre de parcelles de rizière. La distribution des trois types d'exploitation dans chaque village et dans la région est indépendante des caractéristiques agro-environnementales des villages. Il sera donc possible d'analyser les relations entre type d'exploitation et gestion des variétés et des semences de riz indépendamment des contraintes agro-écologiques.

La région de Vakinankaratra héberge une importante diversité de systèmes de culture du riz. Quatre systèmes de culture du riz sont présents : trois systèmes de riziculture irriguée se différenciant essentiellement par leur calendrier par rapport à la saison des pluies, et un système de riziculture pluviale. La diversité des pratiques culturales à l'intérieur de chaque système de culture est très faible.

Les quatre systèmes de culture du riz peuvent être combinés de quinze manières différentes. Il existe une grande diversité inter-village et intra-village pour les combinaisons de systèmes de culture pratiqués, parmi les 15 potentiels Mais la répartition spatiale des 4 systèmes de culture du riz et de leurs combinaisons n'est pas aléatoire ; elle est fortement influencée par l'altitude des villages. Et comme l'altitude a aussi un rôle déterminant sur les systèmes de production, il y a aussi une forte corrélation entre le système de production des villages et les combinaisons de systèmes de culture du riz que pratiquent ses exploitations. Etant donné ces liens, il sera donc difficile de séparer l'effet des systèmes de culture sur la dynamique de la diversité génétique du riz, de l'effet des facteurs biophysiques et des systèmes de production.

Une certaine liaison entre les systèmes de culture du riz pratiqués et les types d'exploitation agricole a aussi été observée. Elle concerne surtout la pratique de la riziculture pluviale, plus fréquente dans les exploitations Exp2 dont les chefs sont d'âge moyen (42 ans) par rapport aux 2 autres types d'exploitation dont l'âge des chefs est de 33 et 59 ans en moyenne. Cette situation pourrait être liée au caractère plus risqué de la riziculture pluviale que seules des exploitations déjà bien établies peuvent prendre.

Enfin, l'introduction récente dans la région de la riziculture pluviale et des variétés améliorées qui lui sont associées, offre la possibilité d'analyser les modalités d'appropriation et de gestion de ces ressources génétiques particulières de riz par les agriculteurs.

3.4 Références

Abé, Y., 1984. Le riz et la riziculture à Madagascar, une étude sur le complexe rizicole d'Imerina. Editions CNRS.

Ahmadi, N., 2004. Upland rice for the highlands: new varieties and sustainable cropping systems to face food security. Promising prospects for the global challenges of rice production the world will face in the coming years?. FAO RICE CONFERENCE. FAO, Rome, Italy.

Aubert, S., Razafiarison, S., 2002. Essartage et déforestation. Les dynamiques des tavy à l'Est de Madagascar. Editeurs : Cirad, France, CITE et FOFIFA, Madagascar. 170p.

Bied-Charreton, M., 1968. Le Caton de Betafo et le village d'Anjazafotsy. Bulletin de Madagascar 265-266-267, 3-111.

Blanc-Pamard, C., Bonnemaison, J., Rakoto Ramiarantsoa, H., 1997. Tsarahonenana 25ans après, un terroir "où il fait toujours bon vivre", les ressorts d'un système agraire, Vakinakaratra, Madagascar. In: Blanc-Pamard, C., Boutrais, J. (Eds.), Thème et variations : nouvelles recherches rurales au sud, Séminaire: Dynamique des Systèmes Agraires. ORSTOM, Paris, pp. 25-61.

Blanc-Pamard, C., Rakoto-Ramiarantsoa, H., 1991. Les bas fonds des hautes terres centrales de Madagascar: construction et gestion paysannes. In: Raunet, M. (Ed.), Bas-fonds et riziculture. Cirad, pp. 31-47.

Burney, D.A., Burney, L.P., Godfrey, L.R., Jungers, W.L., Goodman, S.M., Wright, H.T., Jull, A.J.T., 2004. A chronology for late prehistoric Madagascar. Journal of Human Evolution 47, 25-63.

Chabanne, A., Razakamiaramanana, M., 1997. La climatologie d'altitude à Madagascar. In: Poisson, C., Rakotoarisoa, J. (Eds.), Actes du séminaire riziculture d'altitude CIRAD-CA, Antananarivo, Madagascar, pp. 55-62.

Collectif, 2003. Monographie de la région de Vakinakaratra. Repoblikan'i Madagasikara, MAEP, Unité de Politique pour le Développement Rural, Antananarivo.

Collectif, 2006. Enquête périodique auprès des ménages 2005, Rapport principal MEFB, INSTAT, USAID, Antananarivo.

Dechanet, R., Razafindrakoto, J., Vales, M., 1997. Résultats de l'amélioration variétale du riz d'altitude malgache. In: Poisson, C., Rakotoarisoa, J. (Eds.), Actes du sémianaire riziculture d'altitude. CIRAD-CA, Antananarivo, Madagascar, pp. 43-48.

Dez, J., 1967. Le Vakinakaratra, esquisse d'une histoire régionale. Bulletin de Madagascar 256, 657-701.

Gourou, P., 1984. Riz et civilisation FAYARD.

Mayeur, N. 1785. Voyage au pays d'Ancove (Rédaction Dumaine). Bulletin de l'Académie malgache, année 1913, Vol.12.

Minten, B., Razafindraibe, R., 2003. Relation terres agricoles -pauvreté. In: Minten, B., RANDRIANARISOA, J.-C., Randrianarison, L. (Eds.), Agriculture, pauvreté rurale et politiques économiques à Madagascar. USAID, CORNELL, INSTAT, FOFIFA, Antananarivo, pp. 10-15.

Ottino, P., 1957. Sociologie rurale malgache. Formation et perfectionnement du personel du paysannat malgache. Centre d'équipement agricole et de modernisation du paysannat malgache Antananarivo, Madagascar.

Raison, J.P., 1972. Utilisation du sol et organisation de l'espace en Imerina ancienne. Etudes de géographie tropicale offertes à Pierre Gourou pp. 407-425.

Raunet, M., 1993. Introduction. In: Raunet, M. (Ed.), Bas fonds et riziculture. Cirad, Antananarivo, Madagascar, pp. 5-6.

Rollin, D., 1994. Des rizières aux paysages : éléments pour une gestion de la fertilité dans les exploitations agricoles du Vakinankaratra et du Nord Betsileo (Madagascar). Thèse de doctorat en Géographie. Université de Paris-Nanterre, Nanterre, France

Razafimandimby, S., 2005. Caractérisation des unités climatiques et pédo-morphologique de la région de Vakinakaratra. URP SCRID, Cirad, Fofifa, Université d'Antananarivo, Antananarivo, pp. 1-3.

RGPH, 1993. Recensement général de la population. Ministère de la Population, Antananarivo.

Woillet, J.-C., 1963. Essai de micro-régionalisation de la préfecture de Vakinakaratra, Madagascar. Revue de géographie.

4 Dynamique de la diversité variétale du riz dans la région de Vakinankaratra

4.1 Introduction

Le système de diffusion des variétés et des semences, les pratiques de sélection et les critères de choix des agriculteurs pour maintenir et cultiver des variétés sont des composantes essentielles de la dynamique de la diversité, et ont des impacts directs sur la structure génétique des populations des plantes cultivées, en particulier dans les régions encore peu touchées par la modernisation de l'agriculture (Wright and Turner, 1999). La caractérisation de ces pratiques constitue un préalable indispensable à tout projet de gestion dynamique de la diversité visant la conservation de la diversité actuelle et/ou la diffusion de nouvelles variétés. Il est généralement admis que ces caractéristiques sont site-spécifiques et doivent être reprises dans chaque cas. Bellon et al. (1997), ayant passé en revue les études de cas sur le riz concluent que l'on dispose de trop peu d'études détaillées pour nourrir le cadre conceptuel des facteurs qui influencent la gestion par les agriculteurs des variétés et des semences.

Dans un autre registre, de nombreuses études ethnobotaniques ont décrit en détail les systèmes de classification et de nomination populaires ou vernaculaires du règne végétal et ont conclu qu'ils étaient remarquablement constistants (Berlin et al., 1973); l'explication proposée est que, indépendamment du contexte culturel, les êtres humains partagent une compréhension commune de la manière de classifier l'environnement naturel (Boster, 1986; Berlin, 1992). Malheureusement ces études ont rarement pris en compte l'échelle infra-spécifique et on ne sait donc pas dans quelle mesure leurs conclusions et explications s'appliquent aux classifications paysannes des variétés des espèces végétales cultivées. Or la connaissance de ces systèmes de classification et leur traduction en indicateurs de diversité génétique est d'un grand intérêt pour l'évaluation de l'agrodiversité et sa gestion in situ.

A une échelle encore plus fine se pose la question de la définition de la « variété ». Dans la plupart des études sur la gestion paysanne des variétés et des semences, le terme « variété » correspond à une entité génétique (ensemble de graines, de tubercules, etc.) à laquelle les agriculteurs attribuent un nom et qu'ils gèrent (cultivent ensemble et conservent la descendance ensemble) comme une même unité. Cette unité s'identifie donc par son nom et par un certain nombre de caractéristiques qui la distinguent des autres unités de la même espèce avec lesquelles elle est gérée par les agriculteurs d'une même communauté. Mais l'existence des caractéristiques distinctives n'implique pas forcément une identité phénotypique et génotypique complète entre les individus qui composent l'unité. De nombreuses études rapportent l'existence d'une diversité phénotypique et génotypique à l'intérieur des entités appelées « variétés » aussi bien chez le riz que chez les autres espèces cultivées (Barry, 2007). Portères (1956) qualifiait cette diversité de « compagnonnage agraire ».

Dans ce chapitre, nous analyserons d'abord ce que représente une variété de riz dans la région de Vakinankaratra, puis présenterons successivement les résultats de nos recherches sur (1) la richesse variétale et ses déterminants agro-écologiques à différentes échelles spatiales, (2) l'utilisation de la richesse par les agriculteurs en termes quantitatifs et qualitatifs, notamment la perception paysanne de la diversité variétale et son utilisation en relation d'une part avec les contraintes et les attentes des agriculteurs et d'autre part avec la réaction de ces derniers à l'innovation variétale, (3) le système de nomenclature paysanne des variétés de riz, (4) la dynamique spatiotemporelle des variétés de riz, et (5) les modalités de la gestion des semences de riz.

4.2 La notion de variété

La diversité hébergée par chaque exploitation agricole est déployée au niveau des parcelles de riz, en utilisant, en règle générale, une variété par parcelle. La question est donc de savoir si les entités considérées comme « variété » par les agriculteurs sont homogènes ou non sur le plan phénotypique et génotypique.

Nous avons tenté de répondre à cette question en étudiant le génotype de plantes collectées dans des parcelles semées ou repiquées avec une seule variété selon la déclaration de l'agriculteur propriétaire et selon nos propres évaluations de l'homogénéité visuelle de chaque champ pour ce qui est de l'architecture de la plante, la coloration des organes et le format (longueur, largeur, épaisseur, aristation, etc.) du grain. Pour ce faire, la diversité de 9 parcelles de riz cultivés avec 9 variétés différentes par 9 agriculteurs différents a été étudiée au moyen de 14 marqueurs SSR.

Le nombre de génotypes multilocus par variété variait de 1 à 9 avec une moyenne de 4.6, indiquant la structure multi-lignées des variétés étudiées (Figure 4-1). Le nombre d'allèles par locus variait de 1 à 2.3 avec une moyenne de 1.5 (Tableau 4-1). Les entités considérées comme variété par les agriculteurs ne sont donc pas homogènes au niveau génotypique bien que les collectes aient été réalisées dans des parcelles qui ne présentaient pas une diversité phénotypique décelable visuellement.

Les agriculteurs de la région de Vakinakaratra distinguent deux catégories de variétés : les *varin-drazana* littéralement « riz des ancêtres » et les variétés qui n'en font pas partie et pour lesquelles il n'y a pas de nom générique. La diversité génétique au niveau de la parcelle était fortement corrélée avec le type de variété, « riz des ancêtres » ou non. Le coefficient de détermination entre le type de variété et le nombre de génotypes multilocus était de R^2 = 0.465 (p<0.043); ce même coefficient était de R^2 = 0.665 (p<0.008) pour le nombre d'allèles. Nous verrons en chapitre 4.4 que les variétés qui ne sont pas des riz des ancêtres sont en général des variétés issues de sélection par les structures spécialisées de recherche et de développement et ont été introduites récemment dans les villages.

Les entités considérées comme « variété » par les riziculteurs ne sont donc pas homogènes sur le plan génotypique. L'existence de cette diversité génotypique intra-variétale indique que l'analyse de la diversité variétale ne rend pas compte de toute la diversité génétique maintenue par les agriculteurs de la région.

Tableau 4-1: Structure génétique d'accessions de riz considérés par leur détenteur comme une seule entité, la variété étant définie par un nom.

Nom de la variété	Type	N	Ng	Na	GD	PIC
Japonais fohy taho	Amélioré	9	1.14	1.14	0.03	0.03
Tsipala mena	Local	9	1.71	1.64	0.24	0.19
Tsiraka	Local	9	2.35	2.24	0.24	0.22
Boda kely (RP)	Amélioré	9	1.07	1.07	0.03	0.02
RP2	Amélioré	9	1.42	1.42	0.1	0.09
Bota kely	Amélioré	9	1.28	1.28	0.08	0.07
Rojo mena	Local	9	1.64	1.64	0.13	0.11
Latsidahy	Local	9	1.57	1.57	0.15	0.13
Bota fotsikely	Amélioré	9	1	1	0	0

N : Nombre d'individus génotypés ; Na : Nombre d'allèles ; Ng : Nombre de génotypes multilocus ; GD : Diversité génotypique ; PIC : « Polymorphism Information Content »

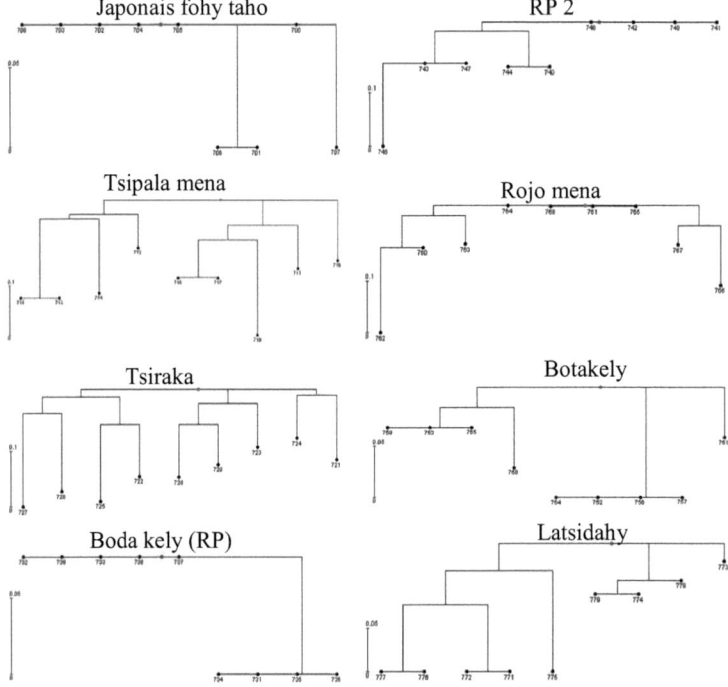

Figure 4-1: Représentation de la structure génotypique de 8 accessions de riz au moyen de dendrogrammes des distances « Simple matching » construit par la méthode d'agrégation « Neighbor joining ».

4.3 Richesse variétale et ses déterminants agro-écologiques

Au niveau régional, sur l'ensemble des 32 villages prospectés, 349 variétés ont été recensées sur la base des noms distincts attribués au niveau de chaque village. Parmi ces variétés, 306 sont cultivées en riziculture irriguée et 43 en riziculture pluviale. La liste des noms de ces accessions ainsi que celle des villages d'origine sont données en Annexe 5.

Ramenée au nombre de dénominations variétales distinctes à l'échelle régionale, la richesse variétale totale des 32 villages est de 134 pour la riziculture irriguée et de 14 pour la riziculture pluviale. Pour ce dernier type de riziculture, 11 variétés ne possèdent pas de véritable nom et sont désignées comme *vary an-tanety*, littéralement « riz pluvial ».

Soixante-quatre pour cent des noms enregistrés sont présents dans seulement un village et 17% dans deux villages. Seulement 9% des noms enregistrés sont présents dans plus de cinq villages. Les variétés portant ces noms peuvent être considérées comme de notoriété régionale. La distribution géographique de ces variétés est rarement aléatoire. Généralement, elle est liée soit à l'adaptation climatique des variétés, soit à l'isolement dû à la distance, soit à la combinaison des deux. La variété qui a la plus grande notoriété, *Rojo mena*, présente dans 13 villages, est une variété locale de culture irriguée (Tableau 4-2). La moyenne des distances, deux à deux, des villages qui la cultivent est de 35 km alors que cette moyenne est de 56km pour l'ensemble des 32 villages d'étude. Mais il s'agit davantage d'une adaptation climatique parce que 12 des 13 villages sont situés à des altitudes supérieures à 1500m avec une moyenne de 1620m. Le cas de la seconde variété de grande notoriété est particulier ; il pourrait s'agir en faite de 2 variétés homonymes car dans 6 villages, elle est cultivée en irrigué et dans 6 autres en pluvial. Pour les variétés *Botra kely* et *Telovolana*, c'est le phénomène d'isolement par la distance qui est dominant puisque l'altitude des 10 et 9 villages, respectivement, où elles sont présentes varie de moins de 800m à plus de 1800m et qu'ils sont situés dans le même district ou dans 2 districts adjacents. Les variétés améliorées qui ont, pourtant, souvent fait l'objet d'actions de vulgarisation à l'échelle régionale sont peu représentées.

La distribution régionale de la richesse variétale, évaluée à travers le nombre de variétés par village (*Sv*) est très hétérogène et varie de 6 à 19 avec une moyenne de 10.9 (Figure 4-2). La richesse variétale des villages n'est corrélée ni avec le nombre d'habitants du village (r^2 = 0.082 ; p=0.111), ni avec le niveau d'enclavement, estimé par la distance à la route nationale bitumée (r^2 = 0.016 ; p=0.489) ou estimé par la distance à une route carrossable (r^2 = 0.015 ; p=0.500). En fait, les déterminants agroenvironnementaux de cette variabilité semblent complexes :

- L'altitude des villages a un rôle déterminant sur leur *Sv* (R^2 = 0.328 ; $p<0.001$) ; la *Sv* moyenne est de 13 dans les villages d'altitude inférieure à 1250m, de 10 en zones de 1250-1750m et de seulement 8 dans les villages d'altitude supérieure à 1750m. Les conditions climatiques et les zones agricoles ont, elles aussi, un rôle déterminant. Les coefficients de détermination des 4 zones climatiques et des 5 zones agricoles sont respectivement R^2 = 0.374 ; $p<0.004$ et R^2 = 0.413 ; $p<0.005$.

- La *Sv* des villages est aussi fortement déterminée par leur système de production SP (R^2= 0.279 ; $p<0.009$) ; la *Sv* moyenne est de 13.2 dans les villages de type SP1, de 10.8 dans les villages SP2 et de 8.3 dans les villages SP3. Il en est de même pour les systèmes de rizicultures pratiqués (R^2 = 0.414 ; $p<0.004$).

- Enfin, la *Sv* des villages est fortement influencée par les systèmes de culture du riz présents dans le village. Parmi les composantes des systèmes de culture du riz, la pratique ou non de la riziculture pluviale a le plus grand pouvoir de détermination (R^2 =

0.126 ; p<0.023) ; vient ensuite la pratique ou non de la riziculture de contre-saison (R^2 = 0.119 ; p<0.053) qui nécessite souvent des variétés particulières. Globalement, la Sv augmente avec le nombre de systèmes de culture du riz pratiqués dans le village (r^2 = 0.375 ; p<0.004).

Ainsi, étant donné l'effet déterminant de l'altitude sur les systèmes de production et les systèmes de culture du riz possibles dans chaque village, les effets de ces facteurs sur la richesse variétale se confondent.

La richesse variétale des exploitations Se varie de 1 à 7 au sein de notre échantillon de 1049 exploitations enquêtées dans les 32 villages ; la moyenne est de 2.2 variétés par exploitation. Plus de 70% des exploitations ont moins de 4 variétés et la quasi-totalité des exploitations qui ont plus de 4 variétés appartiennent aux villages d'altitudes inférieures à 1250m (Figure 4-3).

La richesse variétale moyenne des exploitations calculée pour chacun des 32 villages (Sev) est, elle aussi, relativement faible : 2.2 en moyenne, mais objet de variation importante, 1.25 à 3.7, d'un village à un autre. Elle est assez fortement et significativement corrélée avec la Sv du village (r^2 = 0.449 ; P <0.001). Les zones climatiques et les systèmes de culture ont aussi un fort pouvoir déterminant.

Les Se des villages de basse altitude (<1250 m) et de haute altitude (>1750 m) sont significativement différentes entre elles et avec celles des zones de moyenne altitude. Mais à l'intérieur de ces dernières zones, on observe une variabilité importante de la Se (Figure 4-2) ce qui laisse supposer que, comme pour la Sv, le climat et l'altitude ne sont pas les seuls facteurs qui entrent en jeu.

Au niveau des exploitations agricoles prises individuellement, l'effet déterminant du type d'exploitation sur la Se est faible mais très hautement significatif (R^2 = 0.107 ; p<0.0001) ; la Se est en moyenne de 2.75 dans les exploitations de type Exp1, de 2.08 dans les Exp2 et de 1.91 dans les Exp3. Il en est de même pour les variables mesurant uniquement la richesse de l'exploitation : le nombre de bovins par exploitation (r^2 = 0.066 ; p<0.0001) et le nombre de charrues (r^2 = 0.043 ; p<0.0001). Cette relation est plus étroite avec le nombre de parcelles de rizière (r^2 = 0.166 ; p<0.0001) et le nombre des systèmes de riziculture que l'exploitation pratique (r^2 = 0.278 ; p<0.0001). Ces faibles corrélations confirment la prééminence des contraintes biophysiques sur la richesse et la disponibilité des facteurs de production, dans la détermination de la richesse variétale des exploitations.

La caractéristique des exploitations ayant le rôle le plus déterminant sur leur Se est la combinaison des systèmes de riziculture pratiqués: R^2 = 0.458 ; p<0.0001. Les exploitations qui pratiquent simultanément les 4 systèmes de culture RI1, RI2, RI3 et RP ont les nombres les plus élevés de variétés car ces systèmes nécessitent chacun un type variétal différent. Le lien entre le type d'exploitation et le nombre de variétés cultivées apparaît plus nettement au niveau des groupes de village, rassemblés par l'intervalle altitudinal. De même, à l'échelle de chaque village, la relation entre la combinaison des systèmes de riziculture pratiqués par l'agriculteur et son Se est beaucoup plus étroite (Annexe 6).

Tableau 4-2: Distribution géographique des variétés de même nom recensées dans plusieurs villages.

Nom de variété	Villages													Eco-Riz	Type var.	Distance (km)		
	N° identification												Nbre			Moy	Min	Max
Rojo mena	11	12	13	14	15	17	21	24	25	27	28	31	32	13	RI	VL	35	4	83
Fotsikely	1	5	10	13	14	15	20	23	25	27	28	33		12	RI/RP	VL	60	10	153
Botra kely	2	15	17	21	22	30	31	32	33	34				10	RI	VL	37	4	73
Telovolana	3	5	6	9	10	18	19	20	34					9	RI	VL	49	9	112
Mavokely	1	4	5	6	10	17	21							7	RP	VL	65	15	147
Rabodohavana| 11	14	18	19	20	33								6	RI	VL	32	9	58
Japonais	1	3	4	6	12	34								6	RI	VA	61	9	134
Tsipala mena| 1	3	5	6	7	34								6	RI	VL	43	9	88
Vary manga	15	17	19	20	27	33								6	RI	VL	35	9	74
X 265	2	10	20	26	30	34								6	RI	VA	50	9	83
Lava rambo	12	13	17	18	23									5	RP	VA	30	13	49
Manga kely	2	8	9	21	32									5	RI	VL	46	15	87
Mijoroa mba	10	17	21	22	23									5	RI	VL	32	6	54
Rojo fotsy	12	19	20	28	32									5	RI	VL	47	9	81
Makalioka	1	4	5	24										4	RI	VL	70	34	125
Bota kely	13	23	26	28										4	RI	VL	34	17	46
Harongana	8	9	10	34										4	RI	VL	34	19	49
Latsika	11	12	32	31										4	RI	VL	26	5	45
Rija kely	8	10	20	23										4	RI	VL	52	25	85
Tsipala fotsy| 1	3	4	7										4	RI	VL	40	19	65
Chine	2	22	30	34										4	RI	VA	29	9	50
Rové	1	4	5	7										4	RP	VA	48	18	82

RI : Riz irrigué, RP : Riz pluvial ; VA : Variété améliorée ; VL : Variété locale ; Moy : Moyenne des distances 2 à 2 entre les villages hébergeant la variété.

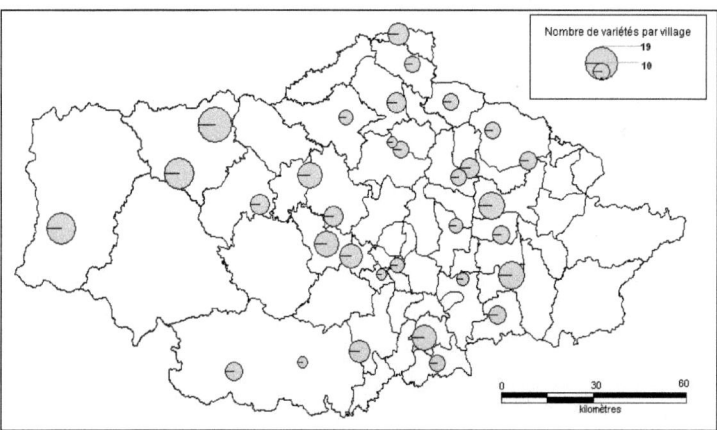

Figure 4-2: Distribution de la richesse variétale (Sv) dans les 32 villages d'étude de la région de Vakinankaratra. La taille du cercle représentant chaque village indique sa Sv.

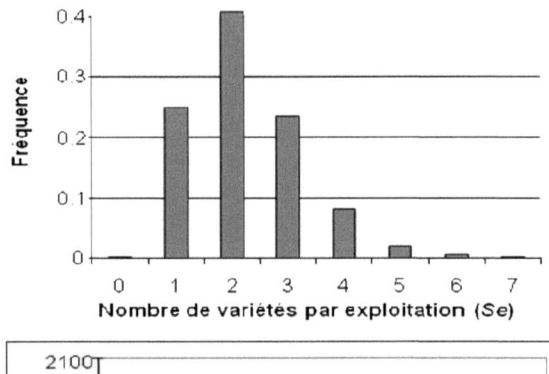

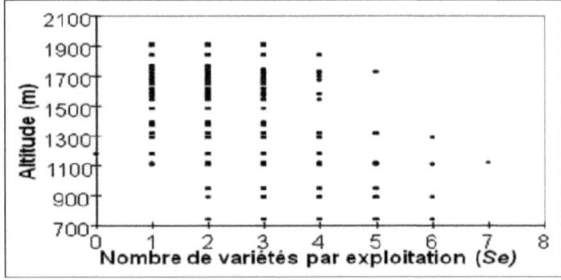

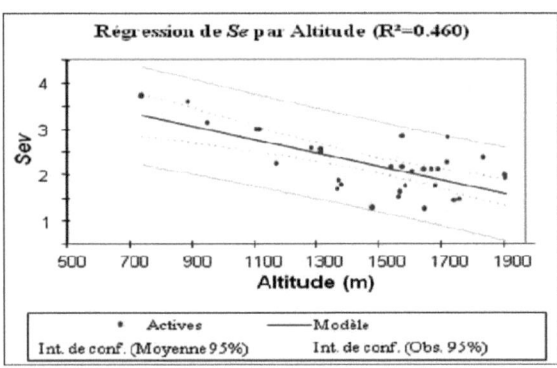

Figure 4-3: Rôle de l'altitude dans la détermination du nombre de variétés (richesse variétale Se) des exploitations agricoles.
A: histogramme de fréquence de la Se parmi les 1049 exploitations de Vakinankaratra; B: relation entre Se et l'altitude du village d'appartenance des exploitations; C: variabilité de la richesse variétale moyenne des exploitations d'un village (Sev) en fonction de l'altitude des villages.

4.4 Utilisation de la richesse variétale

4.4.1 Aspect quantitatif de l'utilisation de la richesse variétale

Si la richesse variétale est un premier indicateur de la diversité maintenue par les agriculteurs, elle renseigne peu sur l'importance relative donnée par les agriculteurs à chacune des variétés présentes dans le village ou dans l'exploitation. Pour chacun des villages d'étude, nous disposons des données sur le nombre d'exploitations, parmi les 30 à 40 enquêtées, qui cultivent chacune des variétés présentes dans le village. Il s'agit bien entendu d'une information qualitative (utilisée / non utilisée) qui ne renseigne pas sur les superficies consacrées à chaque variété, mais cela constitue un bon indicateur dans la mesure où, « une utilisation » correspond en général à « une parcelle de rizière» et la superficie des parcelles de rizière est peu variable, étant en général de 10 à 15 ares.

4.4.1.1 Fréquence d'utilisation des variétés

La fréquence d'utilisation de chacune des variétés d'un village, c'est-à-dire le pourcentage d'exploitations enquêtées du village qui utilise la variété, varie de 5 à 80%. Sur l'ensemble des variétés de la région, seulement 3.2% sont utilisées par plus de 75% des exploitations des villages, 6.3% par 50 à 75%, 19.4% par 25 à 50% et 72% par moins de 25%.

La distribution de la fréquence d'utilisation des variétés est assez variable d'un village à un autre. Comme le montre la Figure 4-4, dans la plupart des villages il existe un petit nombre (de 1 à 3, en moyenne 15% des variétés du village) de variétés « majeures », utilisées par plus de 50% des exploitations ; un second petit lot (en moyenne 18%) de variétés à fréquence d'utilisation intermédiaire, sur 25 à 50% des exploitations ; le reste des variétés (soit 66% de la richesse variétale du village) est utilisé par moins de 25% des exploitations. En fait, une proportion importante de ces « variétés mineures » (41% en moyenne) a même une fréquence d'utilisation très faible, inférieure à 10% des exploitations.

Il ne semble pas y avoir de lien entre la distribution de la fréquence d'utilisation des variétés dans les villages et l'altitude des villages, leurs systèmes de production ou leurs systèmes de culture du riz.

En ce qui concerne les caractéristiques propres des variétés, il ne semble pas y avoir de lien entre la notoriété régionale des variétés et la fréquence de leur utilisation au niveau des villages pris individuellement. De même, il ne semble pas y avoir de lien entre la perception paysanne des caractéristiques agronomiques des variétés (cycle, tolérance aux maladies, productivité, format du grain, goût, etc.) et la fréquence de leur utilisation.

Enfin, si d'une manière générale, il n'y a pas de lien significatif entre l'ancienneté des variétés dans les villages et leur fréquence d'utilisation, un lien existe pour ce qui est des variétés de riz pluvial qui, dans leur grande majorité, sont d'introduction récente. En effet, il y a une différence très hautement significative de fréquence d'utilisation ($p<0.0001$) entre les variétés de culture irriguée et celle de culture pluviale, respectivement 20 et 30% en moyenne.

Bien que de nature qualitative (utilisée / non utilisée), l'information sur la fréquence d'utilisation des variétés constitue aussi une indication sur les superficies que couvre chaque variété. En effet, (1) une déclaration d'utilisation d'une variété par une exploitation correspond à au moins une parcelle cultivée avec la variété et (2) les superficies des parcelles de rizières sont peu variables dans la région (de 10 à 15 ares en général). On peut donc considérer que les variétés à fréquence d'utilisation élevée sont aussi celles qui couvrent les plus grandes surfaces.

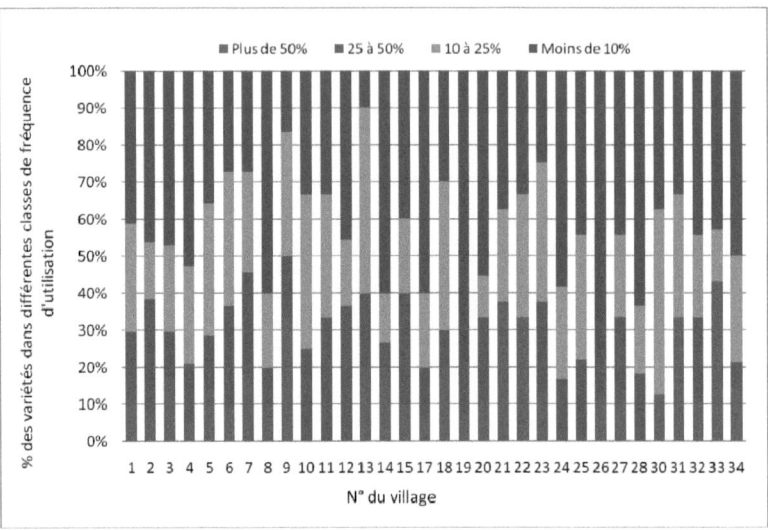

Figure 4-4: Importance relative des 4 catégories de variétés définies en fonction du % d'exploitations qui les utilisent dans chacun des 32 villages d'étude.
Les quatre niveaux ou fréquences d'utilisation sont Fr >50%, 50%>Fr<25%, 25%>Fr<10% et Fr<10% des exploitations.

4.4.1.2 Equité d'utilisation et abondance relative des variétés

L'indice d'équité (E) de Shannon, calculé à l'échelle du village, est de 0.7 en moyenne et varie peu (écart-type de 0.09) entre les 32 villages étudiés (Annexe 3). Les deux villages où l'indice E est inférieur à 0.5 sont ceux où les variétés majeures et celles à fréquence d'utilisation de 25 à 50% représentent moins de 30% du total, les variétés à fréquence d'utilisation 10-25% sont absentes et les « variétés mineures » représentent plus de 70% du total. Il semble donc que l'indice E soit peu sensible pour décrire l'équité d'utilisation des variétés du riz dans un village et que la distribution des fréquences d'utilisation telle que présentée rende mieux compte de l'équité d'utilisation des variétés. La faible corrélation de E avec Sv (r^2 =0.005 p<0.7) et avec Se (r^2 = 0.005 p<0.8) indique qu'il n'y pas de lien entre la richesse variétale et l'importance relative de l'utilisation de chaque variété. Il n'y a pas, non plus, de corrélation significative entre l'indice E et la combinaison de systèmes de riziculture pratiquée dans le village.

L'indice de diversité de Shannon (H') qui considère à la fois la richesse variétale et le taux d'utilisation en termes d'abondance relative présente, lui, une variabilité régionale importante : valeur moyenne de 1.9 et écart-type de 0.30. H' est fortement et significativement corrélé avec la Sv (r^2 = 0.764, p<0.0001) et Se (r^2 = 0.426, p<0.0001). Comme le montre la Figure 4-5, des indices de diversité élevés peuvent être observés pour des Se faibles, ceci lorsque la Sv est élevée. Ainsi, en l'absence de données sur l'utilisation de chacune des variétés du village de manière individuelle, la Sv constitue donc un bon indicateur de l'indice de diversité H'.

Le coefficient de détermination de H' d'un village par son appartenance à une des classes d'altitude est beaucoup plus faible et non significatif ($R^2 = 0.140$, $p<0.23$). L'indice H' est donc indépendant de l'altitude et des conditions climatiques qu'elle engendre. Il en est de même pour les systèmes de production en vigueur dans le village ($R^2 = 0.157$, $p<0.085$), même si en moyenne les villages les SP1 et SP2 ont des moyens les plus élevés que les villages SP3 (2.09 et 1.91 contre 1.76). La combinaison de systèmes de riziculture pratiquée dans le village joue là aussi le rôle le plus déterminant ($R^2 = 0.428$, $p<0.009$).

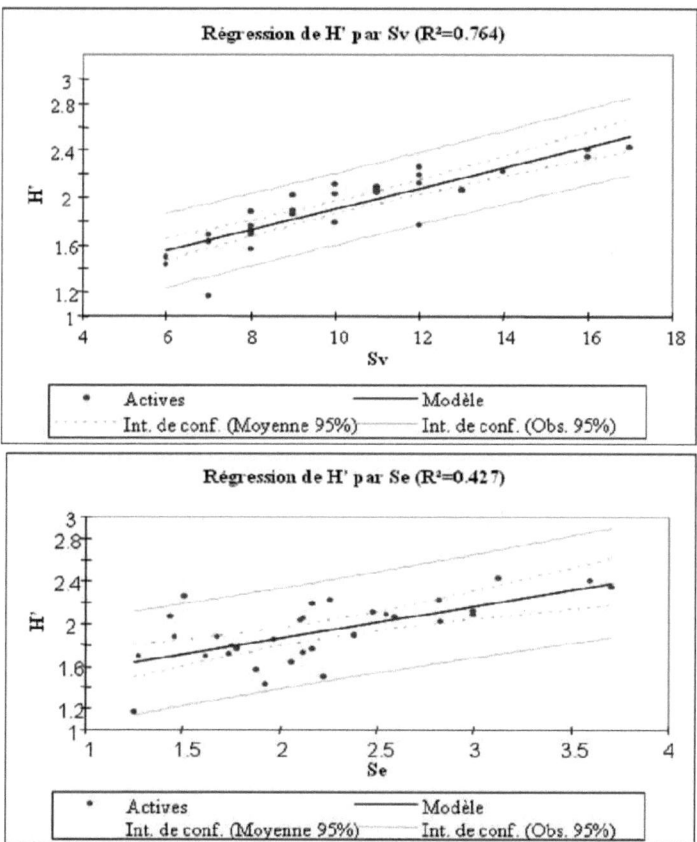

Figure 4-5: Représentation graphique de la relation entre la richesse variétale des villages (Sv), la richesse variétale moyenne des exploitations (Se) et l'indice de diversité de Shannon (H') dans 32 villages de la région de Vakinankaratra.

4.4.2 Aspects qualitatifs d'utilisation de la richesse variétale

4.4.2.1 Description paysanne des variétés de riz

Parmi les variétés des 349 accessions collectées, 306 de type irrigué ont chacune été décrites par trois agriculteurs du village de collecte selon 14 variables de performance agronomique et alimentaire. Nous avons synthétisé ces profiles variétaux par une analyse factorielle de correspondance et regroupé les variétés en fonction des similarités de leur profil. Puis nous avons analysé la congruence entre le regroupement des variétés sur la base des descriptions paysannes et les regroupements des mêmes variétés obtenus avec nos propres descriptions agro-morphologiques au champ et génotypiques au laboratoire. Les modalités d'obtention de ces derniers regroupements des variétés seront décrites de manière détaillée au chapitre 5.

4.4.2.1.1 Profils variétaux issus de la description paysanne des variétés

L'analyse factorielle de correspondance multiple (AFCm) des 306 accessions sur les 14 variables, suivie de la classification ascendante hiérarchique conduit à identifier quatre groupes de variétés (Tableau 4.3 et Figure 4-6) ; le détail de l'affectation des accessions dans les 4 groupes est donné en Annexe 5.

- Groupe 1 (constitué de 70 variétés) : il s'agit de variétés à format de grain rond, à cycle court. Les plantes sont de taille moyenne, et cultivées pour la première ou la deuxième saison. Elles ont une bonne réponse à la fertilisation, une bonne résistance à la maladie, et une bonne résistance à la verse. Parmi elles, figurent les variétés *Telovolana, Befina, Mahafaly*. Ces variétés sont absentes des zones d'altitude supérieure à 1750m.

- Groupe 2 (51 variétés) : il s'agit de variétés à format de grain assez variable allant de long et large ou rond. Les plantes sont de taille courte, de cycle long et moyen, elles sont cultivées en deuxième saison. Ces variétés sont sensibles à l'inondation, et ont une bonne réponse à la fertilisation. Parmi elles, figurent les variétés *Botra, Latsika, Rojo kirina, Botra menarirana, Madrigal*... Ces variétés sont présentes préférentiellement en zone d'altitude supérieure à 1250m.

- Groupe 3 (131 variétés) : il s'agit de variétés à format de grain long et large, de cycle moyen, les plantes sont de taille haute, elles sont cultivées en deuxième saison. Parmi elles, figurent les variétés *Rojo mena, Rojo fotsy, Telorirana, Mijoroa mba hijery, Telorirana*... Ces variétés sont présentes à toutes les altitudes mais avec une préférence pour les zones d'altitudes comprises entre 1500 et 1750m.

- Groupe 4 (54 variétés) : il s'agit de variétés à format de grain long et fin, photosensibles, et quelques variétés à cycle long. Elles sont cultivées exclusivement en deuxième saison, les plantes sont de taille haute et moyenne, et elles ont une mauvaise réponse à la fertilisation. Parmi elles, figurent les variétés *Tsipala mena, Tsipala fotsy, Tsipala manarivo, Kalilatra, Tsiraka*, et quelques variétés de la série *Rojo*.

Tableau 4-3: Distribution des accessions des quatre groupes variétaux identifiés sur la base des profils par les agriculteurs (Ga1 à Ga4), dans 4 intervalles d'altitude.

Classe d'altitude (m)	Groupes variétaux			
	Ga1 (70)	Ga2 (51)	Ga3 (131)	Ga4 (54)
Moins de 1250	26%	8%	27%	24%
1250 à 1500	39%	20%	18%	26%
1500 à 1750	31%	45%	48%	39%
Plus de 1750	4%	27%	6%	11%

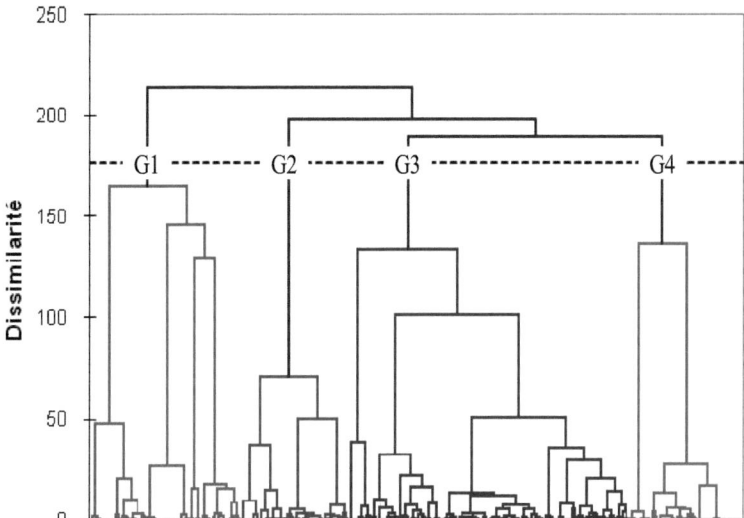

Figure 4-6: Classification ascendante hiérarchique des 306 accessions de riz sur la base de 14 variables qualitatives de description des performances agronomiques des accessions par les agriculteurs.

<small>La troncature entre les indices de dissimilarité 150 et 200 maximise le rapport variance intergroupe / variance intragroupe.</small>

4.4.2.1.2   Correspondance entre les profils variétaux dressés par les agriculteurs et les classifications phénotypiques et génotypiques

Le test χ^2 de dépendance entre les groupes identifiés par la classification des variétés selon les profils définis par les agriculteurs et ceux identifiés par l'analyse des 13 caractères quantitatifs mesurés au champ (cf. 5.3) indique une congruence limitée mais significative entre les deux classifications ($\chi^2 = 15.765$, ddl = 6, $p = 0.015$). La grande majorité des accessions des 4 groupes basés sur les profils dressés par les agriculteurs se retrouve dans le groupe phénotypique Gp2 rassemblant la grande majorité des variétés locales de riz irrigué cultivées préférentiellement dans les intervalles d'altitude 1250-1750m, caractérisées par des tailles hautes, un tallage faible et une importante variabilité pour le format du grain.

La congruence semble plus importante entre la classification issue des profils variétaux dressés par les agriculteurs et la classification de ces mêmes accessions sur la base des données génotypiques (Tableau 4.4), $\chi^2 = 83.330$, ddl = 6, $p < 0.001$. Les accessions du groupe Ga1 appartiennent majoritairement au groupe Gg2, *indica* ; celles des groupes Ga2, Ga3 et Ga4 appartiennent majoritairement au groupe Gg3, atypique. Les profils dressés par les agriculteurs ne permettent pas de distinguer le groupe Gg1 des *japonica* tempérés.

Tableau 4-4: Répartition (%) des accessions des 4 groupes issus des profils variétaux dressés par les agriculteurs (Ga1 à Ga4) dans les 3 groupes phénotypiques (Gp1, Gp2, Gp3 et NC) et génotypiques (Gg1, Gg2, Gg3 et NC) issus de caractérisation agro-morphologique au champ et de génotypage au laboratoire.

Groupes issus de caractérisation instrumentale des variétés		Groupes de profil variétal dressé par les agriculteurs				Effectifs
		G1	G2	G3	G4	
Groupe phénotypique (1)	Gp1	0.14	0.06	0.15	0.07	37
	Gp2	0.71	0.65	0.7	0.78	217
	Gp3	0.11	0.27	0.08	0.09	38
	NC	0.03	0.02	0.06	0.06	14
Groupe génotypique (2)	Gg1	0.13	0.27	0.08	0.04	36
	Gg2	0.6	0.06	0.14	0.15	71
	Gg3	0.24	0.67	0.65	0.76	177
	NC	0.03	0	0.13	0.06	22
Effectifs		70	51	131	54	306

(1) et (2) : voir respectivement chapitre 5.3 et 5.2.1

4.4.2.2 Utilisation de la diversité variétale, étude de cas

Une analyse détaillée de l'utilisation de la diversité variétale par les agriculteurs a été entreprise dans 18 exploitations appartenant à part égale à trois villages, situés à des altitudes et dans des zones climatiques différentes. Dans chacun des 3 villages, on a étudié six exploitations, 2 apparentant au groupe Exp1 (chef d'exploitation jeune et facteurs de production limités), 2 appartenant au groupe Exp2 (chef d'exploitation d'âge moyen et dotation moyenne en facteurs de production), et 2 appartenant au groupe Exp3 (chef d'exploitation âgé et facteurs de production supérieurs à la moyenne).

Le nombre moyen de parcelles en rizière varie positivement (de 3.1 à 4.5) avec le type d'exploitation ; la superficie totale des rizières est, en moyenne, de 0.41 ha dans les Exp1 et de 0,69ha dans les Exp3. La taille des parcelles est peu variable : 0.13 ha en moyenne.

Le nombre de variétés de riz par exploitation varie, lui, positivement avec la taille de l'exploitation (de 3.5 à 4.6) et négativement avec l'altitude de (4.9 à 3.6).

Il n'y a pas de lien simple entre le type de variété et la classification paysanne des types de sol ni avec l'appréciation des agriculteurs sur le niveau de maîtrise de l'eau. Les critères de choix et de classification des variétés ne sont pas les mêmes dans les trois villages.

4.4.2.2.1 Village d'Alakamisinandrianovona (N°6) situé à 1318m d'altitude
Les 6 exploitations possèdent un total de 10 variétés différentes et celles-ci sont classées selon leur adaptation aux 4 types de culture du riz :

- Le riz irrigué de première saison (RI-1) est pratiqué avec une seule variété de cycle court, *Befina*, de manière à libérer la parcelle rapidement.
- Le riz irrigué de deuxième saison (RI-2) est pratiqué soit avec une des 4 variétés photosensibles (*Tsipala fotsy, Tsipala mena, Tsiraka, Japonais lava taho*) soit avec une des 2 variétés à cycle moyen (*Madrigal, Japonais telovolana*)

- Le riz de troisième saison (RI-3) est pratiqué soit avec une variété à cycle court, *Telovolana*, soit avec une des 4 variétés photosensibles, pour être sûr que la culture arrive à maturité avant la chute des températures qui risque de provoquer la stérilité des épillets.
- Le riz pluvial est pratiqué avec une des 2 variétés de riz pluvial, *Mavokely* et *Fotsy*.

Chaque exploitation possède 2 à 4 variétés en fonction des types de riziculture qu'elle pratique et le nombre de types variétaux spécifiques que cela demande.

4.4.2.2.2 Village de Mananety Vohitra (N°17), situé à 1720m d'altitude

Les 6 exploitations disposaient de 16 variétés différentes alors qu'elles ne pratiquaient que les rizicultures RI-2 et RP. Le classement des variétés était fait par type de riziculture et, pour la RI-2, en fonction de la longueur du cycle et de la hauteur de la plante pour tenir compte du niveau et de la durée d'inondation des parcelles.

- Le RI-2 est pratiqué :
  o En parcelles peu inondées avec 2 variétés de cycle et taille courte : *Botra kely* et *Rojokirina*.
  o En parcelles d'inondation moyenne avec des variétés de cycle court (*Kalamavony* et *Rojo mena*) et moyen (*Mavokely*) mais toutes de taille moyenne.
  o En parcelles inondées sous des lames d'eau importantes avec des variétés de cycle court (*Molotry madama, Makalioka mena, Vary omby, Vary manga*) ou moyen (*Mijoroa mba hijery, Vary botra, Tsy takatrakoho*) mais toutes de taille haute.
- Le RP est pratique avec 6 variétés différentes : *Boda kely Botra kely, Lava rambo, Vary tanety* 1, *Vary tanety* 2 et *Vary tanety* 3.

Chaque exploitation ayant une rizière sous chacune des situations hydrologiques, a aussi au moins une variété pour chacune de ces situations. Mais les 6 exploitations enquêtées utilisent rarement la même variété pour une même situation hydrologique. De ce fait, le nombre total de variétés détenues est élevé. Les raisons avancées par les agriculteurs sont très variées : résistance aux maladies pour les uns, caractéristiques du grain ou résistance à la grêle pour les autres. Mais il n'a pas été possible d'établir de lien objectif entre ces caractéristiques et les conditions de culture spécifiques à chaque agriculteur. Les raisons du maintien de cette diversité restent donc à être analysées de manière plus approfondie.

Le nombre de variétés de riz pluvial présentes dans les 6 exploitations est aussi particulièrement important. Cette grande diversité est liée au fait que la riziculture pluviale est récente dans ce village (moins de 10 ans) comme dans toutes les zones d'altitude supérieure à 1500m de la région. Les agriculteurs sont encore dans une phase de découverte et d'apprentissage par rapport à la culture du riz pluvial. Par conséquent, ils multiplient les expériences en particulier pour le choix des variétés. C'est ainsi, par exemple, que l'une des 2 exploitations de grande taille utilise 2 variétés différentes de riz pluvial (*Lava rambo* et *Botra kely*) dans ses 3 parcelles de riz pluvial. Plus précisément, 2 parcelles de 0.16 et 0.04 ha y sont cultivées avec une variété qui a déjà été cultivée l'année précédente et pour laquelle l'exploitation dispose de semences (*Botra kely*) et une 3ème parcelle de 0.06 ha avec une variété qui n'a pas encore cultivée (*Lava rambo*) et dont les semences ont été achetées au marché.

4.4.2.2.3 Village de Tsarahonenana (N°32) situé à 1904m d'altitude

Les 6 exploitations disposent de 9 variétés différentes alors qu'elles ne pratiquent que la riziculture RI-2. Les critères de classification sont en premier lieu la taille de la plante en lien avec les conditions hydrologiques de la plaine; viennent ensuite la résistance aux maladies et le goût :

- Variétés à taille haute pour la zone basse de la plaine fortement inondée : *Rojo mena*, *Rojo fotsy*, *Rojomena Marie lava*, *Manga kely*
- Variétés à taille moyenne pour la zone moyenne de la plaine: *Vary grefy*
- Variétés de taille courte pour la zone haute de la plaine: *Latsidahy*, *Latsibavy*, *Botra kely*, *Botrakely menarirana*

Chaque exploitation ayant une parcelle dans chaque zone utilise une variété différente pour chaque zone. S'agissant d'un milieu très contraint en termes de température, de conditions hydrologiques et de pression des maladies, l'allocation des variétés aux parcelles semble assez stricte car dans chacune des 6 exploitations, les mêmes variétés ont été cultivées sur les mêmes parcelles pendant 4 années consécutives sur lesquelles a porté l'enquête.

La principale maladie du riz sévissant dans cette plaine est la pourriture brune des gaines causée par *Pseudomonas fuscovaginae*, ainsi que secondairement une maladie cryptogamique, la pyriculariose, causée par *Magnaparthe oryzae*. Les variétés *Botra kely*, *Botrakely menarirana* sont considérées par les agriculteurs comme les plus résistantes aux maladies. C'est sur la base de ce critère qu'elles se distinguent des autres dans la classification hiérarchique des variables ayant servi à établir les profils variétaux par les agriculteurs. Les variétés *Latsidahy* et *Latsibavy* sont les plus appréciées par les agriculteurs sur le plan gustatif. Elles sont par ailleurs mondialement connues pour leur grande tolérance au froid.

4.4.2.2.4 Conclusion

Globalement, l'étude de l'utilisation de la diversité variétale au niveau des 18 exploitations des 3 villages confirme les déterminants de la diversité variétale que nous avions identifiés par l'analyse des données régionales.

- L'importance des contraintes liées à l'altitude qui (1) conditionne le type de système de culture et (2) impose en zone de haute altitude un choix variétal strictement lié à l'adaptation aux basses températures.
- La pratique de la riziculture pluviale qui fait systématiquement appel à un type variétal particulier d'introduction très récente dans la région ;
- Les types de riziculture irriguée pratiqués qui nécessitent une diversité de longueur de cycle et de sensibilité à la photopériode, une notion bien connue des riziculteurs.

De plus, les études de cas révèlent qu'au moins 3 autres facteurs jouent un rôle important dans la diversité variétale maintenue au niveau de l'exploitation, du moins celles qui ne sont pas soumises au choix variétal strictement dicté par l'adaptation aux basses températures. Il s'agit, dans l'ordre d'importance :

- des conditions hydrologiques de la rizière : essentiellement, la variété sera choisie en fonction de sa hauteur liée à celle de la lame d'eau ;
- de la pression des maladies : la variété sera choisie en fonction de sa résistance déterminée empiriquement ;
- des qualités gustatives, critère culturel et subjectif par excellence.

Cependant, si ces facteurs permettent de comprendre le nombre de variétés maintenues au niveau de l'exploitation, ils ne peuvent pas expliquer à eux seuls l'importance du nombre de variétés maintenues au niveau du village. Pourquoi, dans des conditions quasi identiques toutes les exploitations n'utilisent-elles pas les mêmes variétés ? Ceci laisse supposer que des critères de choix supplémentaires plus subtils ou plus subjectifs existent au niveau des exploitations, auxquels notre enquête « profil variétal » n'a pas permis d'accéder.

4.4.2.3 Variété locale versus variété améliorée

4.4.2.3.1 La notion de variété locale et de variété non locale

Nous nous sommes appuyés sur la classification paysanne (appartenance ou non au groupe de « riz des ancêtres », *Varin-drazana*) pour classer les variétés présentes dans chaque village en deux catégories : « variété locale » (VL), qui correspond au qualificatif *Varin-drazana*, et « variété améliorée » (VA), qui correspond aux variétés qui ne sont pas considérées comme locales, et qui est le qualificatif le plus couramment utilisé dans la littérature pour désigner les variétés issues de processus formels de sélection pas des institutions spécialisées. Nous n'attachons au qualificatif « amélioré » aucune signification de « supériorité » par rapport aux variétés locales.

L'examen des noms des variétés qualifiées de non-locales par les agriculteurs conforte cette classification. Ces noms sont, en général, soit des indicateurs sans réserve de leur origine étrangère (*Chine be, Chine kely, Japonais, Japonais lavataho, Java, Rochelle, Jean-Pierre, Congo, X 265, Madrigal 1632*, par exemple), soit comportent un adjectif caractérisant la petite taille de la plante *kely* (petit), *zaza* (enfant*)*, ou sont de cycle court (*telovolana*, trois mois) ; or ces caractéristiques sont rares chez les variétés non améliorées.

Il en est de même de l'examen de l'ancienneté des variétés dans les villages (Tableau 4-5) qui conforte cette distinction. Les VL ont une présence plutôt ancienne, les VA une présence plus récente. Le petit nombre de VL de faible ancienneté indique que celles-ci continuent à circuler et à faire l'objet d'échanges entre villages. L'importance du nombre de VA d'ancienneté supérieure à 10 ans montre que les efforts de vulgarisation de ces variétés remontent loin dans le temps. En fait, ces efforts ont été particulièrement importants entre les années 70s et 90s.

Nous considérons donc que toutes les variétés non locales sont passées d'une manière ou d'une autre par un circuit formel de création, sélection et diffusion de nouvelles variétés et peuvent donc être qualifiées de variétés améliorées.

Tableau 4-5: Distribution des 306 accessions de riz irrigué collectées, selon leur type : variété locale ou améliorée et selon l'ancienneté de leur présence dans les 32 villages d'étude.

Ancienneté dans le village	Type de variété			
	« Locale »	« Améliorée »	Total	%
Inférieure à 10 ans	10	23	33	10.8
10 à 50 ans	66	39	105	34.3
Plus de 50 ans	159	9	168	54.9
Total	235	71	306	100

Sachant avec quasi-certitude que les variétés de riz pluvial sont toutes améliorées, elles n'ont pas été intégrées dans cette analyse.

4.4.2.3.2 Utilisation des variétés locales et améliorées de riz irrigué

Parmi les 306 accessions de riz irrigué collectées, 78% sont des VL et 22% des VA. La répartition géographique des VA n'est pas homogènes et varie de manière significative ($r^2 = 0.317$; $p<0.031$) en fonction de l'altitude. La proportion des VA passe de 30% du total en zones d'altitude inférieures à 1500m, moins de 20% aux altitudes supérieures (Tableau 4-6). Neuf villages n'ont aucune variété améliorée, sept d'entre eux sont situés à des altitudes supérieures à 1500m (Figure 4-7). La corrélation entre le nombre de VA et la distance par rapport à une route carrossable est de $r^2 = 0.003$, ($p=0.765$) ; la présence de VA dans les villages ne semble donc pas liée à leur niveau d'enclavement. Il ne semble pas non plus y avoir de lien entre la distance des villages par rapport au chef-lieu de région, la ville d'Antsirabe, où se trouve le siège des organisations impliquées dans la vulgarisation agricole.

Tableau 4-6: Répartition des types de variété, locale ou améliorée, par classe d'altitude, pour la riziculture irriguée.

Type variétal et fréquence d'utilisation	Classe d'altitude (m)				
	<1250	1250-1500	1500-1750	>1750	Effectif total
Local (%)	21	20	45	14	235
Amélioré (%)	30	39	18	13	71
Effectif total	71	75	118	42	306

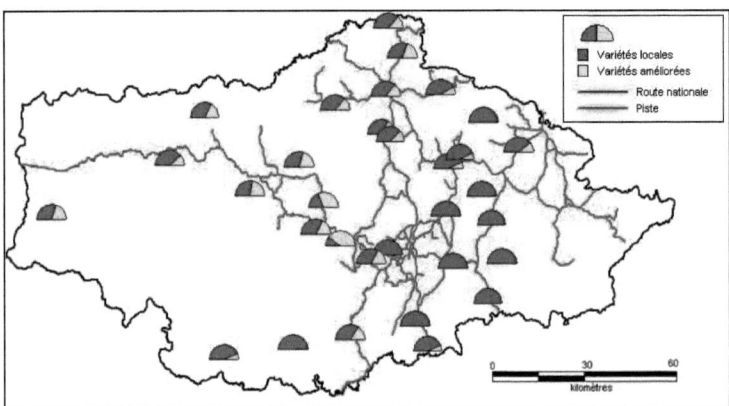

Figure 4-7: Part relative des variétés locales et améliorées dans le portefeuille de variétés de riz des 32 villages d'étude de la région de Vakinankaratra.

Un village présente un niveau particulièrement élevé de VA. Il s'agit d'*Andranomafana* (N°2) situé à 1318m d'altitude dont 11 variétés sur un total de 13 sont des VA. Et celles-ci sont utilisées par plus de 80% des exploitations. Il s'agit d'un village de la localité de Betafo c'est-à-dire se trouvant sur des sols volcaniques très fertiles. De plus, il est situé à proximité d'une route nationale et a bénéficié de nombreux projets de développement agricole.

La proportion des exploitations qui, au sein de chaque village, utilisent des variétés améliorées est elle aussi fortement liée à l'altitude du village. Les variétés améliorées sont plus utilisées dans la zone de basse altitude (zone A) avec une fréquence moyenne de 48% des exploitations, tandis que dans les trois autres zones (B, C, et D) elles sont respectivement de 11%, 6%, et 18%.

4.4.2.3.3 Utilisation des variétés locales et améliorées de riz pluvial

Le cas des variétés de riz pluvial dans la région de Vakinankaratra est particulier dans la mesure où on sait qu'elles sont toutes d'introduction récente et issues de programmes formels de sélection conduits par le FOFIFA et le CIRAD. En effet, les premières variétés de riz pluvial ont été introduites dans les zones basses (inférieures à 1250m) de la région dans les années 70-80s, dans le cadre d'un programme d'amélioration variétale conduit à la station de Kianjasoa. Les premières variétés de riz pluvial d'altitude, (issues d'un nouveau programme de sélection conduit à partir de 1985, à Antsirabe, dans le cadre de projets financés par la Communauté européenne), ont été testées en milieu paysan à la fin des années 90s.

La diffusion très rapide de ces variétés qui répondaient au besoin d'extension des surfaces rizicultivées a été rapportée par ailleurs (Ahmadi, 2004). Cette diffusion semble s'être faite sur l'axe communication routière Est-Ouest, à partir de la ville d'Antsirabe où l'équipe de recherche était basée; le riz pluvial étant encore absent des villages du nord de la région (Figure 4-8). Par contre, il n'y a pas de lien entre le niveau d'enclavement et la présence de riziculture pluviale ($r^2 = 0.013$, $p=0.534$).

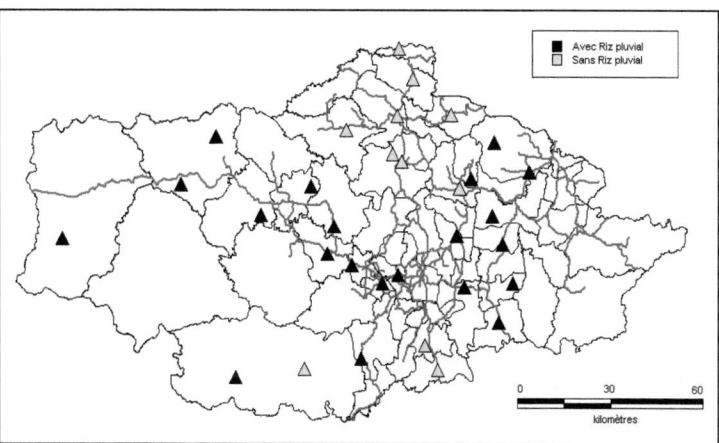

Figure 4-8: Distribution spatiale de la riziculture pluviale dans la région de Vakinankaratra illustrée par la présence ou non de cette culture dans les 32 villages d'étude.
Les lignes en rouge et rose indiquent les routes nationales et les pistes principales.

4.5 Dynamiques spatiotemporelles des variétés de riz

4.5.1 Dynamiques régionales, circulation des variétés entre villages

Nous ne traitons dans ce chapitre que l'aspect ancienneté des variétés et leur circulation entre villages. En effet, nous n'avions inventorié que les variétés présentes dans chaque village au moment de notre enquête en 2006 et nous n'avons donc pas aujourd'hui d'information sur d'éventuels abandons de variétés. De même, nous ne traitons que le cas des variétés de riz irrigué, celui des riz pluviaux ayant déjà été abordé plus haut.

Nous avons vu dans le Tableau 4-5 que, parmi les 306 accessions de riz irrigué collectées, seulement 11% ont une ancienneté inférieure à 10 ans et parmi celles-ci, 23% sont des variétés améliorées, 34% ont une ancienneté de 10 à 50 ans, et 55% une ancienneté de plus de 50 ans.

Les variétés de riz irrigué circulent donc très peu d'un village à un autre. Cette faible circulation est surprenante étant donnée la forte circulation des variétés de riz pluvial. Cette différence pourrait être liée à deux facteurs non exclusifs les uns des autres :

- Une plus faible ouverture des agriculteurs à l'innovation variétale en riziculture irriguée. En effet, celle-ci se rattache à l'esprit du village et des ancêtres, le fameux *fihavanana* qui favorise plutôt les échanges intra-village qu'inter-villages et explique que les habitants de chaque village ont un attachement particulier aux *Varin-drazana* : les variétés qui viennent de leurs propres ancêtres.

- La stabilité d'un système assez fermé, peu alimenté en innovation variétale et soumis à des contraintes agroécologiques très sélectives. En effet, il semble que les habitants de chaque village ont accumulé de manière collective de nombreuses expériences d'introduction, de tests d'adoption et de rejet de nouvelles variétés. En l'absence de nouvelles variétés venant de l'extérieur de la région, il leur est de plus en plus difficile de trouver de nouvelles variétés plus performantes que celles qu'ils possèdent déjà et les nouvelles adoptions se font de plus en plus rares.

Il est aussi à noter que les échanges de variétés de riz à l'occasion des mariages sont rares. Par exemple, la mariée n'amène pas avec elle des semences et donc des variétés de riz chez son mari, comme cela est rapporté dans beaucoup d'agrosystèmes traditionnels.

4.5.2 Dynamique intra-village

Si la circulation des variétés entre villages semble assez faible, celle à l'intérieur du village, entre les exploitations, est beaucoup plus importante. En effet, l'enquête sur le nombre de variétés différentes avec lesquelles 58 parcelles, appartenant à 18 exploitations de 3 villages situés dans 3 zones d'altitudes différentes, ont été cultivées pendant 4 années consécutives, fait état d'un turnover assez important. Sur quatre ans, le mouvement, ou « rotation des variétés » est en moyenne de 2.6 pour chacune des 21 parcelles du village à 1318m d'altitude, de 2.0 pour les 18 parcelles du village à 1720m d'altitude, et de 1.3 pour les 19 parcelles du village à 1904m d'altitude. Les différences entre villages sont liées en partie à la diversité des types de riziculture et en partie à la diversité dans la pratique de « rotation des variétés ». La « rotation des variétés » se fait pour l'essentiel (plus de 80%) avec les variétés du village.

Cette pratique est justifiée par le *laony ny tany*, littéralement « le sol en a marre ». Le changement de variété permettrait de revivifier le sol. Le retour aux variétés cultivées par le passé est fréquent mais un agriculteur donné ne conserve pas dans sa propre exploitation toutes les variétés qu'il cultive année après année. Lorsqu'il veut revenir sur une variété, il se procure les semences dans le village, dans l'ordre : chez ses parents, ses frères et sœurs, et chez ses amis. Tout se passe comme si les variétés n'appartenaient pas à des individus mais à la communauté villageoise dans sa totalité. La communauté aurait un portefeuille de variétés dans lequel chaque agriculteur puiserait un petit nombre, chaque année, et que chaque agriculteur réalimenterait, chaque année, à travers des échanges avec d'autres agriculteurs du village. Et c'est cette circulation des variétés entre exploitations qui assurerait le maintien des variétés dans le village.

Etant donné le nombre de variétés par village, une dizaine, le nombre de variétés par exploitation, de l'ordre de 3, et le nombre d'exploitations par village, une soixantaine en moyenne, ce modèle de fonctionnement assure une bonne résilience du système dans la mesure où, à un moment donné, chaque variété est détenue, en moyenne, par 18 exploitations. Mais nous avons vu (cf. 4.4.1) qu'au sein d'un village, le nombre d'agriculteurs qui cultivent chaque variété est très variable d'une variété à une autre et qu'il existe des variétés majeures cultivées par un grand nombre d'agriculteurs et des variétés mineures cultivées par un petit nombre d'agriculteurs. Dans ces conditions, les variétés mineures courent de bien plus grands risques de disparition ; en fait, le risque est proportionnel à l'importance de leur utilisation.

Bien que nous n'ayons pas spécifiquement traité cette question de disparition des variétés, nous avons eu deux types d'indice : (i) les personnes âgées ont le souvenir des variétés qu'ils jugeaient « meilleures » et « productives » mais qu'on ne trouve plus dans le village, et (ii) lors de la présente étude, nous n'avons rencontré aucun représentant de la famille variétale *vary lava* dont la présence dans la région par le passé est attestée par leur collecte et enregistrement dans la collection nationale des variétés de riz détenue par le FOFIFA.

Nous considérons cependant que les cas de disparition de variétés de riz restent peu nombreux et que le schéma de circulation des variétés entre les exploitations d'un village que nous avons proposé ci-dessus ne s'applique, probablement, qu'aux variétés majeures et à celles à taux d'utilisation intermédiaire. Les variétés mineures, du fait de leur valeur sélective particulière, seraient gérées différemment. Le taux élevé (80%) d'auto-approvisionnement en semences des exploitations (cf 4.7) conforte cette vision.

4.6 Système de nomination vernaculaire des variétés de riz

A Madagascar, la diversité des noms des variétés de riz a attiré l'attention des lettrés dès le 19ème siècle ; le dictionnaire malgache - français d'Abinal & Malzac (1888) traduisait déjà quelques appellations des variétés de riz. Peltier (1970), qui a procédé à l'inventaire des « dénominations variétales du riz cultivé à Madagascar », a identifié plus de 400 noms et a subdivisé ces dénominations en 3 grandes catégories : (i) les dénominations qui se rapportent aux saisons de culture et à l'écosystème (irrigué / pluvial) rizicole, (ii) celles qui se rapportent aux caractéristiques de la plante, et (iii) celles qui se rapportent à l'origine géographique de la variété, aussi bien à l'intérieur de Madagascar qu'à l'extérieur.

Les caractéristiques de la plante auxquelles se rapportent le plus souvent les noms sont, d'une part, les caractéristiques du grain (forme et dimensions de l'épillet, coloration des épillets, aristation de l'épillet, coloration du caryopse, résistance à l'égrenage, exertion de la panicule, etc.), et d'autre part la durée du cycle. Cette caractéristique concerne uniquement les variétés à cycle court, aucun nom ne se rapportant à un cycle long ou à la photosensibilité. Quelques noms se rapportent aussi aux caractéristiques de la feuille ou de la tige (port, résistance à la verse, tallage). Peltier (1970) a aussi constaté que : (i) un grand nombre de variétés portaient un nom composé de 2 mots, se rapportant, le premier, au format de l'épillet, et le second, soit à la couleur de l'épillet, du caryopse ou d'autres parties de la plante (ex : *Tsipala-fotsy* = épillet long et fin – caryopse blanc), soit à la longueur du cycle (ex : *Tsipala-malady* = épillet long et fin – cycle court), et (ii) c'est parmi les variétés à grain peu allongé et relativement large (ratio longueur / largeur du caryopse <3) que l'on observe la plus grande diversité de noms composés. Il attribue l'importance de la place des caractéristiques de l'épillet et du cycle dans la nomination des variétés de riz à : (i) la grande héritabilité de ces caractères, et (ii) à une introduction plus récente des variétés à grain peu allongé et relativement large et des variétés à cycle court.

Nous allons décrire ici le système de nomination paysanne des variétés de riz dans la région de Vakinankaratra et voir dans quelle mesure : (1) le système remplit sa fonction de descripteur sans équivoque dans les échanges de semences et de variétés entre agriculteurs, et (2) les noms de variété constituent de bons indicateurs pour l'évaluation et la gestion de la diversité *in situ* du riz dans la région de Vakinankaratra. Pour ce faire, nous allons d'abord décrire le système de nomination en vigueur puis analyser la consistance des noms des variétés et des familles vernaculaires au regard des données phénotypiques et génotypiques que nous avons rassemblées.

4.6.1 Systèmes de nomination

4.6.1.1 Cas des variétés de riz irrigué

Nous avons vu plus haut que parmi les noms des 306 accessions de riz irrigué collectées dans les 32 villages d'étude, 134 noms distincts ont été identifiés. Ces noms peuvent être classés en six types : (i) noms issus du système formel de création et diffusion de variétés, (ii) noms décrivant des caractères agronomiques ou morphologiques de la variété, (iii) noms correspondant au nom d'un lieu, d'un endroit ou d'un pays, (iv) noms correspondant au nom d'une personne, (v) noms correspondant au nom d'une espèce de plante, et (vi) noms sans signification précise considérés comme noms propres des variétés de riz. Les noms relatifs aux caractères agronomiques ou morphologiques de la plante sont très largement dominants (57% du total), viennent ensuite les noms sans signification précise (Tableau 4-7).

Une partie de ces noms, en particulier ceux relatifs aux caractéristiques agro-morphologiques ont une notoriété nationale et font partie de familles vernaculaires connues aussi dans d'autres régions du pays. Cinq familles vernaculaires principales ont été identifiées: *Botra, Tsipala, Rojo, Manga, Fotsikely* (Tableau 4-8). Les variétés appartenant à ces familles ont des noms composés d'au moins deux mots : le premier indique la famille, le second (qualificatif) indique une des caractéristiques importantes de la variété.

La distribution spatiale des cinq familles vernaculaires n'est pas identique. En particulier, il y a une dichotomie entre la famille des *Rojo* et celle des *Tsipala*. Les *Rojo* se trouvent dans la partie est de la région, d'altitude supérieure à 1250m, tandis que les *Tsipala* dominent dans la partie ouest, de basse altitude (Figure 4-9). Certains noms occupent une zone bien déterminée. Par exemple, les variétés *Latsika* ne se trouvent que dans la zone la plus haute (Ambohibary, Faratsiho et Vinaninony), le *Rabodohavana* seulement dans la zone sud-est, le *Harongana* dans la partie sud, le *Telorirana* au nord-est et le *Rové* en zones de basse altitude du moyen-ouest (Figure 4-10). Ces répartitions contrastées confirment le fait que les noms vernaculaires des familles recouvrent eux aussi des caractéristiques agronomiques mais que celles-ci concernent des aspects plus larges d'adaptation agro-environnementale.

Certaines variétés sont très spécifiques à un ou quelques sites, et les agriculteurs affirment qu'elles appartiennent spécifiquement à leur village et pas aux villages voisins. Nous ne disposons pas de données sur les spécificités adaptatives de ces variétés à ces villages, mais leur forte proportion laisse supposer l'existence de critères plus subtils de nomination et d'agencement spatial des variétés qui mériteraient d'être étudiés.

Tableau 4-7: Importance relative des 6 catégories de nom des 306 accessions de riz irrigué collectées dans 32 villages de la région de Vakinankaratra.

Type de nom	Exemple	%
Officiel	X 265, X 12	2
Caractère agronomiques ou morphologiques	*Telovolana, Tsy mihoatahalaka, Tsy takatrakoho, Malady, Boing, Mijoroa mba hijery, Latsika, Telorirana, Bota kely, Manga taho, Kalabory*	57
Lieu	Ambalalava, Kalamavony, Laniera	8
Personne	Ra-jean Louis, Ingahy Roma, Rochelle	3
Espèce de plante	Harongana, Voaloboka, Voasary	3
Sans signification précise	Tangongo, Kalilatra, Rabodohavana, Vary gona	27

Tableau 4-8: Principaux qualificatifs rattachés aux 5 familles de noms vernaculaires des variétés de riz irrigué de la région de Vakinankaratra.

Famille vernaculaire	Signification du nom	Qualificatif majeur	Nombre d'accessions
Botra	Rond	*Botra kely, botra mavo, botra mena, botra mangamaso, botra mangavava*	31
Tsipala	Long	*Tsipala mena, tsipala fotsy, tsipala bararata, tsipala be, tsipala manarivo, tsipala fasika*	24
Rojo	Collier	*Rojo mena, rojo fotsy, rojo mangavava, rojo be, rojo kirina*	28
Manga	Bleu	*Manga kely, Manga somotra, Manga taho, Manga taolana*	18
Fotsikely	Petit blanc	*Fotsikelin'ankaratra*	15

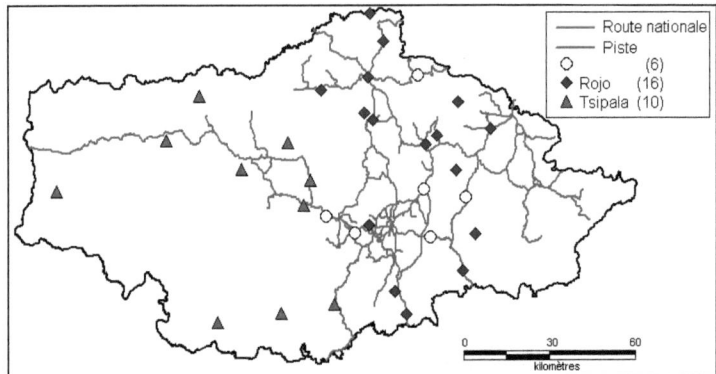

Figure 4-9: Distribution géographique des familles vernaculaires de variétés de riz à vocation régionale (*Rojo* et *Tsipala*) dans la région de Vakinankaratra.
Blanc signifie qu'il n'y a pas ni *Rojo* ni *Tsipala*.

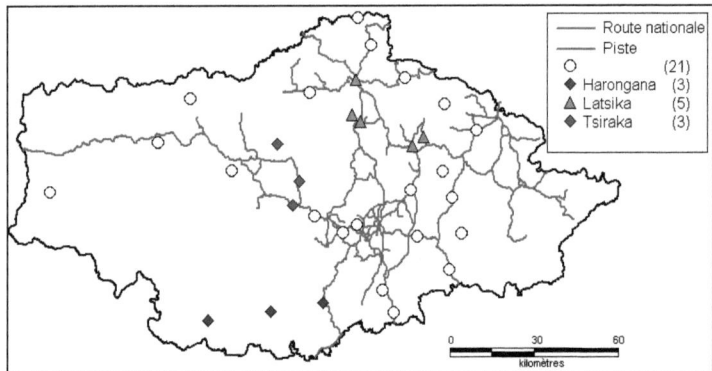

Figure 4-10: Distribution géographique des familles vernaculaires de variétés de riz à vocation locale (*Harongana*, *Latsika* et *Tsiraka*) dans la région de Vakinankaratra.
Blanc signifie qu'il n'y a ni *Harongana*, ni *Latsika*, ni *Tsiraka*.

4.6.1.2 Cas des variétés de riz pluvial

Les variétés de riz pluvial offrent une opportunité particulière d'analyser le processus d'attribution de nom aux variétés par les agriculteurs. En effet, alors que la diffusion de ces variétés s'est faite initialement avec des noms donnés par l'équipe des chercheurs obtenteurs, noms composés du sigle « FOFIFA » suivi de chiffres (62, 64, 116, 133, 151, 152, 154, ...), on les retrouve aujourd'hui dans les villages avec de nouveaux noms malgaches (*Boda madinika, Boing, Botra kely, Botry fotsy, Danga, Fotsikely, Rajean Louis, Lava rambo, Mavokely, Rové, Telovolana*), ou tout simplement l'appellation générique *Vary an-tanety*, littéralement riz de colline ou de versant par opposition à la riziculture irriguée de plaines et de bas-fonds. Ces noms se rapportent aux caractéristiques suivantes :

- Format du grain (*Bota, Botra, Boda*)
- Couleur du grain (*Fotsikely, Mavokely*)
- Aristation (*Lava rambo*)
- Hauteur de la plante (*Botry*)
- Longueur du cycle (*Telovolana, Boing*)

Le processus de nomination est le suivant : quand une variété arrive dans un village sans nom précis, les premiers cultivateurs donnent un ou des noms (provisoires) relatifs aux caractéristiques du grain, de la hauteur de la plante ou de la longueur de son cycle. Un de ces noms (provisoires), celui qui est le plus représentatif des particularités de la variété, se propage dans le village au fur et à mesure que la variété diffuse.

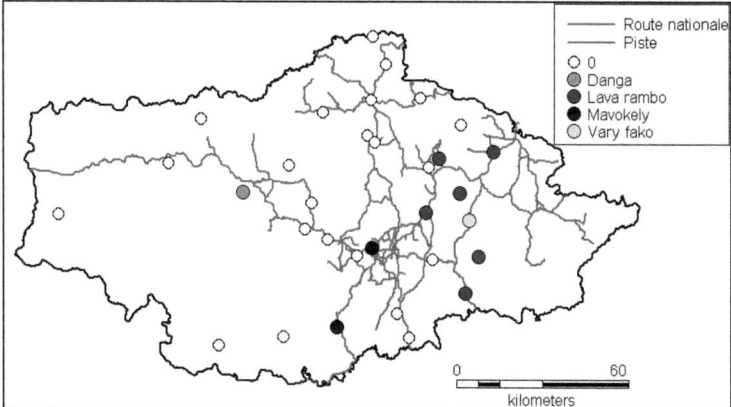

Figure 4-11: Distribution spatiale des 10 villages de la région de Vakinankaratra où la variété de riz pluvial FOFIFA 154 est présente et a été baptisée avec des noms malgaches par les agriculteurs.

Par exemple, la variété FOFIFA 154, diffusée au début des années 2000s, qui est facilement reconnaissable pour l'équipe de recherche du FOFIFA, porte déjà au moins 4 noms : *Lava rambo* dans 6 villages, *Mavokely* dans 2 villages, *Danga* et *Vary fako* dans un village (Figure 4-11).

Ces nominations seraient liées au fait que les agriculteurs n'auraient pas eu connaissance du nom officiel de la variété (*Ravokatra*, ou FOFIFA 154), car sa diffusion se fait, pour l'essentiel, de manière informelle et l'approvisionnement en semences se fait pas échanges entre agriculteurs ou achats sur les marchés villageois. La distribution géographique des 10 villages qui hébergent la variété FOFIFA 154 laisse supposer que cette diffusion s'est faite de 2 manières :

- Les 6 villages (n° 12, 13, 14, 23, et 17, 18) où la variété porte le nom *Lava rambo*, sont proches (distance moyenne : 27km, distance max : 49km, distance min : 13km). L'homonymie pourrait être liée à une diffusion séquentielle (du moins non indépendante) de la variété d'un village à un autre et le nom aurait suivi.

- Les villages (n°7, n°10, n° 21) où la variété a d'autres noms se trouvent éloignés du groupe des 6 villages et sont éloignés les uns des autres (distance entre n°7 et n°10 : 56km ; entre n°7 et n°21 :64 km). La diffusion s'est probablement faite en parallèle et de manière indépendante, donnant lieu à des nominations différentes.

Il serait intéressant d'approfondir cette analyse pour vérifier si une diffusion en parallèle et des nominations indépendantes peuvent aboutir à de l'homonymie et ce, dans quelles conditions.

4.6.2 Homonymie et consistance des noms entre villages

Le terme « consistance » désigne ici le niveau de correspondance entre les caractéristiques phénotypiques et génotypiques de lots de semences ou d'accessions d'une variété collectées dans des villages différents ou chez différents agriculteurs d'un même village.

Parmi les 134 noms distincts inventoriés pour les 306 accessions de riz irrigué, 64% sont uniques, enregistrés seulement une fois, dans un seul village, 17% ont été rencontrés dans deux villages, et 9% dans plus de cinq villages. Parmi les quatre noms les plus enregistrés, trois sont de type composé et se rapportent aux caractéristiques du grain *Rojo mena* (enregistré à 13 reprises), *Fotsy kely* (13), *Botra kely* (10), le quatrième est un nom simple se rapportant à la durée du cycle de la plante, *Telovolana* (9).

L'examen des caractéristiques phénotypiques d'accessions homonymes, issues de notre caractérisation agro-morphologique au champ, montre (Tableau 4-9) que ces accessions ne sont identiques ni pour le ou les caractères auxquels se rapportent leur nom, ni pour les autres caractères examinés. Par exemple, parmi les 13 accessions *Rojo mena*, les coefficients de variation des caractères relatifs au format du grain sont du même ordre de grandeur que ceux observés pour l'ensemble des 306 accessions de riz irrigué; il en est de même pour un autre caractère important : la hauteur de la plante. Ainsi, le nom *Rojo mena* désigne des entités phénotypiques assez différentes dans les 13 villages; il n'est donc pas consistant pour les caractères phénotypiques considérés.

La comparaison des génotypes des accessions homonymes aux 14 loci SSR (Figure 4-12) confirme l'inconsistance des noms puisque les accessions de même nom n'ont pas les mêmes génotypes. L'examen de leur position par rapport à la diversité génétique des 306 accessions de riz irrigué (Figure 4-13) montre que le même nom peut désigner des entités appartenant à des groupes génotypiques très différents.

Tableau 4-9: Variabilité phénotypique au sein de groupes d'accessions homonymes.

	N		Cycle (J)	HP (cm)	PMG (g)	LoG (mm)	LaG (mm)	LoG/LaG
Ensemble des accessions	306	Moy	122.3	95.7	26.6	8.5	3.0	2.8
		SD	14.5	14.7	3.4	0.9	0.2	0.4
		CV	11.9	15.3	12.9	10.4	7.1	14.6
Rojo mena	13	Moy	118.8	102.4	28.2	**9.1**	**3.0**	**3.0**
		SD	3.4	12.1	2.3	0.5	0.2	0.3
		CV	2.9	11.9	8.1	5.8	6.3	10.6
Botra kely	10	Moy	125.1	100.2	25.3	**7.4**	**3.1**	**2.4**
		SD	9.8	20.8	7.0	0.8	0.1	0.3
		CV	7.8	20.7	27.6	11.4	2.4	13.7
Fotsy kely	13	Moy	120.3	**98.9**	26.6	8.6	2.9	2.9
		SD	5.1	**14.1**	2.3	0.4	0.2	0.2
		CV	4.2	14.3	8.5	4.5	5.9	5.9
Telovolana	9	Moy	**114.6**	99.2	28.9	8.0	3.2	2.5
		SD	**5.7**	11.1	1.3	0.4	0.1	0.1
		CV	**5.0**	11.2	4.6	5.2	1.8	5.8

N : effectif ; Moy : moyenne ; SD : écart-type; CV : coefficient de variation ; Cycle : repiquage-maturité ; HP : hauteur de la plante ; LoG : longueur du grain ; LaG : largeur du grain. Les chiffres en gras indiquent les caractères auxquels leur nom se rapporte en premier lieu.

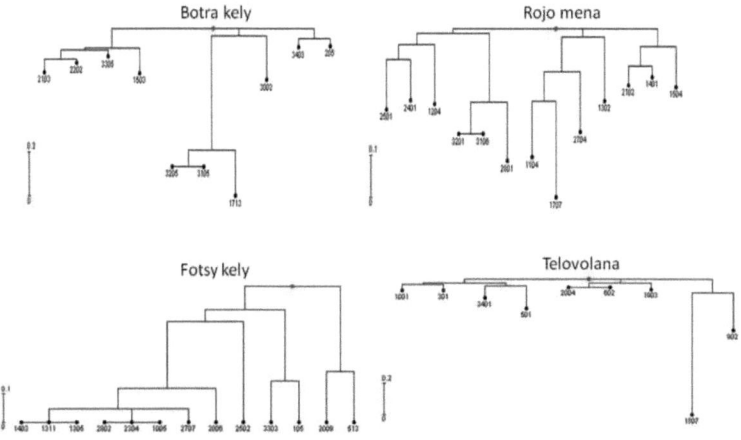

Figure 4-12: Dendrogrammes « Neighbor joining » de 4 groupes d'accessions homonymes construits à partir des distances « simple matching » des génotypes aux 14 loci SSR. Chaque point représente une accession.

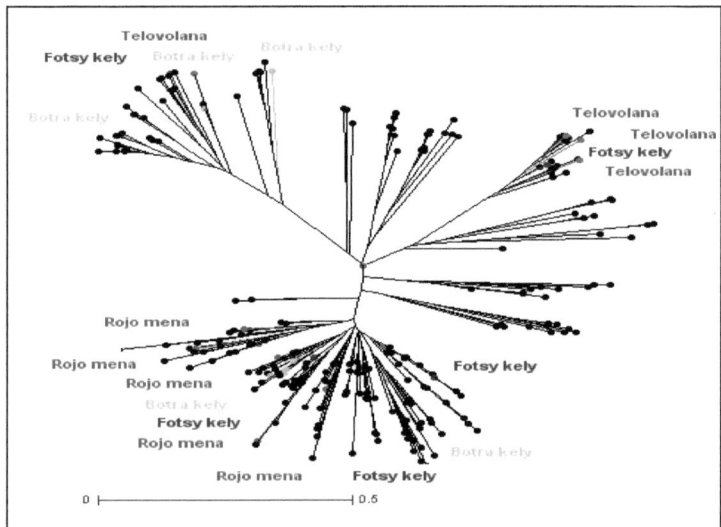

Figure 4-13: Arbre « Neighbor joining » non-enraciné des 306 accessions de riz construit à partir des distances « simple matching » des génotypes aux 14 loci SSR. Seuls les noms des 4 groupes d'accessions homonymes sont indiqués.

4.6.3 Consistance des noms de familles vernaculaires

Pour cette analyse nous avons retenu les 3 grandes familles vernaculaires (*Botra*, *Rojo*, *Tsipala*) largement présentes dans la région de Vakinankaratra et reconnues sur la base du format de l'épillet, ainsi que 2 autres groupes de noms composés se rapportant en premier à une couleur (*Fotsy* et *Manga*).

4.6.3.1 Consistance phénotypique des noms de familles vernaculaires

Le Tableau 4-10 donne les caractéristiques des épillets des 3 familles vernaculaires ainsi que la durée de leur cycle et leur hauteur. Comme attendu, les trois familles vernaculaires, *Botra*, *Rojo* et *Tsipala*, se distinguent assez nettement les unes des autres pour le format du grain, en particulier le rapport longueur/largeur (Figure 4-14) ; la famille *Tsipala* se distingue, de plus, par un cycle beaucoup plus long. Par contre, aucun des 5 caractères considérés ne permet de séparer sans équivoque les groupes *Fotsy* et *Manga*, en particulier par rapport au groupe *Rojo*. La coloration anthocyanée des organes (*Manga*) et blanche (*Fotsy*) du caryopse servant de base à la nomination de ces deux groupes a un pouvoir discriminant limité dans la mesure où des formes anthocyanées ou à caryopse blanc sont présentes dans toutes les familles vernaculaires. De plus, même la prise en compte de la coloration ne semble pas strictement observée ; en effet, parmi les 18 accessions du groupe *Manga* seulement 13 ont un apex coloré et une tige anthocyanée.

Les trois familles vernaculaires ne sont pas, elles non plus, strictement homogènes pour le format du grain et comportent quelques « hors-types » (Figure 4-15). Les deux accessions hors-types *Tsipala* qui ont des grains plus courts portent les qualificatifs complémentaires de petit « *kely* » (*Tsipala kely*) et ronde « *botra* » (*Tsipala botra*). Leur rattachement à la famille

Tsipala est vraisemblablement lié au fait que *Tsipala* est aussi le nom d'une saison de culture du riz, celle des riz de cycle long pendant la saison des pluies sur la côte sud-ouest. Le premier mot du nom se référant à la saison de culture, le deuxième mot vient préciser les caractéristiques de format du grain. Les hors-types de la famille *Botra* sont des variétés améliorées, non photosensibles et à cycle moyen cultivées en zone de basse altitude; c'est probablement de ce fait qu'elles n'ont pas été nommées et classées parmi les *Rojo* et *Tsipala* malgré leur format de grain.

Ainsi, la consistance phénotypique des noms de familles vernaculaires et de groupes définis sur la base de la couleur des organes est loin d'être parfaite.

4.6.3.2 Consistance génotypique des noms de familles vernaculaires

La figure 4-14 montre la distribution des 3 noms de familles vernaculaires et des 2 noms de variété très fréquents, sur l'arbre « Neighbor joining » non-enraciné des 349 accessions de riz construit à partir des distances « simple matching » de leur génotype aux 14 loci SSR.

Les accessions de la famille *Tsipala* sont distribuées dans les groupes génotypiques Gg2 et Gg3. Les accessions de la famille *Botra* sont réparties dans les Gg1 et Gg3. La majorité des accessions de la famille *Rojo* se trouvent regroupées dans Gg3 ; les 3 accessions de *Rojo* positionnées dans le groupe Gg1 ont été collectées dans des villages d'altitude à plus de 1800m et portent le nom *Rojo kirina*. La consistance génotypique de ces trois noms de famille vernaculaire est assez imparfaite.

Les accessions des deux groupes de noms basés sur la coloration des organes ou du caryopse se répartissent, elles, de manière aléatoire dans les trois groupes génotypiques. Ces groupes n'ont donc aucune consistance génotypique.

Tableau 4-10: Variabilité phénotypique au sein des familles vernaculaires de riz dans la région de Vakinankaratra.

	N		Cycle (J)	HP (cm)	PMG (g)	LoG (mm)	LaG (mm)	LoG/LaG
Ensemble des accessions	306	Moy	122.3	95.7	26.6	8.5	3	2.8
		SD	14.5	14.7	3.4	0.9	0.2	0.4
Botra	31	Moy	122.9	103.3	23.4	7.2	3.1	**2.3**
		SD	7.8	14.4	4.6	0.6	0.1	0.2
Rojo	28	Moy	118.5	99.9	28	9	3	**2.9**
		SD	3.5	11.9	2.5	0.5	0.2	0.3
Tsipala	24	Moy	155.4	98.8	23.6	8.8	2.8	**3.2**
		SD	11.4	8.9	2.3	0.9	0.2	0.5
Fotsikely	15	Moy	119	100.3	26.4	8.6	2.9	2.9
		SD	5.9	13.2	2.2	0.4	0.2	0.2
Manga	18	Moy	118.2	105.5	28.2	9	3	3
		SD	4.5	9.8	2.8	0.7	0.2	0.4

N : effectifs ; Moy : moyenne ; SD : écart-type; Cycle : repiquage-maturité ; HP : hauteur de la plante ; LoG : longueur du grain ; LaG : largeur du grain. Les chiffres en gras indiquent les caractères auxquels leur nom se rapporte en premier lieu.

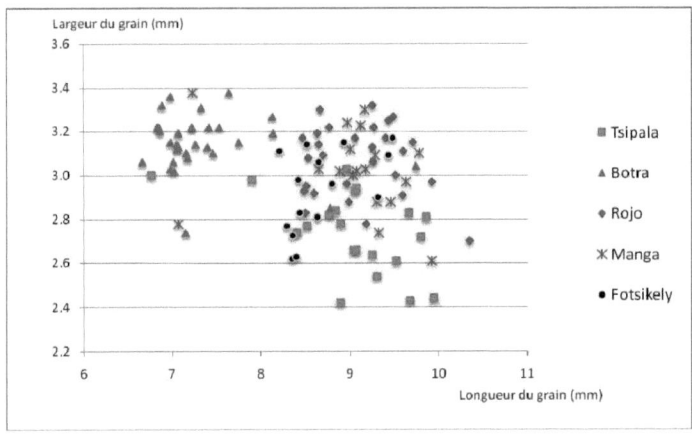

Figure 4-14: Longueur et largeur des grains des accessions de riz appartenant à 3 familles vernaculaires, *Botra*, *Rojo* et *Tsipala* définies sur la base du format du grain et de 2 groupes définis sur la base de la coloration *Manga* et *Fotsikely* des organes ou du caryopse.

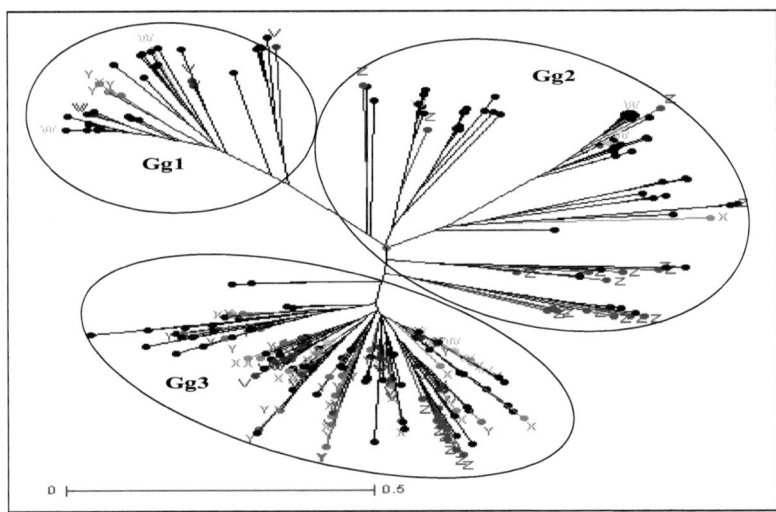

Figure 4-15: Position des accessions appartenant aux cinq familles vernaculaires sur l'arbre « Neighbor joining » non-enraciné de 349 accessions de riz de la région de Vakinankaratra, construit à partir des distances « simple matching » de leur génotype aux 14 loci SSR.
V= *Botra*; Z=*Tsipala* ; Y=*Rojo* ; W=*Fotsikely* ; X=*Manga*.

4.7 Gestion des semences

4.7.1 Modes d'approvisionnement

Un système formel de production et de diffusion des semences a été mis en place par le Ministère de l'agriculture dans la région dans les années 60s pour la diffusion des variétés de riz irrigué développées par le FOFIFA, mais depuis au moins une dizaine d'années ce système n'est plus fonctionnel. Cependant, quelques paysans producteurs de semences continuent leur activité de manière informelle dans des centres de communes près des grandes plaines. La diffusion des variétés de riz pluvial a donné lieu à l'implication, à côté des équipes de recherche, d'organisations paysannes et d'ONG dans la production de semences. Mais ces implications restent fragiles et ne couvrent pas toute la région de Vakinankaratra. Le système semencier est donc, pour l'essentiel, informel : sans recours à des semences de base produites par la recherche, sans contrôle de la pureté variétale au champ par les services spécialisés de l'Etat et sans certification de la qualité des semences, les semences se vendent et s'échangent sans que le nom de la variété figure de manière écrite sur les lots de semences.

Notre enquête auprès des 1049 exploitations des 32 villages d'étude, indique que l'auto-approvisionnement est la principale source de semences, et concerne plus de 80% des exploitations enquêtées (Figure 4-16A). Vient ensuite l'échange entre exploitations du même village (15% des exploitations). Les achats sur le marché hebdomadaire communal et autres marchés ne représentent que 1.12% et 1.24%. Les échanges entre paysans de villages différents sont très faibles, seulement 0.48%. Il n'y a pas de différence significative entre les 32 villages d'étude pour les proportions des différentes sources d'approvisionnement en semences.

Le profil d'approvisionnement en semences du riz pluvial est différent de celui du riz irrigué. L'auto-approvisionnement est beaucoup moins important pour le riz pluvial (51%) et 27% des exploitants ont recours à l'achat de semence au marché, faute d'autres choix (Figures 4-16B).

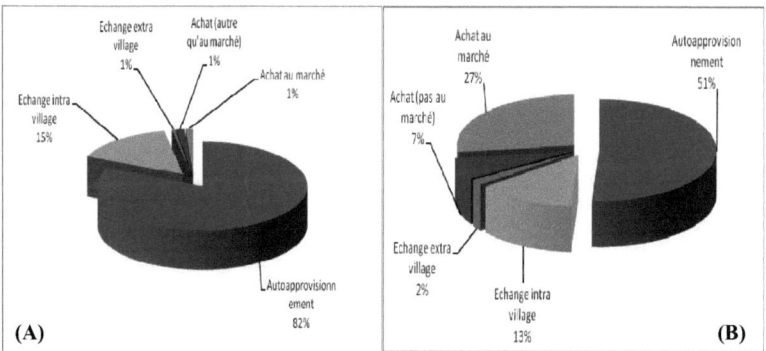

Figure 4-16 : Part relative des différents modes d'approvisionnement en semences dans les 32 villages d'étude de la région de Vakinankaratra.
(A) : riziculture irriguée ; (B) riziculture pluviale.

Si l'achat et la vente de semences est rare entre les exploitants d'un même village, la vente de plants de riz en pépinière est assez courante, ceci pour pallier au retard pris dans la mise en place d'une pépinière ou à des pertes de plants survenues dans les propres pépinières des exploitations.

4.7.2 Modes de production des semences

La production de semences paysannes ne donne lieu à aucune sélection ou épuration au champ. Certains villages (Ex: Alakamisinandrianovona, N°6) respectent même une interdiction de récolter en panicules ; cela provoquerait, selon les villageois, des grêles sur les cultures du village.

Les semences sont séparées du reste de la récolte après le battage. Les grains qui se trouvent autour de la pierre de battage, appelés « *mavesa-boa* », littéralement « grains lourds », sont ramassés et mis à part pour être utilisés comme semences. Ils sont séchés séparément, mis en sacs séparément, mais conservés au même endroit que le reste de la récolte.

Toutefois, nous avons remarqué que certains paysans ont l'habitude de prélever une trentaine de panicules bien mûres et bien remplies pour décorer la chambre de leur maison ou pour porter à l'église lors de la fête de la moisson. Bien que ces panicules ne soient pas destinées à une utilisation comme semences, il arrive que quelqu'un d'autre les demande et les cultive dans ses champs.

4.7.3 Renouvellement des semences

Si l'auto-approvisionnement en semences est la règle, les agriculteurs de la région procèdent assez régulièrement au renouvellement de leurs semences.

Le renouvellement de semences d'une variété donnée est motivé essentiellement par la dégradation de la pureté variétale et donc la recherche de l'homogénéité. En effet, le mot « *tango haro* » est un terme péjoratif désignant des récoltes qui sont en mélange variétal et que les paysans ne peuvent plus utiliser comme source de semences pour la prochaine récolte. Ces mélanges interviennent essentiellement lors des opérations liées au du repiquage (arrachage des plants en pépinière, transport vers la rizière, etc.), d'autant que, comme indiqué ci-dessus, la constitution des lots de semences prend en compte uniquement le bon remplissage des grains.

Le recours aux semences extérieures à l'exploitation a aussi lieu lorsque l'agriculteur souhaite changer de variété pour pallier « la fatigue de la rizière » évoquée plus haut.

Quel que soit le motif (recherche de pureté variétale ou de nouvelle variété), le renouvellement des semences se fait par échange avec d'autres agriculteurs du village. Il n'y a aucune hiérarchie monétaire entre variétés et entre semences et l'échange se fait à quantité égale.

4.8 Discussion

L'analyse de la dynamique de la diversité variétale du riz (richesse variétale, modalités de caractérisation et nomination des variétés par les agriculteurs, l'usage qui est fait de la diversité variétale, modalités d'approvisionnement, de production et de renouvellement des semences, ...) dans la région de Vakinankaratra dont nous venons de présenter les résultats avait pour objectif de mieux connaître les facteurs qui influencent la gestion des variétés et des semences de riz par les agriculteurs ; ceci pour alimenter la réflexion sur la conservation *in situ* de cette diversité. Dans cette perspective, trois aspects des résultats obtenus nous semblent particulièrement importants. Il s'agit (1) de la structure multi-lignées des variétés et les questions de consistance des noms de ces variétés, (2) la hiérarchisation des facteurs agro-écologiques qui déterminent la richesse variétale et ses modalités de gestion par les agriculteurs et (3) des dynamiques spatiotemporelles de cette gestion qui constitueraient des atouts ou des risques pour le maintien de la diversité.

4.8.1 Diversité intra variétale

Nous avons montré que les entités que les agriculteurs considèrent comme une variété, qu'ils cultivent ensemble dans un même champ, et à laquelle ils attribuent un nom, ne sont pas homogènes sur le plan génotypique même si elles ne présentent pas, dans leurs conditions de culture, une variabilité phénotypique (architecture de la plante, coloration des organes, caractéristiques du grain, etc.) décelable à l'œil nu. Ces résultats sont similaires à ceux rapportés par Barry *et al.* (2007) analysant la structure génétique des variétés locales de riz en Guinée au moyen de marqueurs SSR, et ceux de Miézan et Ghesquière (1986) et de Morishima (1989) analysant la diversité intra-accession dans des échantillons issus de prospections en Côte d'Ivoire et en Thaïlande. L'originalité de nos résultats tient au fait que l'analyse porte sur des échantillons dont l'origine et l'absence de diversité phénotypique étaient parfaitement contrôlées.

Le nombre moyen de lignées distinctes par variété (4.6) que nous avons obtenu avec 9 plantes par variété n'est qu'un minimum ; un plus grand nombre de plantes devraient être analysées pour identifier le seuil numérique à partir duquel le nombre de lignées se stabilise. De même, nous n'avons pas produit de données permettant d'analyser la diversité inter-exploitations du nombre de lignées distinctes par variété. Or, Barry *et al.* (2007) ont montré que la fréquence des lignées constituantes d'une variété pouvait varier de manière conséquente d'une exploitation à une autre, aussi bien au sein d'un même village qu'entre exploitations de villages différents. Il ne nous est pas possible d'inférer de manière précise l'effet de la diversité intra-variétale sur la diversité génétique aux échelles supérieures d'analyse. Cependant, il est important de souligner que la structure génétique de type multi-lignées des 9 variétés étudiées ne met en cause ni leur appartenance aux grandes familles de variétés partageant les mêmes noms vernaculaires (cf. 4.8.2) ni leur positionnement dans l'un des 3 groupes génotypiques définis sur la base de l'analyse génotypique d'un seul individu (cf. chapitre 5). Il est aussi intéressant de souligner que le nombre de lignées distinctes identifiées parmi les 9 individus de chaque variété étudiée était bien plus petit chez les variétés améliorées comparées aux variétés locales.

Dans une perspective de conservation, la structure multi-lignées des variétés de riz indique qu'il serait quasi impossible d'échantillonner et de conserver toute la diversité génétique de la région de Vakinakaratra à travers des méthodes conventionnelles de conservation *ex situ*. Des approches *in situ* sont nécessaires pour conserver toute sa richesse en lignées distinctes et les associations alléliques singulières qu'elles représentent.

4.8.2 Nomenclature, consistance des noms de variétés de riz

L'objectif de tout système de classification et de nomenclature, qu'il soit populaire ou savant, est d'établir des références qui faciliteront la communication et les échanges relatifs aux entités, objets de la classification, au sein des groupes humains concernés.

Dans le cas des variétés de riz, le système de nomenclature a donc pour vocation, a minima, de faciliter les transactions (échanges de semences, vente de paddy) et la communication autour de la reconnaissance, la culture et l'utilisation de ces variétés : performances agronomiques, qualités culinaires, etc. C'est donc par rapport à cette vocation que nous discuterons en premier lieu nos résultats relatifs à la consistance des noms des variétés et des familles vernaculaires de riz. De plus, dans la perspective d'intégration du système de nomination vernaculaire des variétés de riz dans une démarche de conservation *in situ* de la diversité, nous analyserons l'usage qui pourrait être fait des noms et des familles vernaculaires comme indicateur quantitatif de la diversité génétique et donc comme support de conservation.

Nos données relatives à la consistance des noms font état (i) de différences phénotypiques et génotypiques importantes entre accessions de même nom collectées dans des villages différents et (ii) de différences phénotypiques relativement faibles mais d'une diversité génotypique assez importante, entre accessions appartenant à la même famille vernaculaire. De telles faibles consistances des noms de variétés ont déjà été observées aussi bien pour le riz que pour d'autres plantes vivrières : riz en Guinée (Barry *et al.*, 2007) et au Laos (Rao *et al.*, 2002), maïs en Oaxaca au Mexique (Badstue *et al.*, 2002), ou manioc en Amazonie péruvienne (Salick *et al.*, 1997). Cependant, d'autres études de cas font état d'une bonne consistance des noms de variété de cultures vivrières; c'est le cas, par exemple, du sorgho en Ethiopie (Teshome *et al.*, 1997) ou du maïs au Cuzalapa au Mexique (Louette *et al.*, 1997). Globalement, ces études conduisent à penser que le niveau de consistance des systèmes de nomination des variétés est variable selon les espèces, et pour la même espèce, selon les lieux. Ce niveau semble être influencé par de multiples facteurs socioéconomiques, tels que l'enclavement et la connexion avec le marché, ou agroécologiques, tels que la proximité de différentes écologies ou la prédictibilité de la pluviométrie.

Dans le cas du riz dans la région de Vakinankaratra, la faible consistance des noms des variétés de riz est probablement liée au fait que le système vernaculaire de nomination, basé pour l'essentiel sur les caractéristiques du grain, n'est plus en mesure de rendre compte de toute la diversité génétique gérée dans la région ; ses capacités de discrimination sont dépassées. En effet, le système de nomination basé sur des noms composés de type endocentrique (où le deuxième élément est un déterminant du premier et où la périphrase se contente des éléments présents) était assez opérationnelle à l'époque, ancienne, où chaque région du pays cultivait un petit nombre de variétés, voire une seule variété avec une base génétique assez large et une certaine homogénéité phénotypique pour les caractères phénotypiques soumis à une pression de sélection par les agriculteurs, en particulier le format du grain. Ainsi, sur la côte sud-ouest la variété la plus cultivée était la *Tsipala* (à épillet long), au nord-ouest la *Kalila* (à grain fin de longueur moyenne), dans la région du Lac Alaotra, la *Makalioka* (à grain très long), sur les hauts plateaux la *Rojo* (à grain large de longueur moyenne), etc. Les sous-ensembles de ces populations pouvaient être distingués les uns des autres à travers l'adjonction au nom générique d'un élément déterminant : *Tsipala fotsy* « Tsipala à caryopse blanc » ou *Tsipala mena* « Tsipala à caryopse rouge ». L'élément déterminé du nom, *Tsipala*, avait une portée géographique large, l'élément déterminant, *fotsy* ou *mena*, une portée plus locale. C'est à ce processus que nous attribuons la naissance des noms de familles vernaculaires. Ce système de nomination pouvait même rendre compte de l'existence de plusieurs systèmes de culture lorsque l'élément déterminé du nom composé se rapportait à la fois à une variété et à un système / saison de culture et que l'élément déterminant se rapportait à une caractéristique distinctive de la variété : *Yhosy botry* « riz aquatique à grain rond » et *Yala botry* « riz pluvial à grain rond ». Il est important de noter que l'élément déterminant des noms se rapporte très souvent à des caractères à forte héritabilité tel que le format du grain ou la pigmentation de la plante. La référence aux caractéristiques du grain dans les systèmes de nomination vernaculaire des variétés est assez fréquente. C'est le cas par exemple pour le sorgho où la taxonomie traditionnelle s'appuie sur les caractéristiques de la panicule (Mekbib, 2008). Elle est supposée jouer un rôle important dans le processus de mémorisation des performances agronomiques ou des valeurs d'usage des variétés (Grenand, 2002). Il faut cependant souligner que l'efficacité de ce type de mémorisation se limite aux situations où l'on utilise un petit nombre de variétés et où les associations caractéristiques du grain – performances agronomiques sont toutes univoques.

L'altération de ce système de nomination pourrait avoir commencé par le couplage étroit du nom des grandes variétés avec le système de culture ou la saison de culture. Par exemple, sur la côte sud-ouest, la *Tsipala* étant à la fois le nom de la saison principale de culture et de la principale variété-population cultivée, par extension toutes les variétés cultivées pendant cette saison peuvent être désignées par le nom *Tsipala* même si elles n'appartiennent pas à cette population. La faible consistance génotypique des familles vernaculaires est probablement liée, en grande partie, à l'extension de ce principe aux variétés améliorées d'introduction relativement récente

Une autre source d'altération du système de nomination semble être son application au niveau de sous ensembles issues des variétés-population initiales: pour aller encore plus loin dans la distinction des différentes composantes de la population, des noms composés de type exocentrique (où le nom de la population dont les caractéristiques sont précisées n'est plus présent) sont utilisés : c'est le cas par exemple de *lava somotra* « épillet aristé » et *lava mena* « épillet coloré » au sein de la population *Kalila*. La référence explicite à la famille *Kalila* a disparu. Ceci ne pose pas de problème dans le contexte d'un village ou d'une petite région agricole où la famille vernaculaire *Kalila* est largement dominante et où ses performances agronomiques sont bien connues. Mais répété au niveau de plusieurs villages ou de plusieurs régions ayant chacun leur propre variété à base génétique large, ce processus conduit à l'attribution du même nom *lava mena* à des entités génétiques très différentes. Alors, le nom *lava mena* ne pourra pas servir de référence (ou sera une mauvaise référence) dans les échanges entre ces villages ou régions. La faible consistance phénotypique et génotypique des noms de variétés de riz observée dans la région de Vakinankaratra est probablement liée, en bonne partie, à ce type de nominations.

Mais le phénomène qui, à notre avis, a joué le rôle le plus important dans la diminution de la consistance des noms, aussi bien de variétés que de familles vernaculaires, est le fractionnement (ou la dérive) des variétés à base génétique large, au fur et à mesure de l'extension de leur aire de culture, ainsi qu'à l'occasion des échanges entre régions, villages et exploitations ; des sélections volontaires ou involontaires ont dû avoir lieu au cours de ces échanges et extensions, chaque utilisateur conservant le nom de la variété originelle mais pas la totalité de sa diversité.

Enfin, plus récemment et dans un autre registre, l'introduction et la circulation rapide des nouvelles variétés aux caractéristiques très différentes des variétés-populations locales semblent avoir donné lieu à des nominations moins conformes au système de nom composé. En effet, l'importance des différences fait qu'il n'est pas nécessaire d'avoir recours aux noms composés pour distinguer les nouvelles variétés par rapport à celles déjà présentes, du moins pas au niveau d'un village donné. Ceci est particulièrement le cas lors de l'introduction des variétés à cycle court, inexistantes parmi les anciennes populations locales. La référence à leur cycle court (*malady, telovolana, haingana*, etc.) suffit à les distinguer des variétés anciennes déjà présentes dans le village. Mais cette pratique de nomination se référant au cycle uniquement, avec une terminologie très diversifiée, a fait que des entités génétiques très différentes qui n'ont en commun que le cycle court, ont pu être désignées par le même nom ou vice versa, selon les régions et les villages.

Etant donné ces évolutions, les noms des variétés semblent de moins en moins informatifs sur leurs performances agronomiques, en dehors du cas des noms indiquant la durée du cycle. De ce fait, si les noms des variétés continuent à jouer leur rôle de référence pour les échanges entre exploitations d'un même village, ils ont perdu, nous semble-t-il, une grande partie de leur valeur de référence (mise en ordre, mémorisation, repérage des performances) pour les échanges entre villages et entre régions. Seules les introductions les plus récentes dont les noms d'origine ont été conservés échappent à cette règle. La faiblesse des échanges de variétés entre villages, constatée à l'occasion de l'analyse de la gestion paysanne des variétés et des semences dans la région de Vakinankaratra (cf. 4.4), pourrait être liée, au moins partiellement, au manque de fiabilité des noms pour informer sur les performances agronomiques de variétés.

Ainsi, dans la région de Vakinankaratra, le postulat d'une relation étroite entre l'importance de la diversité génétique et le nombre de noms des variétés (Bellon *et al.*, 1997; Brush and Meng, 1997) ne semble plus se vérifier. Les noms et les nombres de variétés, et même de familles vernaculaires, ne semblent plus pouvoir constituer de bons indicateurs pour quantifier la diversité génétique à des échelles supérieures à celle du village.

Dans une perspective de conservation *in situ* de la diversité génétique du riz dans la région de Vakinankaratra, cette situation incite à relativiser la question de la consistance des noms des variétés et à s'interroger sur la définition d'une variété locale. Ceci d'autant plus que, comme nous l'avons vu plus haut, les variétés locales ont une structure génotypique multi-lignées et la fréquence des lignées constituantes pourrait varier d'une exploitation à une autre aussi bien au sein d'un même village qu'entre exploitations de villages différents. Ne faudrait-il pas considérer une variété locale ou une famille vernaculaire comme une métapopulation et les accessions gérées au niveau des exploitations et des villages comme des sous-ensembles emboîtés, plus ou moins représentatifs de cette métapopulation ? Une telle approche permettrait d'envisager la conservation *in situ* (mais aussi *ex situ*) non pas sous forme de centaines d'accessions différentes détenues par des centaines d'agriculteurs dans un grand nombre de villages, mais sous forme de quelques métapopulations à base génétique large. Reconstituées à partir des sous-ensembles détenus par les agriculteurs de la région, ces métapopulations pourraient ensuite faire l'objet d'une conservation dynamique.

4.8.3 Déterminants agro-environnementaux de la diversité variétale

La richesse variétale du riz n'est pas distribuée de manière homogène sur l'ensemble de la région d'étude.

L'altitude est, sans conteste, le premier facteur déterminant de cette distribution. Elle détermine, à travers la distribution annuelle des températures, les types de culture qu'il est possible de réaliser, parmi les quatre inventoriés dans la région : les trois types de riziculture irriguée qui se différencient en premier lieu par leur calendrier cultural et la riziculture pluviale. Chacun de ces types de culture nécessite des variétés différentes. En zones d'altitudes inférieures à 1250m, les 4 types de rizicultures coexistent dans le même village ; il en résulte un nombre élevé de variétés par village et par exploitation. A l'opposé en zones d'altitudes supérieures à 1750m où seuls 2 types de riziculture sont possibles (riz irrigué de saison principale et riz pluvial), le nombre de variétés est plus faible. L'effet déterminant du gradient altitudinal sur la richesse variétale a déjà été rapporté par Brush et Perales (2007) étudiant la diversité du maïs dans 3 villages du Chiapas au Mexique et par Rana et al. (2007) pour le riz au Népal. La particularité de Vakinankaratra est l'existence d'une diversité de types de culture du riz dont les différentes combinaisons au niveau des exploitations amène au maintien d'une plus grande diversité.

Des différences de richesse variétale étaient observées à l'intérieur de chaque classe d'altitude indiquant l'intervention d'autres facteurs. Il s'agit, notamment et dans l'ordre d'importance : (1) de la richesse des villages liée à leurs systèmes de production (eux mêmes partiellement liés à l'altitude) et, au sein de chaque village, de la richesse des exploitations et (2) de la diversité des conditions édaphiques (régime hydrique des parcelles notamment), de la pression des maladies (en particulier la bactériose due au *Xanthonomas fuscovaginea*) et (3) des exigences en matière de qualité du grain. L'effet de ces facteurs est particulièrement significatif en zone de basse altitude où l'absence de contraintes climatiques laisse libre cours à l'expression des autres critères de choix des systèmes de culture et des variétés de riz.

Nous n'avons pas mis en évidence de lien direct entre la richesse variétale et le niveau d'enclavement des villages, comme cela est souvent rapporté dans la littérature. Ceci est probablement lié à la faible variabilité du niveau d'enclavement des villages ; la distance des villages par rapport à une route carrossable est très souvent inférieure à 5km et les paysans malgaches sont réputés pour être de grands marcheurs. Néanmoins, plutôt que l'enclavement, l'éloignement par rapport au centre administratif semble avoir influencé la diffusion de la riziculture pluviale et la richesse variétale qui lui est associée.

De nombreux travaux font état d'un lien entre les facteurs agro-écologiques et la richesse variétale mais une hiérarchisation des facteurs est rarement proposée. La contribution de notre travail dans ce domaine est, au-delà de la hiérarchisation des facteurs qui influencent la richesse variétale dans la région de Vakinankaratra, d'ordre méthodologique. En effet, nous avons montré qu'il était possible, grâce à une stratégie d'échantillonnage stratifié prenant en compte l'ensemble des facteurs agro-environnementaux, de non seulement hiérarchiser ces facteurs mais aussi d'informer la fonction de détermination de chacun d'entre eux et d'identifier les entités spatiales ou humaines porteuses dans la perspective d'initiatives ciblées de conservation des ressources génétiques.

Cependant, si les facteurs agro-écologiques identifiés expliquent bien la diversité variétale maintenue au niveau de l'exploitation, ils ne peuvent pas expliquer à eux seuls l'importance du nombre de variétés maintenues au niveau de chaque village. Comme évoqué précédemment, la question suivante demeure : pourquoi toutes les exploitations d'un même village n'utilisent-elles pas les mêmes 3 ou 4 variétés ? Une analyse plus approfondie, en particulier des valeurs et règles socioculturelles associées aux variétés de riz, sera nécessaire pour apporter des éléments de réponse. Elle pourrait être conduite dans un petit nombre de villages.

4.8.4 Dynamique d'utilisation des variétés de riz

La dynamique de l'utilisation des variétés comporte plusieurs facettes plus ou moins favorables à la conservation des ressources génétiques. Le caractère quasi sacré du statut des variétés locales lié au culte des ancêtres est très présent dans la société malgache (Beaujard, 1981; Ottino, 1998). Les variétés appartiennent plutôt à la communauté villageoise qu'à l'exploitation. Ce statut de « bien communautaire » constitue un atout pour la conservation de ces ressources génétiques, tant que les traditions restent vivaces, mais pourrait se transformer en faiblesse si les traditions se dissolvent dans la « modernité ». L'attachement aux « riz des ancêtres », clamé individuellement, mis à part, nous n'avons identifié aucune règle de gestion communautaire des variétés de riz. Ceci est peut-être inhérent à notre approche méthodologique. Il serait utile de faire appel aux approches des sciences sociales pour approfondir cette question.

Une grande ouverture existe vis-à-vis de l'innovation variétale, tout en maintenant vivaces les savoirs traditionnels associés à la riziculture. En témoigne l'adoption rapide de la riziculture pluviale, et des variétés améliorées qui lui sont associées, ainsi que l'application du système traditionnel, très savant, de nomination des variétés de riz. C'est ainsi que la plupart de ces nouvelles variétés améliorées de riz pluvial ont été baptisées avec des noms vernaculaires, en s'appuyant souvent sur leurs caractères agro-morphologiques.

Un système de valeurs sensible à l'homogénéité des caractères morphologiques des champs de riz (hauteur de la plante, coloration des organes, format du grain) incite à la recherche de l'homogénéité. La pratique du renouvellement périodique des semences auprès d'autres agriculteurs du village ne peut pas expliquer de manière satisfaisante l'homogénéité des champs effectivement observée. D'autres pratiques de sélection existent peut-être, qu'il conviendrait de rechercher dans le cadre d'un travail ciblé sur cette question.

La constitution des lots de semences se fait par le prélèvement des grains qui restent autour de la pierre de battage ; ces grains sont, en moyenne, mieux remplis et plus lourds que le reste de la récolte. Cette pratique constitue donc de fait une sélection pour l'adaptation aux contraintes biotiques et abiotiques locales et pour la productivité.

Le système d'approvisionnement fonctionne en circuit quasi fermé au niveau des villages qui échangent peu ou pas les uns avec les autres pour ce qui est du riz irrigué. Cette situation est probablement liée à l'épuisement des sources d'innovation variétale, qu'elle soit de type amélioré ou local, dans un contexte de grande sélectivité des conditions agro-écologiques. L'exemple de la diffusion massive et rapide des variétés améliorées de riz pluvial montre que le système peut vite sortir de sa léthargie si des opportunités d'innovation se présentent aux riziculteurs.

Une grande disparité dans le taux d'utilisation des variétés locales a été constatée, aussi bien à l'échelle régionale (variétés de notoriété régionale versus variétés inféodées à un village) qu'au niveau de chaque village (variétés majeures versus variétés mineures). L'implication de ces disparités en termes de risque de disparition de ces variétés reste difficile à définir. A ce jour, peu de variétés améliorées de riz irrigué ont acquis le statut de variétés de notoriété régionale et/ou de variétés majeures. Mais des exemples existent et montrent que la région n'est pas à l'abri de « l'effet révolution verte ». Les risques pour les variétés mineures sont encore plus difficiles à évaluer, faute d'une connaissance précise de leur rôle dans le système. Sont-elles maintenues dans chaque village pour leurs valeurs sélectives particulières en relation avec une adaptation spécifique à une contrainte très localisée, ou représentent-elle une diversité qui n'a ni une utilité particulière ni un coût particulier pour être maintenue ? Le niveau de technicité des riziculteurs des hauts plateaux malgaches et le maintien de ces variétés à travers le temps incitent à pencher pour la première hypothèse. Une meilleure connaissance du rôle de ces variétés dans le système d'utilisation des variétés de riz permettrait de fonder cet optimisme sur des bases plus solide.

4.9 Références

Abinal, Malzac, 1888. Dictionnaire Malgache-Français. Ed. Ambozontany, Antananarivo.

Ahmadi, N., 2004. Upland rice for the highlands: new varieties and sustainable cropping systems to face food security. Promising prospects for the global challenges of rice production the world will face in the coming years? . FAO RICE CONFERENCE. FAO, Rome, Italy.

Badstue, L.B., Bellon, M.R., Juarez, X., Manuel, I., Solano, A.M., 2002. Social relations and seed transactions among smallscale maize farmers in the central valleys of Oaxaca, Mexico. Economic Working Paper 02-02, CIMMYT.

Barry, M.B., Pham, J.L., Noyer, J.L., Courtois, B., Billot, C., Ahmadi, N., 2007. Implications for in situ genetic resource conservation from the ecogeographical distribution of rice genetic diversity in Maritime Guinea. Plant Genetic Resources: Characterization and Utilization 5, 45–54.

Beaujard, P., 1981. Hiérarchie végétale, hiérarchie sociale à Madagascar, La place symbolique des tubercules et du riz et leurs origines à travers les mythes et les contes. ASEMI XII, 3-4.

Bellon, M.R., Pham, J.L., Jackson, M.T., 1997. Genetic conservation: a role for rice farmers. In: Maxted, N., Ford-Lloyd, B.V., Hawkes, J.G. (Eds.), Plant Genetic Conservation, The in situ approach. Chapman & Hall., London, pp. 263-289.

Berlin, B., 1992. Ethnobiological Classification: principles of categorization of plants and animals in traditional Societies. Princeton University Press, Princeton, New Jersey.

Berlin, B., Breedlove, D.E., Raven, P.H., 1973. General principles of classification and nomenclature in folk biology. American Anthropologist 75, 214-242.

Boster, J.S., 1986. Exchange of Varieties and Information between Aguaruna Manioc Cultivators. American Anthropologist 88, 428-436.

Brush, S.B., Meng, E., 1997. Farmers' evaluation and conservation: a role for rice farmers. In: Maxted, N., Ford-Lloyd, B., Hawkes, J.G. (Eds.), Plant Genetic Conservation, The in situ approach. Chapman & Hall, London, pp. 263-289.

Grenand, F., 2002. Stratégies de nomination des plantes cultivées dans une société tupi-guarani, les Wayãpi. Amerindia 26-27, 209-248.

Louette, D., Charrier, A., Berthaud, J., 1997. In Situ Conservation of Maize in Mexico: Genetic Diversity and Maize Seed Management in a Traditional Community. Economic Botany 51, 20-38.

Mekbib, F., 2008. Genetic erosion of sorghum (*Sorghum bicolor* (L.) Moench) in the centre of diversity, Ethiopia. Genetic Resources and Crop Evolution 55, 351-364.

Miézan, K., Ghesquière, A., 1986. Genetic structure of African traditional rice cultivar. In: Khush, G. (Ed.), Rice genetics symposium. IRRI, Los Banos, Philippines.

Morishima, H., 1989. Intra-population genetic diversity in landrace of rice. In: Aakeda, F. (Ed.), Breeding research:the key to the survival of the earth, Sabrao.

Ottino, P., 1998. Les champs de l'ancestralité à Madagascar, Parenté, alliance et patrimoine. Karthala - Orstom Paris, France.

Portères, R., 1956. Taxonomie agrobotanique des riz cultivés *Oryza sativa* Linné et *Oryza glaberrima* Steude. Journal d'Agriculture Tropicale et de Botanique Appliquée 3, 341, 541, 627, 821.

Peltier, M., 1970. Les dénominations variétales du riz cultivé (*Oryza sativa* L.) à Madagascar. Journal d'Agriculture tropicale et de Botanique Appliquée XVII, 469-486.

Rao, S.A., Bounphanousay, C., Schiller, J.M., 2002. Collection, classification, and conservation of cultivated and wild rices of the Lao PDR. Genetic Resources and Crop Evolution 49, 75-81.

Salick, J., Cellinese, N., Knapp, S., 1997. Indigenous diversity of Cassava: Generation, maintenance, use and loss among the Amuesha, Peruvian upper Amazon. Economic Botany 51, 6-19.

Teshome, A., Baum, B.R., Fahrig, L., Torrance, J.K., Arnason, T.J., Lambert, J.D., 1997. Sorghum [*Sorghum bicolor* (L.) Moench] landrace variation and classification in North Shewa and South Welo, Ethiopia. Euphytica 97, 255-263.

Wright, M., Turner, M., 1999. Seed Management Systems and Effects on Diversity In: Wood, D., Lenne´, J.M. (Eds.), Agrobiodiversity: Characterization, Utilization and Management CAB International New York, pp. 331-354.

5 Diversité génétique du riz dans la région de Vakinankaratra : confirmation de l'existence d'un groupe atypique au moyen de marqueurs moléculaires et de caractères agro-morphologiques.

Résumé

Les hauts plateaux de Madagascar hébergent un groupe de variétés de riz non recensées ailleurs dans le monde. Une meilleure connaissance de l'importance et de la distribution géographique de ce groupe et des autres types variétaux de riz présents dans la région est un préalable indispensable à la mise en place de stratégies de conservation de ces ressources génétiques.

Nous avons analysé la diversité de 349 accessions de riz collectées dans 32 villages représentatifs de la diversité agroécologique de la région de Vakinankaratra, au niveau de 14 loci SSR et pour 16 caractères morpho-agronomiques. Au total, 145 allèles ont été recensés avec une moyenne de 10 allèles par locus. Trois groupes génotypiques (Gg) ont été identifiés : Gg1, 20.9% des accessions, constitué d'accessions cultivées en riziculture pluviale ou en riziculture irriguée d'altitudes supérieures à 1750m, correspond à la sous-espèce *japonica* ; Gg2 (21.7%), constitué d'accessions provenant des zones d'altitudes inférieures à 1250m, correspond à la sous-espèce *indica* ; Gg3 (51%), constitué d'accessions collectées essentiellement dans les zones d'altitudes comprises entre 1250 et 1750m, ne correspond ni à la sous-espèce *indica* ni *japonica* ; il s'agit du groupe atypique rapporté par d'autres auteurs. La différenciation génétique F_{ST} est de 0.55 entre Gg1 et Gg3, de 0.33 entre Gg2 et Gg3 démontrant la proximité du groupe atypique avec la sous-espèce *indica*.

Les caractères agro-morphologiques ont permis d'identifier trois groupes phénotypiques (Gp) avec une assez bonne correspondance avec les groupes génotypiques. Le groupe Gp1 rassemble une partie des accessions du groupe génétique Gg2 et correspond à la sous-espèce *indica*. Gp2 rassemble la majorité des accessions de Gg1 et correspond à la sous-espèce *japonica*. Gp3 rassemble la quasi-totalité des accessions de Gg3 et une partie de celle de Gg2. Ainsi Gg1 et Gg3 forment des groupes morphologiques homogènes. La diversité allélique des riz de Vakinankaratra pourrait être rassemblée dans une "core collection" de 35 accessions sans réduction importante de l'étendue de la diversité phénotypique. L'étendue de la diversité du riz de la région avec la diversité de l'espèce à l'échelle mondiale et l'origine du groupe atypique sont discutés.

5.1 Introduction

Les connaissances sur la structure et la diversité génétique des espèces végétales cultivées sont d'une grande importance pour établir, d'une part les stratégies de conservation des ressources génétiques de l'espèce, d'autre part les stratégies de son amélioration et de son adaptation aux besoins de l'agriculture.

Le riz, *Oryza sativa* L., étant une espèce de très grande importance économique, sa domestication et la structuration de sa diversité ont fait l'objet d'un grand nombre d'études. L'existence de deux grands types de riz était connue de manière empirique depuis longtemps. Les Chinois distinguaient dès le XIème siècle un type *Keng* d'origine locale et un type *Sen* venu de zones plus chaudes. Kato et *al.* (1928) formalisent, les premiers, les connaissances sur les deux types variétaux majeurs de riz nommés *indica* et *japonica*. La différenciation entre les types implique les caractères morpho-physiologiques, sérologiques et la fertilité des hybrides F1. Un troisième type, *javanica*, a été distingué par la suite sur les bases morphologiques (Matsuo, 1952), mais Oka (1958) a montré qu'il s'agissait du sous-ensemble tropical du type *japonica*.

Sur le plan morphologique et de l'aptitude culturale, le type *indica* se caractérise par un tallage abondant, des feuilles généralement vertes et larges, des grains longs et fins. Les variétés de ce type sont adaptées à la riziculture irriguée des régions tropicales de basse altitude, de moins de 1200m. Le type *japonica* tempéré est caractérisé par un tallage moyen, des feuilles vertes, sombres et étroites, des grains courts et arrondis. Les variétés de ce type sont cultivées en irrigué en zones tempérées (Japon, nord de la Chine, Europe, USA, ...). Le type *japonica* tropical – ou *javanica* – se distingue par un tallage faible, des plantes de grande taille, des feuilles larges et raides et des grains longs et épais. Les variétés de ce type sont principalement cultivées en culture pluviale (sans lame d'eau, sur sol exondé et drainé) dans les régions tropicales (Jacquot *et al.*, 1997).

Glaszmann (1987), analysant 1688 échantillons de riz asiatique avec une quinzaine de marqueurs iso-enzymatiques, a affiné ces classifications. Il a identifié 6 groupes parmi lesquels les plus importants sont le groupe I correspondant à la sous-espèce *indica* et le groupe VI correspondant à la sous-espèce *japonica*. Ces deux groupes rassemblent plus de 80% des accessions analysées. Le groupe II est constitué par les variétés venant du sud de l'Himalaya : *Boros* et les variétés du Bangladesh, *Aus*. Le groupe III rassemble les riz photosensibles et flottants du Bangladesh. Le groupe IV est constitué par les variétés *Rayadas* et les riz flottants venant du sud-est du Bangladesh. Le groupe V est constitué par les variétés *Sadri* de l'Iran, *Basmati* du Pakistan, de l'Inde et du Népal, et quelques variétés particulières du Myanmar.

Les résultats des travaux réalisés plus récemment, avec les marqueurs moléculaires RAPD, RFLP, SSR and SNP, sont remarquablement cohérents avec ceux de Glaszmann (1987). Ils confirment la structure bipolaire de la diversité du riz avec une opposition forte entre les sous-espèces *indica* et *japonica* (Zhang *et al.*, 1992; Resurreccion *et al.*, 1994; Parsons *et al.*, 1997; Ni *et al.*, 2002). Récemment, 234 accessions représentatives de la diversité de l'espèce ont été caractérisées avec 169 marqueurs microsatellites. Cinq populations ont été identifiées : *indica*, *Aus*, *japonica* tropicale, *japonica* tempérée, et aromatique. La proximité génétique entre *indica* et *Aus* d'un côté, et celle entre *japonica* tropical, *japonica* tempéré et *Aus* de l'autre ont été soulignées (Garris *et al.*, 2005). Des résultats similaires ont été obtenus par l'analyse de 72 accessions sur 111 marqueurs SNP (Caicedo *et al.*, 2007). Etant donnée cette structure fortement bipolaire d'*O. sativa*, les groupes *indica* et *japonica* sont souvent considérés comme des sous-espèces.

Au-delà de sa structuration bipolaire, l'espèce *Oryza sativa* présente des formes intermédiaires entre les deux sous-espèces (Morinaga and Kuriyama, 1958; Glaszmann *et al.*, 1999; Li and Rutger, 2000). Des situations particulières existent à Madagascar, au Népal et au Sud de l'Himalaya (Li and Rutger, 2000). On peut considérer que l'inventaire de ces formes atypiques de par le monde n'est pas encore terminé (Glaszmann *et al.*, 1999).

A Madagascar, l'analyse de la diversité génétique du riz a été entreprise sur un échantillon d'environ 200 accessions, représentatif de la Collection nationale de variétés de riz, en utilisant des caractères agro-morphologiques et des marqueurs enzymatiques (Ahmadi *et al.*, 1988). Cette collection maintenue par le FOFIFA regroupe des échantillons prospectés à partir des années 30s dans tout le pays. Quatre groupes dont trois correspondent aux groupes connus *indica*, *japonica* tempéré et *japonica* tropical ont été identifiés. Le quatrième groupe, spécifique de l'Ile, est constitué de variétés de grande taille ayant des caractères intermédiaires entre le *japonica* tropical et l'*indica*. Les variétés de ce groupe proviennent en grande majorité des hauts plateaux malgaches, où elles sont utilisées en riziculture irriguée. Rabary et *al.* (1989), analysant les mêmes accessions avec un plus grand nombre de marqueurs enzymatiques, ont confirmé l'existence du groupe atypique et, de plus, distingué un grand groupe atypique (I*), proche des *indica*, et un petit groupe atypique (J*), proche des *japonica*. (De Kochko, 1988), caractérisant au moyen de marqueurs enzymatiques des échantillons de riz issus d'une prospection, a confirmé ces résultats. Ahmadi *et al.* (1991) ont émis l'hypothèse que ces formes atypiques étaient liées soit à l'effet de fondation d'échantillons de riz venus de l'Inde du sud, soit à des croisements entre les groupes *indica* et *japonica* dont la sélection aurait été favorisée par les conditions climatiques (Chabanne and Razakamiaramanana, 1997) et la pression parasitaire (Blanc-Pamard, 1985; Rakotoarisoa, 1996) spécifiques des hauts plateaux malgaches.

L'objectif de ce chapitre est d'analyser la diversité génétique du riz présente au niveau de la petite région de Vakinankaratra, de comparer cette diversité avec celle observée aux niveaux national et mondial, et d'actualiser et affiner les données sur le groupe atypique spécifique de Madagascar, en utilisant, d'une part, des marqueurs moléculaires et, d'autre part, les caractères agro-morphologiques.

5.2 Diversité génétique révélée par les marqueurs SSR

L'analyse de la diversité moléculaire, au moyen de 14 marqueurs SSR, a porté sur l'ensemble des 349 accessions collectées, aussi bien en culture pluviale qu'irriguée. Parmi les 349 accessions analysées, 262 génotypes distincts ont été identifiés. Parmi des 349 accessions 125 partageaient 38 génotypes distincts. Le nombre d'accessions ayant le même génotype variait selon les génotypes de 2 à 12 : 21 génotypes étaient présents en 2 fois, 6 génotypes 3 fois, 4 génotypes 4 fois, 3 génotypes 5 fois, 2 génotypes 6 fois, 1 génotype 10 fois et un autre génotype 12.

Les 12 accessions ayant le même génotype étaient toute une variété locale de culture irriguée connues sous 10 noms différents dans 7 villages distribués dans 2 intervalles d'altitude différents. Les 10 accessions ayant le même génotype étaient toutes une variété améliorée de culture pluviale connues sous 4 noms différents dans 10 villages différents et 2 intervalles d'altitude différents. De même, dans la plus grande majorité des autres cas, les accessions ayant le génotype, avait des noms différents et étaient collectés dans des villages différents. Ainsi le même génotype peut correspondre à des accessions de noms différents dans des villages différents ; ceci est rare pour les accessions d'un même village.

Dans ce qui suit nous utilisons les données génotypiques relatives à l'ensemble des accessions lorsqu'il s'agit d'analyser les aspects quantitatifs de la diversité génétique, les données relatives des 262 génotypes distincts, lorsque les analyses portent sur les aspects qualitatifs de la diversité génétique. La proportion d'accessions de même génotype et de nom différents étant plus grande parmi les variétés de culture pluviale et les variétés améliorées, le passage de l'échantillon total (349 accessions) à l'échantillon des 262 accessions à génotypes distincts se traduit par une modification de l'importance relative des différentes catégories de variétés :

- Diminution de l'importance relative des variétés de culture pluviale par rapport aux variétés de culture irriguée : 12% et 88% respectivement dans l'échantillon des 349, contre 7% et 93% dans l'échantillon des 262 génotypes distincts ;

- Diminution de l'importance relative des variétés améliorées par rapport aux variétés locales: 38% et 62% respectivement dans l'échantillon des 349, contre 32% et 68% et 32% dans l'échantillon des 262 génotypes distincts.

5.2.1 Diversité génétique

Au total, 145 allèles ont été identifiés. Le nombre d'allèles par locus varie de 5 (RM284) à 18 (RM001), avec une moyenne de 10. Les valeurs de PIC varient de 0.44 (RM284) à 0.89 (RM001), avec une moyenne de 0.66. La fréquence de l'allèle le plus commun à chaque locus varie de 16% (RM001) à 68% (RM284). En moyenne, 45% des 262 accessions partagent un allèle majeur commun à chaque locus considéré (Tableau 5.1).

Tableau 5-1: Diversité des 349 accessions de riz de la région de Vakinankaratra, au niveau de 14 loci SSR.

Locus	Chr	Motif	Na	Ho	MAF	GD	PIC
RM 001	1	$(AG)_{26}$	18	0.011	0.16	0.90	0.89
RM 007	3	$(GA)_{10}$	7	0.002	0.52	0.67	0.63
RM 011	7	$(GA)_{17}$	11	0.011	0.58	0.60	0.57
RM 019	12	$(ATC)_{10}$	12	0.005	0.48	0.70	0.66
RM 021	11	$(GA)_{18}$	17	0.005	0.18	0.88	0.87
RM 044	8	$(GA)_{16}$	8	0.005	0.53	0.63	0.58
RM 215	9	$(CT)_{16}$	6	0.000	0.62	0.56	0.53
RM 222	10	$(CT)_{18}$	14	0.011	0.29	0.83	0.81
RM 224	11	$(AAG)_8 AG_{13}$	10	0.011	0.30	0.81	0.78
RM 284	1	$(CT)_{17}$	5	0.002	0.68	0.48	0.44
RM 312	1	$(ATTT)_4(GT)_{10}$	8	0.008	0.55	0.60	0.55
RM 447	8	$(CTT)_8$	6	0.005	0.44	0.68	0.62
RM 474	10	$(AT)_{13}$	14	0.000	0.40	0.76	0.74
RM 514	3	$(AC)_{12}$	9	0.002	0.61	0.59	0.57
Moyenne			10.35	0.006	0.45	0.69	0.66

Chr: Chromosome ; Na: nombre d'allèles; Ho: taux d'hétérozygotie; MAF: fréquence de l'allèle le plus fréquent; GD: gene diversity; PIC: Polymorphism Information Content.

5.2.1.1 Regroupement basé sur hypothèse d'appartenance à des populations

La classification des accessions, selon le modèle d'appartenance à des populations caractérisées par leur fréquences alléliques aux 14 loci SSR, avec admixture ((Pritchard et al., 2000), et la recherche du nombre optimal de sous-populations selon la méthode de Evanno et al. (2005), a conduit à retenir l'existence de trois sous-populations (K = 3). Parmi les 262 accessions à génotypes distincts, 241 avait un coefficient d'appartenance à l'une des 3 sous-populations supérieur à 75% et ont donc pu être assignées à l'une des trois sous-populations (Figures 5.1a et 5.1b). Les 21 accessions restantes avaient des coefficients d'appartenance aux trois sous-populations, inférieurs à 75%. Elles ont été considérées comme « non classées » ou « admixte » et n'ont pas été assignées à une sous-population. La plupart d'entre elles partageait des allèles des sous-populations 2 et 3 dans des proportions variant de 0.30 à 0.68%.

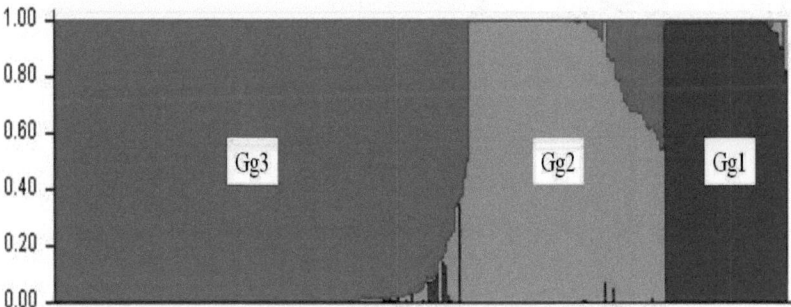

Figure 5-1a: Représentation graphique de l'estimation des coefficients d'appartenance aux trois populations identifiées par la méthode Bayesienne de Pritchard et *al.* (2000), de 262 accessions de riz de la région de Vakinankaratra sur la base de leur génotype aux 14 loci SSR.
Chaque accession est représentée par une ligne verticale découpée en trois parties en fonction du coefficient d'appartenance à chaque population. L'appartenance aux 3 populations est indiquée par une couleur : bleu pour Gg1, vert pour Gg2 et rouge pour Gg3.

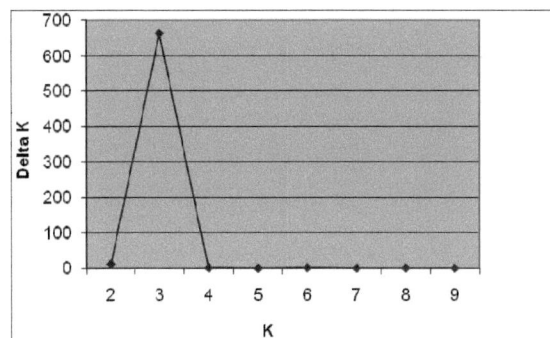

Figure 5.1b : Valeurs de la statistique $\Delta K = LnP (K_n-K_{n-1})$ permettant de considérer le chiffre de 3 comme le nombre optimal de sous-populations.

La première sous population est constituée par 16.8% des 262 accessions à génotypes distincts; le coefficient d'appartenance des 44 accessions qui la composent varie de 82.0 à 99.9% avec une moyenne de 99% ; autrement dit, en moyenne chacune des 44 accessions tire 99% de leurs allèles de la distribution des fréquences alléliques de la sous-population 1 sans admixture, dénommée aussi «génome ancestral». La seconde sous-population rassemble 20.2% des accessions; ces 53 accessions ont, en moyenne, un coefficient d'appartenance de

98%. La sous-population 3, est constituée par 55.0% des accessions ; le coefficient d'appartenance des 144 accessions qui la composent est en moyenne de 0.97%.

La position de la variété témoin IR36 et d'autres variétés connues a permis de suggérer la correspondance de chaque sous-population avec des groupes génétiques déjà connus. La première sous-population qui contient la variété Chianan-8 (accession n°1632 dans la collection nationale) correspond à la sous-espèce *japonica* ; Dans ce qui suit on la désignera sous le nom du groupe génotypique Gg1. La deuxième sous-population qui contient le témoin IR36 et une autre variété connue X 265 (IR 15579-24-2) correspond à la sous-espèce *indica* ; Dans ce qui suit on la désignera sous le nom du groupe génotypique Gg2. La troisième sous-population n'est ni *indica* ni *japonica* ; elle rassemble des accessions dont les noms sont identiques à celles des variétés que Ahmadi et al. (1988) avaient classées dans le groupe atypique, et pourrait donc être assimilée à ce groupe spécifique de Madagascar. Dans ce qui suit on la désignera sous le nom du groupe génotypique Gg3.

Lorsque l'analyse Structure est appliquée à l'ensemble des 349 accessions collectées, l'importance relative des trois groupes génotypiques, en terme de nombre d'accessions qui les composent, est légèrement modifiées : augmentation de l'importance du groupe Gg1 qui rassemble 20.9% des 349 accessions collectées, contre 16.8% des 262 accessions à génotypes distincts; réduction de l'importance du groupe Gg3 (51.0% contre 55.0%) ; quasi stabilité pour le groupe Gg2 (21.7% contre 20.2%) et les admixtes 6.2. contre 8.0% .

5.2.1.2 Classification basées sur la distance entre individus

L'analyse factorielle (Figure 5.2) et l'arbre non enraciné (Figure 5.3), construit à partir des distances « simple matching » des tailles alléliques, confirment la cohérence des trois groupes identifiés sous le modèle d'appartenance à des groupes, avec le logiciel Structure. Les groupes 2 et 3 sont proches, alors que le groupe 1 est bien distant des deux autres. Les 22 accessions non classées se trouvent majoritairement entre le groupe 2 et le groupe 3. Il s'agit d'accessions de variétés locales collectées en zones de basses altitudes. Leurs positions sur le plan factoriel et leur statut d'admixte dans l'analyse de Structure suggèrent qu'ils sont issus de recombinaisons entre le groupe 2 et le groupe 3.

Le groupe Gg1 rassemble une partie des riz irrigués de type amélioré et la quasi-totalité des variétés de riz pluvial (Tableau 5.2). Appartiennent aussi à ce groupe quelques variétés locales (*Latsika* et *Rojo kirina*) toutes collectées en zones de hautes altitudes, de plus de 1800m. Les variétés améliorées sont aussi dominantes dans le groupe Gg2. Y figurent aussi des variétés locales de basse altitude de la famille de *Tsipala*, par exemple. Cinq accessions sont des riz pluviaux, il peut s'agir des variétés de riz irrigué que les paysans ont testées en pluvial. Les noms de ces accessions correspondent à certains noms d'appellation de variétés de riz irrigué du même groupe. Le groupe Gg3 rassemble quasi exclusivement des variétés locales, avec une prédominance des variétés collectées en zones d'altitudes supérieures à 1250m et inférieures à 1750m.

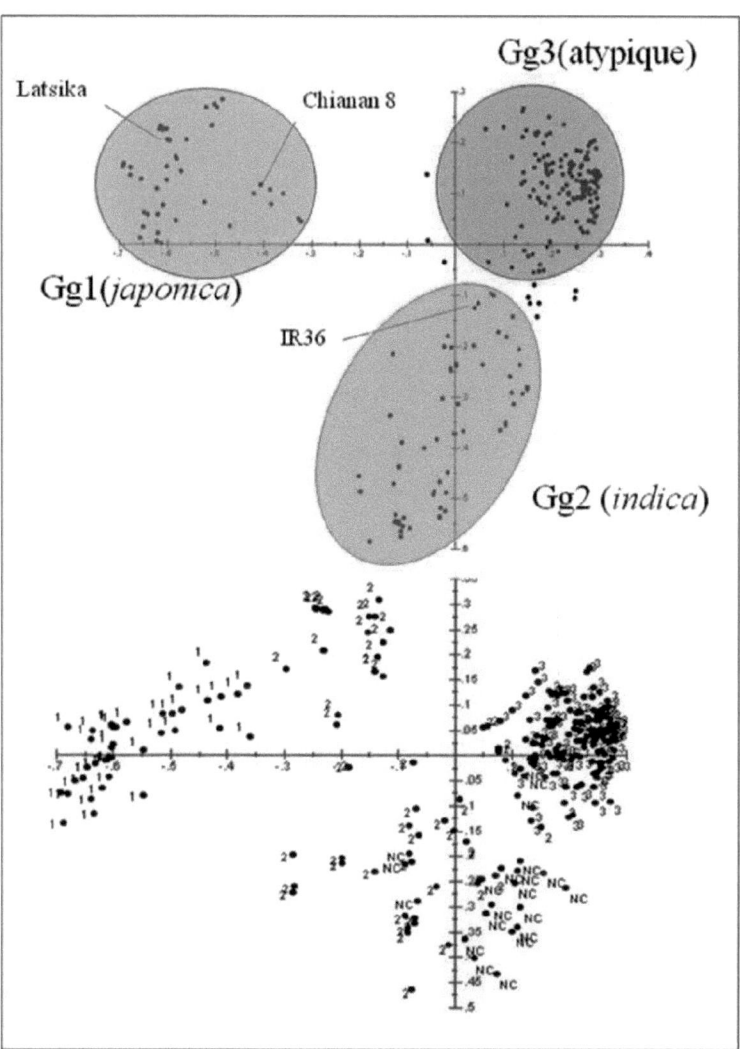

Figure 5-2 : Plans des axes 1-2 et 1-3 de l'analyse factorielle sur distance "simple matching". Les pourcentages de la variation associés aux axes 1, 2 et 3 sont respectivement de 20.9%, 11.8% et 5.1%.
Les 3 groupes identifiés par l'approche Structure, sont indiquées par 3 nuages de couleur grise. La variété témoin et les variétés connues sont indiquées. NC : non classée.

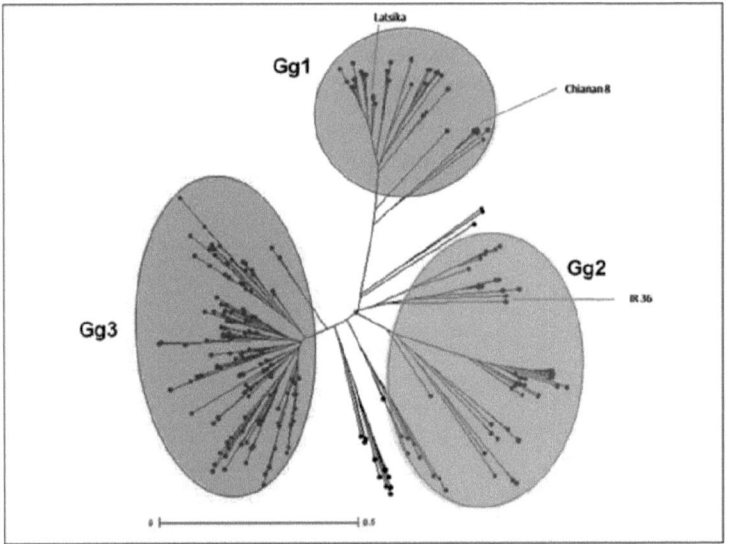

Figure 5-3 : Arbre non enraciné construit par la méthode de N-J à partir de distances "simple matching".
Les 3 groupes, identifiés par l'approche Structure, sont indiqués par 3 nuages de couleur grise. La variété témoin et les variétés connues sont indiquées.

Tableau 5-2: Paramètres de diversité des trois groupes identifiés parmi les 349 accessions de riz collectées dans la région de Vakinankaratra et parmi les 262 accessions à génotypes distincts qu'elles représentent au niveau de 14 loci SSR.

			Groupes génotypiques (Gg)				
			Gg1	Gg2	Gg3	NC	Total
Nombre d'accessions	Total collecté (Atc)		73	76	178	22	349
	Génotypes distincts (Agd)		44	53	144	21	262
Ecosystème rizicole	Atc	Riz irrigué (%)	49.3	93.4	99.4	100.0	306
		Riz pluvial (%)	50.7	6.6	0.6	0.0	43
	Agd	Riz irrigué (%)	63.6	96.2	99.3	100.0	243
		Riz pluvial (%)	36.3	3.8	0.7	0.0	19
Type variétal	Atc	Local (%)	13.7	14.5	99.9	100.0	219
		Amélioré (%)	86.3	85.5	0.01	0.00	130
	Agd	Local (%)	15.9	18.9	98.6	90.5	178
		Amélioré (%)	84.1	81.1	1.4	9.5	84
Paramètres de diversité		Na	4.50	6.35	5.35		
		PIC moyenne	0.39	0.56	0.35		

NC : Non classé, Na: Nombre moyen d'allèles par locus; PIC : Polymorphism Information Content.

5.2.1.3 Différentiations génétiques entre groupes et diversité intra groupe

L'AMOVA à deux niveaux, entre groupes et intra groupe, a montré que 43% de la variabilité totale est due à la différence entre les groupes, 57% provenant de la différenciation intra groupe. Les différenciations génétiques F_{ST} entre toutes les paires de groupes sont significatives, mais cette différenciation est plus faible entre Gg2 et Gg3 (Tableau 5.3).

Gg2 a l'indice de diversité moyen le plus élevé (0.60), suivi par Gg1 (0.42) et enfin le Gg3 (0.38). Gg2 montre aussi la plus grande diversité pour le nombre d'allèles par locus, le Ng et le PIC (Tableau 5.2), bien que son nombre d'accessions soit relativement faible par rapport aux autres groupes, en particulier Gg3 qui a les plus faibles indices de diversité.

Tableau 5-3: Différentiation génétique F_{ST} entre les trois groupes génétiques (Gg) identifiés dans la population des 262 accessions de riz de la région de Vakinankaratra.

	Gg1	Gg2	Gg3
Gg1 (*japonica*)	0		
Gg2 (*indica*)	0.425*	0	
Gg3 (atypique)	0.556*	0.303*	0

Nombre de permutations : 110 ; (*) Différence significative, p<0.001

La comparaison des fréquences alléliques entre les trois groupes indique l'existence d'allèles spécifiques du Gg3, aux loci RM001 et RM021, et du Gg2, aux loci RM 007, RM RM011, RM021, RM222, RM284. La différenciation génétique entre groupes est cependant liée essentiellement aux différences de fréquences alléliques (Tableau 5.4).

Tableau 5-4: Fréquences alléliques aux 14 loci SSR, au sein des trois groupes génotypiques (Gg) identifiés dans la population des 349 variétés de riz de la région de Vakinankaratra.

Locus	Taille des allèles	Gg1 *japonica*	Gg2 *indica*	Gg3 atypique	Locus	Taille des allèles	Gg1 *japonica*	Gg2 *indica*	Gg3 atypique
RM 001	129	0	0.16	0.03	RM 021	150	0	**0.51**	0
	131	0	0	**0.21**		178	0	0.13	0.03
	137	0	0.02	0.28		182	0	0	**0.34**
	141	0	0.23	0.06		186	0	0.22	0.21
RM 007	187	0	0.35	0.81	RM 044	122	0	0.85	0.06
	189	0	0.08	0.13	RM 215	167	0	0.44	0.96
	195	0.15	0.31	0	RM 222	229	0	**0.14**	0
	201	0	**0.24**	0		231	0	**0.22**	0
RM 011	142	0.05	0	0.12	RM 224	176	0.67	0.12	0
	158	0	**0.37**	0	RM 284	161	0	0.65	0.98
	160	0	0.52	0.86		165	0.09	0.25	0
RM 019	241	0	0.01	0.08	RM 312	113	0	0.12	0.01
	253	0.11	0.11	0		123	0	0.01	0.19
	262	0	0.48	0.05	RM 447	124	0	0.42	0.01
	265	0	0.19	0.82		133	0	0.1	0.79
					RM 474	243	0	0.3	0.02
						251	0	0.08	0.74

Les allèles spécifiques du Gg2 et Gg3 sont indiquées en gras.

5.2.2 Comparaison avec la diversité génétique du riz à l'échelle mondiale

Nous avons prévu de comparer la diversité génétique de la collection des variétés de riz du Vakinankaratra avec la "core collection" du Cirad (dénommée Mini_GB et composée de 273 accessions) et avec une collection de 2676 accessions génotypées récemment, dans le cadre du projet international de constitution d'une "core collection" de riz (projet du Generation Challenge Program). Dans ce but, une partie des loci SSR étaient identiques à ceux de ce projet.

Pour des raisons techniques indépendantes de notre travail, il n'a pas été possible d'aligner nos génotypages avec ceux de ce programme. La comparaison se limite donc à celle des richesses alléliques.

Le nombre moyen d'allèles (Na) aux 10 loci communs aux trois études est de 9 pour les riz de Vakinankaratra, soit 58% de celui du Mini_GB et 44% de celui de la collection mondiale de 2676 accessions (Tableau 5.5). La petite région de Vakinankaratra héberge donc une part importante de la diversité allélique du riz observée à l'échelle mondiale.

Tableau 5-5 : Nombre d'allèles aux 14 locus SSR, au sein de 262 accessions des riz de Vakinankaratra et au sein de 2 collections représentatives de la diversité mondiale du riz.

Locus	Chromosome	Motif	Nombre d'allèles par loci		
			Vakinankaratra (N=262)	Mini_GB (N=273)	GCP_SP1 (N=2676)
RM 001	1	(AG)26	18	27	32
RM 007	3	(GA)19	(6)	nd	nd
RM 011	7	(GA)17	10	17	32
RM 019	12	(ATC)10	11	14	26
RM 021	11	(GA)18	(16)	na	na
RM 044	8	(GA)16	8	13	19
RM 215	9	(CT)16	5	12	17
RM 222	10	(CT)18	(13)	nd	nd
RM 224	11	(AAG)8AG13	(9)	nd	nd
RM 284	1	(CT)17	4	6	7
RM 312	1	(ATTT)4(GT)9	7	8	11
RM 447	8	(CTT)8	5	13	20
RM 474	10	(AT)13	13	27	33
RM 514	3	(AC)12	8	16	24
Total			89	153	221
Moyenne			8.9	15.3	22.1

Mini_GB : "core collection" mondiale (Glaszmann, 1987) ; GCP_SP1 : accessions génotypées dans le cadre de l'initiative du Generation Challenge Program pour construire une collection de référence pour le riz. N : Nombre d'accessions analysées ; (x) : chiffres non intégrés dans la comparaison ; nd : données non disponibles.

5.3 Diversité des caractères agro-morphologiques

Seules les 306 accessions de culture irriguée ont fait l'objet d'une caractérisation agro-morphologique au champ ; et parmi ces 306 accessions, un jeu complet de donnée agro-morphologique a été obtenu pour 292 accessions, seulement. Le tableau 5.6 présente les moyennes et les coefficients de variation des 13 caractères quantitatifs mesurés sur ces 292 accessions. Le coefficient de variation le plus élevé (69.3%) est observé pour le taux de stérilité ; le caractère « épaisseur du grain » présente le plus petit coefficient de variation (4.82%).

Tableau 5-6: Variabilité de 13 variables agro-morphologiques quantitatives au sein des 306 accessions de riz irrigué collectées dans la région de Vakinankaratra.

Variables quantitatives	Valeur des variables quantitatives				AFD	
	Moyenne	Min	Max	CV%	Axe 1*	Axe 2*
Nombre de talles (NT)	8.85	2.8	16.8	28.74	0.529	-0.149
Hauteur de la plante (HP)	95.74	54.6	129	15.33	0.364	0.487
Longueur de la feuille paniculaire (LoFP) (cm)	20.91	12.02	28.2	13.97	0.318	0.635
Largeur de la feuille paniculaire (LaFP) (cm)	1.11	0.8	1.44	9.26	0.011	-0.115
Longueur de la panicule (LP)(cm)	21.35	15.93	26.58	9.77	0.001	0.667
Nombre de grains par panicule (NGP)	135.58	77.75	228.75	22.69	0.333	0.286
Taux de stérilité (TS) (%)	14.49	2.99	57.85	69.3	0.726	0.016
Poids de 1000 grains (PMG) (g)	26.65	18.92	43.56	12.85	0.222	-0.325
Longueur de grain (LoG) (mm)	8.46	6.09	10.98	10.4	0.079	0.016
Largeur de grain (LaG) (mm)	3.03	2.38	3.56	7.07	0.668	0.245
Epaisseur de grain (EG) (mm)	2.10	1.81	2.32	4.82	0.649	-0.036
Longueur / largeur LoG/LaG	2.81	1.93	4.18	14.64	0.421	-0.101
Nombre de jours à maturité (NJRM)	122.35	95	161	11.85	0.707	0.134

CV : coefficient de variation ; AFD : analyse factorielle discriminante (AFD) conduite avec 13 variables quantitatives des 306 accessions de riz ; Axe 1 et Axe 2 : les 2 premiers axes de l'AFD représentent respectivement 76.9% et 23.1% de la variation totale ; * : les chiffres représentent la corrélation de chaque variable avec chacun des axes de l'AFD.

L'analyse en composante principale (ACP) conduite sur les 13 variables quantitatives ne permet pas d'identifier des groupes distincts. L'axe 1 (24.6% de la variabilité totale) est associé aux variations de la longueur du cycle, du taux de stérilité, du nombre de talles et du format (largeur et épaisseur) du grain. L'axe 2 (20.9% de la variabilité totale) est associé aux variations de la longueur de la feuille paniculaire, de la longueur de la panicule et de la hauteur de la plante. L'axe 3 (17.3% de la variabilité totale) est associé aux variations de la longueur du grain et de la largeur de la feuille paniculaire.

La classification ascendante hiérarchique basée sur les coordonnées des individus sur les 5 premiers axes de l'ACP, représentant au total plus de 75% de la variabilité totale, a permis d'identifier trois grands groupes phénotypiques (Gp) organisés en six sous-groupes (Figure

5.4). Le groupe Gp1, constitué de 37 accessions, est caractérisé par un fort tallage, des cycles longs, des plantes de taille moyenne et grains courts et épais pour Gp1-a, de taille haute et des grains longs et minces pour Gp1-b. Le groupe Gp2, constitué de 38 accessions, est caractérisé par des plantes de taille courte, à faible tallage et à panicule courte. Le groupe Gp3, constitué par 231 accessions (75%), est caractérisé par les variétés de grande taille, à tallage faible, à grains longs et épais pour les sous-groupes Gp3-a et Gp3-b, à grains arrondis pour le sous-groupe Gp3-c. Les groupes Gp2 et Gp3 sont proches l'une de l'autre et très distants par rapport au Gp1.

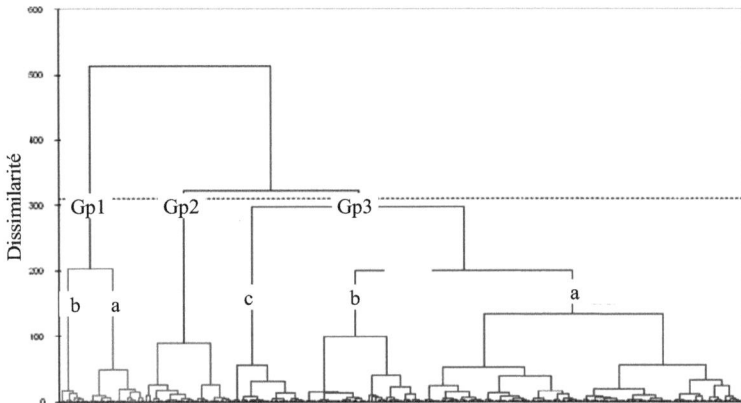

Figure 5-4 : Dendrogramme de classification de 306 accessions de riz irrigué de la région de Vakinankaratra construit, selon la méthode d'agrégation de Ward, à partir des distances euclidiennes pour les 13 variables quantitatives, troncature automatique.

5.4 Relations entre la structuration moléculaire et la structuration phénotypique de la diversité

5.4.1 Correspondance entre les deux classifications

L'analyse de la correspondance entre les groupes génotypiques (Gg) révélés par les marqueurs SSR et les groupes phénotypiques (Gp) identifiés par la caractérisation agro-morphologique, a été réalisée pour les 292 accessions de riz irrigué, pour les quelles on disposait de jeux de données génotypiques et phénotypiques complets.

Le groupe génotypique Gg1 (*japonica*) apparaît assez homogène sur le plan phénotypique ; parmi ses 36 accessions de culture irriguée, 30 sont classées dans le groupe phénotypique Gp2 (Tableau 5.7). Les caractéristiques phénotypiques de Gp2 correspondent bien à celles du groupe *japonica* tempéré.

Le groupe Gg2 (*indica*) paraît hétérogène sur le plan phénotypique. Parmi ses 71 accessions de culture irriguée, 20 se classent en Gp1, 4 en Gp2 et 47 en Gp3. Les accessions Gg2 classées en Gp1 (de taille moyenne, à fort tallage, à cycles longs, ...) correspondent aux variétés *indica* améliorées. Les accessions Gg2 classées en Gp3 (de grande taille, à tallage faible, à grains longs,...) correspondent aux variétés *indica* locales venant de zones d'altitudes inférieures à 1250 ; ces dernières, cultivées sous conditions climatiques trop difficiles pour elles (altitudes de 1500m) ont peu tallé et de ce fait ressemblent aux accessions du groupe atypique. La plupart des accessions du groupe génotypique atypique Gg3 se classent dans le groupe phénotypique Gp3 qui se caractérise par des plantes de taille haute, à tallage faible et aux grains longs et épais.

Tableau 5-7 : Correspondance entre groupes génotypiques (Gg) révélés par les marqueurs moléculaires SSR et groupes phénotypiques (Gp) révélés par les variables agro-morphologiques, parmi les variétés de riz irrigué de la région de Vakinankaratra.

		Groupes génotypiques				Total Gp
		Gg1	Gg2	Gg3	NC	
Groupes phénotypiques	Gp1-a	0	17	4	3	24
	Gp1-b	0	3	2	8	13
	Gp1	**0**	**20**	**6**	**11**	**37**
	Gp2	**30**	**4**	**4**	**0**	**38**
	Gp3-a	5	40	90	1	136
	Gp3-b	0	7	42	2	51
	Gp3-c	1	0	29	0	30
	Gp3	**6**	**47**	**161**	**3**	**217**
Total Gg		36	71	171	14	292

NC : accessions non classées dans les trois groupes génotypiques. Le test de Khi 2 révèle une dépendance significative entre les lignes et les colonnes (X-squared = 208.3523, df = 4, p-value < 2.2e-16).

Nous avons examiné le niveau de dépendance entre l'appartenance à un groupe génotypique et les valeurs prises par les 13 variables phénotypiques quantitatives. Pour ce faire, nous avons procédé à une analyse factorielle discriminante qui décrit l'appartenance d'un ensemble d'observations (individus par exemple) à des groupes prédéfinis (classes, modalités de la variable à prédire, ...) à partir d'une série de variables prédictives. Dans notre cas, les groupes prédéfinis sont les groupes génotypiques et les variables explicatives sont les 13 variables phénotypiques quantitatives.

A partir de la matrices des 13 variables phénotypiques et 278 accessions appartenant aux trois groupes génotypiques Gg1, Gg2 et Gg3 (les accessions « non classé » dans les 3 groupes génotypiques ont été écartées car elles ne constituent pas un groupe), des variables discriminantes sont calculées de manière à maximiser les rapports entres variances intergroupes et la variance totale. Le nombre maximum de variables discriminantes est égale au nombre de groupes prédéfinis moins un. Dans notre cas le nombre de variables discriminantes est de deux. L'axe de la première variable discriminante explique 76.85% de la variance phénotypique totale ; les variables phénotypiques qui ont les plus grandes contributions à cet axe sont le rapport longueur grain/largeur du grain, la largeur de la feuille paniculaire et le poids du milles grains. Le second axe, expliquant 23.15% de la variance totale, est fortement influencé par l'épaisseur du grain, la longueur du grain et la hauteur de la plante.

La projection des accessions sur le plan des deux axes discriminants (Figure 5.5) montre que les accessions appartenant à chacun des 3 groupes génotypiques constituent 3 nuages de points peu chevauchants entre Gg1 et Gg2, plus chevauchants entre Gg2 et Gg3. Ainsi la dépendance entre les variables phénotypiques et les groupes génotypiques est importante lorsque l'on considère les groupes Gg1 et Gg2, qui se différencient nettement en fonction du rapport longueur grain/largeur du grain, la largeur de la feuille paniculaire et le poids du milles grains ; la dépendance est relativement moins importante lorsque l'on considère les groupes Gg1 et Gg3 d'une part et Gg2 et Gg3 d'autre part ; dans ces 2 cas, la dépendance entre variables phénotypiques et groupes génotypiques concerne surtout le 2ème axe discriminant dominé par les variations de l'épaisseur et de la longueur du grain ainsi que la hauteur de la plante.

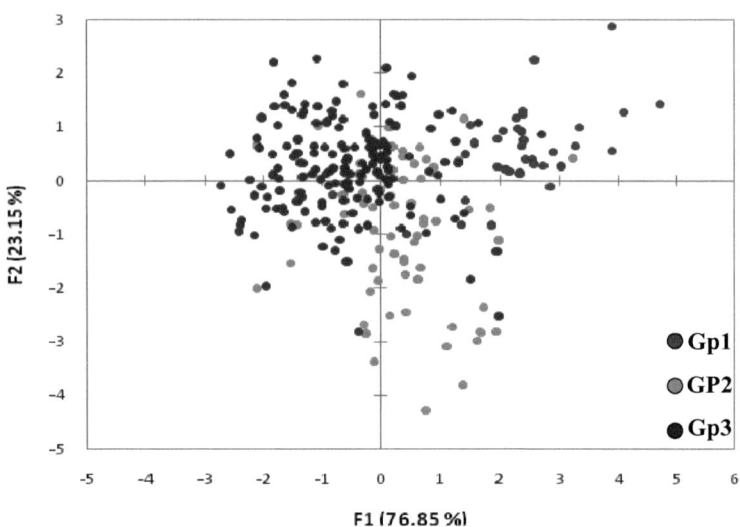

Figure 5-5: Plan des 2 axes d'une analyse factorielle discriminante conduite avec 13 variables quantitatives de 278 accessions de riz irrigué collectées dans la région de Vakinankaratra classées dans 3 groupes génotypiques Gg1, Gg2 et Gg3 sur la base de leur génotype à 14 loci SSR.

5.4.2 Diversité phénotypique des groupes génotypiques

La diversité phénotypique des 3 groupes génotypiques Gg1, Gg2 et Gg3 a été estimée pour chacun des 16 caractères agro-morphologiques étudiés. Pour ce faire, les valeurs quantitatives des variables ont été transformées en 3 classes phénotypiques de même effectif (Tableau 5.8) et l'indice H' de diversité de Shannon-Weaver (Jain et al. 1975) a été calculé à partir des fréquences des 3 classes phénotypiques dans chaque groupe génotypique.

L'indice de diversité H' de Shannon-Weaver est faible dans le groupe Gg1 comparé aux 2 autres groupes. Les variétés du groupe Gg1 présentent une grande diversité pour les caractères aristation (0.81) et taux de stérilité (0.82), une faible diversité pour le nombre de talles et le nombre de grains par panicule. Les variétés du groupe Gg2 présentent une grande diversité pour le taux de grains vides (0.98), l'épaisseur des grains (0.86), la hauteur de la plante (0.80) et la durée du cycle (0.89). Les variétés de groupe atypique Gg3 présentent une grande diversité pour le nombre de grains par panicule (0.91) et la longueur du grain (0.86). Les groupes Gg2 et Gg3 ont approximativement le même indice moyen de diversité alors que le nombre d'accessions est beaucoup plus important dans le groupe Gg3. Les nombreuses accessions du groupe atypique sont donc peu variables pour les 16 caractères étudiés.

Tableau 5-8 : Indice H' de Shannon-Weaver pour les différentes variables phénotypiques des 3 groupes génotypiques identifiés parmi les variétés de riz de la région de Vakinankaratra.

Caractères quantitatifs et qualitatifs	Intervalle des classes phénotypiques*			Groupes génotypiques		
	1	2	3	Gg1 n=36	Gg2 N=71	Gg3 N=171
Hauteur de la plante (HP)	< 79	79–104	> 104	0.71	0.8	0.74
Nombre de talles (NT)	< 8	8–10.4	> 10.4	0.36	0.62	0.55
Longueur de la feuille paniculaire (LoFP) (cm)	< 19.4	19.4–26.9	> 26.9	0.61	0.64	0.6
Largeur de la feuille paniculaire (LaFP) (cm)	< 1.1	1.1–1.4	> 1.4	0.62	0.58	0.6
Longueur de la panicule (LP)(cm)	< 19.4	19.4–23	> 23	0.55	0.64	0.68
Nombre de grains par panicule (NGP)	< 128	128–178	> 178	0.31	0.71	0.91
Taux de stérilité (TS) (%)	< 10	10-20	>20	0.82	0.98	0.64
Poids de 1000 grains (PMG) (g)	< 27	27–35.2	> 35.2	0.52	0.61	0.63
Longueur de grain (LoG) (mm)	< 7.72	7.72–9.35	> 9.35	0.77	0.66	0.86
Largeur de grain (LaG) (mm)	< 2.77	2.77–3.17	> 3.17	0.71	0.83	0.75
Epaisseur de grain (EG) (mm)	< 2	2–2.20	> 2.20	0.61	0.86	0.73
Longueur / largeur LoG/LaG	< 2.68	2.68–3.43	> 3.43	0.61	0.75	0.66
Nombre de jours à maturité (NJRM)	< 117	117–139	> 139	0.57	0.89	0.7
Couleur du grain	Paille	Or	Brin	0	0.26	0.27
Couleur de l'apex	Incolore	Coloré	-	0.31	0.06	0.47
Aristation	Absent	Courte	Longue	0.81	0.13	0.28
Indice de diversité moyen (Erreur type)				0.56 (0.05)	0.63 (0.06)	0.63 (0.04)

(n) : nombre d'accessions dans le groupe génotypique. * pour calculer les indices de diversité, l'étendue des valeurs de chaque caractère quantitatif a été subdivisée en 3 classes qualitatives de même effectif.

Les comparaisons des moyennes des valeurs phénotypiques des trois groupes génotypiques (Tableau 5.9) montrent que les trois groupes sont significativement différents les uns des autres pour quasiment tous les caractères

Tableau 5-9: Résultats des comparaisons des moyennes des caractères quantitatifs des trois groupes génotypiques (Gg) par analyse de variance.

Caractères quantitatifs	Moyennes des groupes génotypiques			Risque α de rejet de H_0
	Gg1 (n=36)	Gg2 (n=71)	Gg3 (n=171)	
Hauteur de la plante (HP) (cm)	87a	102.3b	81.3a	p<0.001
Nombre de talle (NT)	9.4b	8.5a	8.3a	p<0.05
Longueur de la feuille paniculaire (LoFP) (cm)	20.5b	21.3b	18.3a	p<0.001
Largeur de la feuille paniculaire (LaFP) (cm)	1.1	1.1	1.1	NS
Longueur de la panicule (LP)(cm)	20.7b	22.1c	18.4a	p<0.001
Nombre de grains par panicule (NGP)	125.6b	145.9c	111.7a	p<0.001
Taux de grain vide (NGV) (%)	16.7b	12.5a	10a	p<0.001
Poids de 1000-grains (PMG) (g)	25.8a	26.7a	29.5b	p<0.001
Longueur de grain (LoG) (mm)	8.1a	8.6b	8.2a	p<0.001
Largeur de grain (LaG) (mm)	3	3	3.1	NS
Epaisseur de grain (EG) (mm)	2	2.1	2.1	NS
Longueur / largeur (LoG/LaG)	2.7b	2.8c	2.6a	p<0.01
Nombre de jours à maturité (NJRM)	121.1b	121.7b	113.1a	p<0.001

(n) : nombre d'accessions dans le groupe génotypique. H_0: hypothèse d'égalité des 3 moyennes. Pour un caractère quantitatif donné, les moyennes suivies d'une même lettre ne sont pas significativement différentes.

5.5 Constitution d'une "core collection"

5.5.1 Core collection génotypique

Nous avons cherché à établir l'échantillon minimum d'accessions qui permettrait de regrouper la diversité allélique des variétés de riz que nous avons collectées dans la région de Vakinankaratra. Pour ce faire nous avons utilisé le programme Mstrat version 4.0 (Gouesnard *et al.*, 2001) qui, à partir du nombre d'allèles comptabilisés avec les *n* accessions, évalue la capacité d'une nouvelle accession, *n*+1, à augmenter le nombre total d'allèles. Le choix de l'accession numéro 1 (n=1) et des autres accessions évaluées successivement, se fait par tirage au hasard sans remise, parmi la totalité des accessions. Le processus a été répété à 100 reprises.

L'allure de la courbe de redondance génotypique, issue du processus itératif d'évaluation et d'ajouts successifs d'accessions pour augmenter le nombre total d'allèles, montre (Figure 5.6) que le nombre total d'allèles n'augmente plus à partir de 35 accessions, soit 10% du nombre total d'accessions.

Nous avons retenu 35 accessions après 20 itérations du processus. Il s'agit de 33 variétés de culture irriguée et de 2 variétés de culture pluviale, provenant de 22 villages différents (Figure 5.7). La majorité de ces accessions sont des variétés locales (Annexe 5). Il est intéressant de noter que les 41 accessions de riz pluvial ont pu être représentées dans la "core collection" par seulement 2 accessions. Ceci est en conformité avec l'étroitesse de la base génétique des variétés de riz pluvial déployées dans la région.

5.5.2 Diversité phénotypique de la "core collection"

La constitution de la "core collection" étant faite sur la base de données génotypiques, il était important d'en vérifier la représentativité phénotypique. Pour ce faire, nous avons comparé les distributions des 13 variables agro-morphologiques quantitatives au sein des 33 accessions de culture irriguée qui composent la "core collection", à celles des mêmes variables, parmi les 306 accessions de culture irriguée. Faute de données phénotypiques, les accessions pluviales ont été exclues de cette comparaison.

L'examen des valeurs minima, maxima, moyenne et coefficient de variation de chacune des 13 variables agro-morphologiques pour la "core collection" et la totalité de 306 accessions, indique (Tableau 5-10) que les pertes de diversité sont faibles mais loin d'être négligeables. Par exemple, les hauteurs de plante varient de 54 à 109cm dans la "core collection", contre 54 à 129cm dans la collection complète. Il en est de même pour le nombre de jours à maturité, 103 à 161 dans la "core collection", contre 95 à 161 dans la collection complète. Bien que faibles, ces réductions de diversité phénotypique pourraient constituer un handicap pour l'utilisation de ces accessions dans un programme de sélection du riz. Un processus de construction de "core collection" prenant en compte à la fois la diversité allélique (neutre) et la diversité phénotypique (fonctionnelle) devrait être développé.

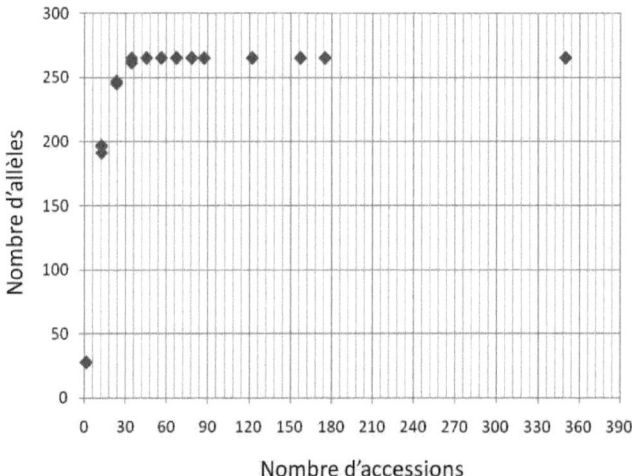

Figure 5-6 : Courbe de redondance génotypique de 349 accessions de riz montrant l'accumulation de la richesse allélique en fonction du nombre d'accessions. Chaque point représente la moyenne de 20 répétitions du processus de tirage et d'évaluation d'enrichissement allélique.

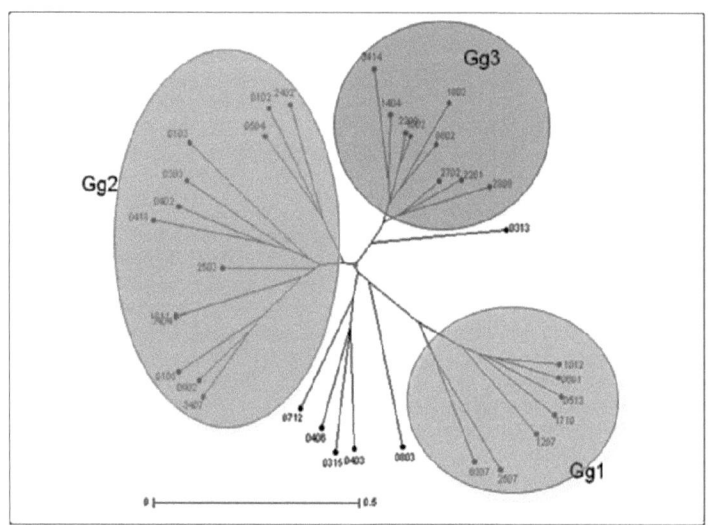

Figure 5-7: Arbre de Neighbor joining non-raciné des 35 accessions de la "core collection" construit à partir des distances « simple matching » des génotypes aux 14 loci SSR.

Tableau 5-10: Comparaison de la diversité phénotypique de la collection des 306 accessions de riz de la région de Vakinankaratra avec celle de la "core collection" de 35 accessions.

Variables phénotypiques	Collection de 306 accessions				"Core collection" de 33 accessions			
	Moy	Min	Max	CV (%)	Moy	Min	Max	CV (%)
Hauteur de la plante (cm)	95.7	54.6	129	15.3	91.1	54.8	114.2	17.4
Nombre de talles	8.8	2.8	16.8	28.7	8.5	2.8	15.8	37.4
Longueur de la feuille paniculaire (cm)	20.9	12.0	28.2	14.0	21.2	13.8	27.9	13.4
Largeur de la feuille paniculaire (cm)	1.1	0.8	1.4	9.3	1.1	0.8	1.4	9.9
Longueur de la panicule (cm)	21.3	15.9	26.5	9.8	20.8	15.9	24.3	10.7
Nombre de grains par panicule	135.5	77.7	228.7	22.7	125.7	80.2	189.5	19.7
Taux de grains vides (%)	14.5	2.9	57.8	69.3	16.7	2.9	57.8	72.7
Poids de 1000 grains (g)	26.6	18.9	43.5	12.9	26.2	18.9	33.4	14.5
Longueur de grain (mm)	8.4	6.1	10.9	10.4	8.2	6.1	9.9	11.3
Largeur de grain (mm)	3	2.5	3.5	7.1	3	2.4	3.5	8.4
Epaisseur de grain (mm)	2.1	1.8	2.3	4.8	2.1	1.8	2.3	5.8
Longueur / largeur	2.8	1.9	4.1	14.6	2.7	1.9	4.0	17.4
Nombre de jours à maturité (J)	122.3	95.0	161.0	11.9	123.8	98.0	161.0	13.9

Moy: moyenne; Min: minimum; Max: maximum ; CV: coefficient de variation.

5.6 Discussion

L'objectif de la présente étude était d'analyser la diversité génétique du riz présente au niveau de la petite région de Vakinankaratra, de comparer cette diversité avec celle observée au niveau national et mondial, et d'actualiser et affiner les données sur le groupe atypique spécifique de Madagascar, en utilisant, d'une part, des marqueurs moléculaires et, d'autre part, les caractères agro-morphologiques.

L'analyse de la structuration des 349 accessions de riz collectées dans la région de Vakinankaratra a montré que la région hébergeait des représentants des deux sous-espèces majeures d'*O. sativa*, le groupe génotypique Gg1 (*japonica*) et le groupe génotypique Gg2 (*indica*), mais aussi d'un troisième groupe génotypique Gg3 atypique. Ces résultats montrent que la composition variétale de la région de Vakinankaratra est comparable à celle de l'ensemble de Madagascar décrite par (Ahmadi *et al.*, 1988; Rabary *et al.*, 1989) à partir de caractères morpho-physiologiques et de marqueurs enzymatiques. Une différence mineure, mais non négligeable existe. Rabary *et al.* (1989) avaient identifié 2 groupes atypiques, l'un proche des *indica* et l'autre proche des *japonica*. Nous n'avons pour notre part pas retrouvé le groupe atypique proche des *japonica*. Sachant que certains représentants de ce petit groupe analysés par (Ahmadi *et al.*, 1988; Rabary *et al.*, 1989) provenaient de la région de Vakinankaratra, on peut se poser la question de leur abandon par les agriculteurs depuis les premières prospections qui remontent aux années 40-50s.

Il est difficile de comparer directement l'importance de la diversité génétique du riz dans la région de Vakinankaratra, à celle rencontrée au niveau mondial ou dans d'autres régions du monde. Les marqueurs, les loci étudiés et la taille des échantillons ne sont souvent pas les mêmes. La comparaison de la diversité aux 10 loci SSR en commun avec celle d'une étude internationale conduite dans le cadre du Generation Challenge Program et visant à construire une "core collection" au niveau mondial, a montré que la petite région de Vakinankaratra hébergeait environ 50% des allèles de fréquence supérieure à 5% de la collection mondiale de plus de 2500 accessions.

La diversité allélique relative des groupes génétiques Gg1 et Gg2 de Vakinankaratra (nombre moyen d'allèles par locus respectivement de 4.5 et 6.4) reflète celle observée dans d'autres études. Par exemple, le nombre moyen d'allèles par locus était de 7.3 pour les *japonica* et de 11.8 pour les *indica* dans un échantillon de 234 accessions représentatives de la diversité mondiale du riz analysée au moyen de 169 marqueurs SSR microsatellites (Garris *et al.*, 2005). Il en de même pour une étude conduite par (Thomson *et al.*, 2007), dans laquelle le nombre d'allèles par locus est de 7.3 pour les *japonica*, et 9 pour l'*indica*.

L'organisation de la diversité génétique révélée par la caractérisation agro-morphologique est en accord avec les caractéristiques des 2 sous-espèces *indica* et *japonica*, les *indica* étant des riz à tallage élevé à pailles assez fines, au nombre de grains par panicule limité et à grains longs et effilés, les *japonica* étant des riz à tallage modéré, à pailles plus solides, avec un nombre élevé de grains par panicule et à grains longs et larges pour sa composante tropicale et arrondis pour sa composante tempérée (Chang and Bardenas, 1965; Jacquot and Arnaud, 1979).

Ahmadi *et al.* 1991 avaient émis deux hypothèses sur l'origine du groupe génétique atypique Gg3 : (i) un effet de fondation d'un groupe de variétés venant du sous-continent indien ; (ii) une recombinaison inter-sous-espèces c'est-à-dire entre *indica* et *japonica*.

L'effet de fondation désigne l'établissement d'une nouvelle population par quelques individus qui portent une petite fraction de la variabilité génétique de la population parentale. Par conséquent, la nouvelle population a une variabilité génétique plus restreinte (Ladizinsky,

1985). Il est tout à fait concevable que certaines variétés venues du sous-continent indien aient trouvé sur les hauts plateaux de Madagascar une niche écologique favorable et aient occupé largement cette niche jusqu'à nos jours. La similarité des fréquences alléliques avec une population du sud de l'Inde (Rabary et al. 1989, Ahmadi et al. 1991) et l'histoire de l'introduction du riz irrigué à Madagascar militent dans ce sens. Il en est de même pour la faible diversité génotypique et phénotypique de notre groupe Gg3.

Pour ce qui est de l'hypothèse de recombinaison ancienne entre *indica* et *japonica*, les éléments suivants sont à considérer. Le Groupe Gg3 diffère des 2 autres surtout par des différences de fréquences alléliques. Les caractères phénotypiques du Gg3 sont intermédiaires entre *indica* et *japonica*. Les distances génétiques relativement faibles de Gg3 par rapport au groupe Gg2, *indica*, pourrait s'expliquer par le phénomène souvent constaté (Clément et Poisson 1984) de retour des descendants des croisements *indica* x *japonica* vers l'un des parents en fonction de la pression de sélection. Enfin, notons que les quatre groupes mineurs identifiés par Glaszmann (1987) ne sont pas intermédiaires entre *indica* et *japonica*.

Quelle que soit l'origine du groupe Gg3, sa sélection et son maintien sont très vraisemblablement liés aux conditions écologiques particulières des hautes terres liées à l'altitude (Rasolofo et al., 1986). Nous penchons donc, personnellement, vers l'hypothèse d'un effet de fondation. La proximité génétique entre le groupe Gg3 et le groupe *indica*, la restriction de la diversité génétique par rapport aux *indica*, le nombre important d'allèles communs entre les deux groupes mais qui diffèrent par la combinaison et la fréquence suggèrent bien l'idée d'une population sélectionnée à partir du groupe *indica*. Le maintien de cette population a été favorisé par le nombre limité d'introductions. Ainsi il y a une sorte d'évolution indépendante de la population. Un tel processus a été identifié chez d'autres espèces (Nevo et al., 1988; Allard et al., 1993; Allard, 1996). Les hautes terres de Madagascar pourraient ainsi être une région source de nouvelle diversité pour *Oryza sativa*.

Bien que construite sur le principe de la conservation des allèles et non pas de la conservation des combinaisons alléliques, les trois groupes génotypiques, que l'on distingue entre eux essentiellement sur la base des différences de fréquences alléliques, sont bien représentés dans notre "core collection". Par contre, la "core collection" ne contient pas toute la diversité phénotypique. Bien que légère, cette perte de diversité peut constituer un handicap pour l'utilisation de cette "core collection" dans les programmes d'amélioration du riz conduits par le Fofifa. Une approche intégrant à la fois des données phénotypiques et des données génotypiques devrait permettre la construction d'une "core collection" plus satisfaisante. De même, il faudra s'assurer que les associations alléliques spécifiques du groupe Gg3 y sont bien représentées.

5.7 Références

Ahmadi, N., Becquer, T., Larroque, C., Arnaud, M., 1988. Variabilité génétique du riz (*Oryza sativa* L.) à Madagascar. L'agronomie tropicale 43, 209-221.

Allard, R.W., 1996. Genetic basis of the evolution of adaptedness in plants. Euphytica 92, 1-11.

Allard, R.W., Garcia, P., Saenz-de-Miera, L.E., de-la-Vega, M.P., 1993. Evolution of Multilocus Genetic Structure in *Avena hirtula* and *Avena barbata*. Genetics 135, 1125-1139.

Blanc-Pamard, C., 1985. Riz, risques et incertitudes : d'une maîtrise à une dépendance, L'exemple des riziculteurs des Hautes Terres malgaches. A travers champ, Agronomes et géographes. Collection colloques et séminaires, ORSTOM, pp. 437-452.

Caicedo, A., Williamson, S., Hernandez, R.D., Boyko, A., Fledel-Alon, A., York, T., Polato, N., Olsen, K., Nielsen, R., McCouch, S.R., Bustamante, C.D., Purugganan, M.D., 2007. Genome-Wide Patterns of Nucleotide Polymorphism in Domesticated Rice. Genetics preprint e163.eor.

Chabanne, A., Razakamiaramanana, M., 1997. La climatologie d'altitude à Madagascar. In: Poisson, C., Rakotoarisoa, J. (Eds.), Actes du séminaire riziculture d'altitude CIRAD-CA, Antananarivo, Madagascar, pp. 55-62.

Chang, T.-T., Bardenas, E.A., 1965. The morphology and varietal characteristics of the rice plant. IRRI, Los Banos, Laguna, The Philippines.

De Kochko, A., 1988. Variabilité enzymatique des riz traditionnels malgaches *Oryza sativa* L. L'agronomie tropicale 43, 203-208.

Garris, A.J., Tai, T.H., Coburn, J., Kresovich, S., McCouch, S., 2005. Genetic Structure and Diversity in Oryza sativa L. Genetics 169, 1631-1638.

Glaszmann, J.-C., Grivet, L., Courtois, B., Noyer, J.L., Luce, C., Jacquot, M., Albar, L., Ghesquière, A., Second, G., 1999. Le riz asiatique. In: Hamon, P., Seguin, M., Perrier, X., Glaszmann, J.-C. (Eds.), Diversité génétique des plantes tropicales cultivées CIRAD, Montpellier, pp. 327-350.

Glaszmann, J.C., 1987. Isozymes and classification of Asian rice varieties. TAG Theoretical and Applied Genetics 74, 21-30.

Gouesnard, B., Bataillon, T.M., Decoux, G., Rozale, C., Schoen, D.J., David, J.L., 2001. MSTRAT: An Algorithm for Building Germ Plasm Core Collections by Maximizing Allelic or Phenotypic Richness. Journal of Heredity 92, 93-94.

Jacquot, M., Arnaud, M., 1979. Classification numérique de variétés de riz. L'agronomie tropicale 34, 157-173.

Jacquot, M., Clément, G., Ghesquière, A., Glaszmann, J.-C., Guiderdoni, E., Tharreau, D., 1997. Les riz. In: Charrier, A., Jacquot, M., Hamon, S., Nicolas, D. (Eds.), L'amélioration des plantes tropicales CIRAD-ORSTOM, pp. 533-564.

Jain, S.K., Qualset, C.O., Bhatt, G.M., Wu, K.K., 1975. Geographical Patterns of Phenotypic Diversity in a World Collection of Durum Wheats. Crop Science 15, 700-704.

Kato, S., Kosaka, H., Hara, S., 1928. On the affinity of rice varieties as shown by the fertility of hybrid plants. Bull. Sci. Facult. Terkult Kyushu Univ. 3, 132-147.

Ladizinsky, G., 1985. Founder effect in crop-plant evolution. Economic Botany 39, 191-199.

Li, Z., Rutger, J.N., 2000. Geographic distribution and multilocus organization of isozyme variation of rice (*Oryza sativa* L.). TAG Theoretical and Applied Genetics 101, 379-387.

Matsuo, T., 1952. Genecological studies on the cultivated rice. Bull. Nat. Inst. Agric. Sci.(Japan) 3, 1-111.

Morinaga, T., Kuriyama, H., 1958. Intermediate type of rice in the subcontinent of India and Java. Jap. J. Breeding 7, 253-259.

Nevo, E., Beiles, A., Krugman, T., 1988. Natural selection of allozyme polymorphisms: a microgeographic climatic differentiation in wild emmer wheat (*Triticum dicoccoides*). TAG Theoretical and Applied Genetics 75, 529-538.

Ni, J., Colowit, P.M., Mackill, D.J., 2002. Evaluation of Genetic Diversity in Rice Subspecies Using Microsatellite Markers. Crop Science 42, 601-607.

Oka, H.-I., 1958. Intervarietal variation and classification of cultivated rice. Indian J. Genet. Plant Breeding 18, 79-89.

Parsons, B.J., Newbury, H.J., Jackson, M.T., Ford-Lloyd, B.V., 1997. Contrasting genetic diversity relationships are revealed in rice (*Oryza sativa* L.) using different marker types. Molecular Breeding 3, 115-125.

Pritchard, J.K., Stephens, M., Donnelly, P., 2000. Inference of Population Structure Using Multilocus Genotype Data. Genetics 155, 945-959.

Rabary, E., Noyer, J.-L., Benyayer, P., Arnaud, M., Glaszmann, J.-C., 1989. Variabilité génétique du riz (*Oryza sativa* L.) à Madagascar: origine de types nouveaux. L'agronomie tropicale 44, 305-312.

Rakotoarisoa, J., 1996. Caractéristiques et contraintes de la riziculture d'altitude à Madagascar. In: Poisson, C., Rakotoarisoa, J. (Eds.), Actes du séminaire riziculture d'altitude. CIRAD-CA, Antananarivo, Madagascar, pp. 11-15.

Rasolofo, P., Vergara, B.S., Visperas, R.M., 1986. Screening rice cultivars as seedling and anthesis for low temperature tolerance in Madagascar. IRRN 11, 12-13.

Resurreccion, A.P., Villareal, C.P., Parco, A., Second, G., Juliano, B.O., 1994. Classification of cultivated rices into indica and japonica types by the isozyme, RFLP and two milled-rice methods. TAG Theoretical and Applied Genetics 89, 14-18.

Thomson, M., Septiningsih, E., Suwardjo, F., Santoso, T., Silitonga, T., McCouch, S., 2007. Genetic diversity analysis of traditional and improved Indonesian rice (*Oryza sativa* L.) germplasm using microsatellite markers. TAG Theoretical and Applied Genetics 114, 559-568.

Zhang, Q., Maroof, M.A.S., Lu, T.Y., Shen, B.Z., 1992. Genetic diversity and differentiation of indica and japonica rice detected by RFLP analysis. TAG Theoretical and Applied Genetics 83, 495-499.

6 Distribution éco-géographique de la diversité génétique du riz dans la région de Vakinankaratra et ses déterminants agro-environnementaux.

Résumé

La connaissance de la distribution spatiale de la diversité génétique des plantes cultivées et des facteurs agro-environnementaux qui la façonne est un préalable à l'élaboration de stratégies de conservation de cette diversité et de son utilisation pour l'amélioration variétale. Une analyse de la distribution éco-géographique de la diversité génétique du riz a été entreprise dans la zone centrale des hauts plateaux de Madagascar, la région de Vakinankaratra. Quelque 349 accessions de riz collectées dans 32 villages, selon un échantillonnage hiérarchisé, ont été génotypées au niveau de 14 loci SSR et phénotypées pour 16 caractères agro-morphologiques. La distribution de la diversité génotypique et phénotypique du riz dans la région n'est pas homogène. La diversité est structurée hiérarchiquement, aussi bien sur le plan quantitatif que qualitatif (groupes génotypiques et phénotypiques) par l'altitude, les systèmes de production et de culture du riz ainsi que la richesse des villages et des exploitations agricoles. La différenciation génétique entre villages, estimée par F_{ST} par paire de villages, varie de 0.04 à 0.47 et est étroitement corrélée avec l'altitude et, dans un moindre degré, avec les systèmes de production et la richesse des villages ainsi qu'avec les systèmes de culture du riz et la richesse des exploitations agricoles. L'effet de la distance géographique est beaucoup moins systématique. La décomposition de la variance moléculaire et la comparaison des indices de diversité phénotypique de Shannon-Weaver montrent que la diversité est aussi structurée de manière emboîtée : intervalle altitudinal, village, exploitation agricole et parcelle cultivée. La diversité maintenue par un village peut représenter jusqu'à 75% de celle de l'intervalle d'altitude de son appartenance ; celle maintenue par une exploitation, jusqu'à 70% de la diversité du village où elle réside. Les variétés de riz ont une structure génétique de type multi-lignées, ce qui se traduit par une diversité non négligeable au niveau de la parcelle cultivée en riz. Etant donné cette structuration hiérarchique et emboîtée, un échantillonnage stratifié de petite taille permettrait d'accéder à l'essentiel de la diversité allélique et phénotypique du riz dans la région de Vakinankaratra en vue d'une conservation *ex situ*. Par contre le maintien de la diversité des associations alléliques, liées à la structure multi-lignées des variétés, passe par des approches *in situ*.

Mots clés: Riz, Diversité génétique, Distribution de la diversité, Vakinankaratra, Madagascar

6.1 Introduction

Les variétés améliorées à haut potentiel de production sont nécessaires pour faire face à la forte augmentation des besoins alimentaires, en particulier dans les pays tropicaux (Evenson and Gollin, 2003; Khush, 2005). Mais l'introduction de ces variétés a souvent des impacts négatifs sur les ressources génétiques locales. Dans beaucoup de régions du monde, l'adoption des variétés améliorées s'est faite au détriment des variétés locales, mais des exemples de cohabitation entre variétés améliorées et variétés locales existent. C'est le cas par exemple des variétés améliorées de riz pluvial introduites en Guinée (Barry *et al.*, 2008). Par ailleurs, la réapparition et/ou l'augmentation des exigences de qualité et/ou d'authenticité, aussi bien au Nord qu'au Sud avec l'augmentation du niveau de vie, ouvrent de nouvelles perspectives pour la culture et, donc, pour la conservation *in situ* des variétés locales. Dans ce contexte, la connaissance de la structuration génétique de l'espèce dans la région cible, de la distribution éco-géographique des variétés, qu'elles soient locales ou améliorées, et des facteurs agro-environnementaux qui déterminent cette distribution faciliteront l'élaboration de stratégies de conservation des variétés locales et celle de leur amélioration et adaptation aux nouveaux besoins de l'agriculture.

A Madagascar, la région des hauts plateaux est connue pour héberger un grand nombre de variétés locales de riz irrigué. Parmi elles, figure un groupe de variétés non recensées ailleurs dans le monde (De Kochko, 1987; Ahmadi *et al.*, 1988; Rabary *et al.*, 1989; Ahmadi *et al.*, 1991). L'histoire de la riziculture dans la région remonte au 15ème siècle (Boiteau, 1977) mais les conditions écologiques particulières de la région caractérisée par un climat tropical d'altitude (Chabanne and Razakamiaramanana, 1997) pourraient avoir favorisé la sélection de ce groupe atypique parmi les différentes vagues de variétés de riz parvenues dans la région avec son peuplement par l'ethnie Merina. Dès le début du 20ème siècle, la région a fait l'objet d'introductions organisées de nouvelles variétés de riz de la part des pouvoirs publics pour augmenter la production. A partir des années 50s, plusieurs programmes d'amélioration variétale du riz ciblant la région des hauts plateaux ont été entrepris par le Centre National de Recherche Agronomique de Madagascar (FOFIFA). Ils ont donné lieu soit à la sélection de lignées pures dans les variétés locales et la rediffusion de ces formes « améliorées » (c'est le cas par exemple de la variété Rojofotsy inscrite au catalogue national des variétés de riz sous le numéro 1285), soit à la diffusion de variétés améliorées en provenance d'autres régions du monde (c'est le cas par exemple de la variété Chianan 8 (n°1632) diffusée dans les années 60s ou de X 265 (IR 15579-24-2) diffusée dans les années 90s), soit encore à la création de nouvelles variétés par des croisements entre variétés locales et variétés améliorées ; c'est le cas, par exemple du Madrigal 2067. Plutôt que de remplacer complètement les variétés locales, ces variétés semblent avoir pris place dans des niches écologiques ou économiques particulières, vraisemblablement faute d'une large adaptabilité face aux conditions agroécologiques de la région. Plus récemment une nouvelle catégorie de variétés améliorées de riz a été créée et diffusée dans la région par le FOFIFA. Il s'agit de variétés pour la riziculture pluviale qui était absente de la région jusque là, très vraisemblablement faute de variétés adaptées. La diffusion très rapide de ces variétés (Ahmadi, 2004) a confirmé la grande ouverture des agriculteurs de la région à l'innovation variétale et a, en même temps, souligné la vulnérabilité des variétés locales de riz irrigué face à des variétés améliorées qui auraient une plus grande adaptation aux conditions locales.

C'est dans ce contexte que nous avons entrepris l'analyse de la distribution éco-géographique de la diversité du riz dans la zone centrale des hauts plateaux malgaches, la région de Vakinankaratra. L'étude de cette distribution mesurée par le nombre de variétés a été présentée dans le cadre de l'analyse de la gestion paysanne des variétés et des semences de riz (Cf. Chapitre 3). Nous présentons ici l'analyse de cette même distribution avec des indicateurs de diversité génétique plus fins, des marqueurs moléculaires (diversité génotypique) et des caractères agro-morphologiques quantitatifs et qualitatifs (diversité phénotypique).

6.2 Distribution de la diversité à l'échelle régionale

6.2.1 Diversité génotypique

La distribution géographique des trois groupes génotypiques (Gg) qui structurent la diversité des riz de la région de Vakinankaratra (cf. 5.3), n'est pas aléatoire (Tableau 6-1). La plupart des accessions du groupe Gg1, correspondant à la composante tempérée de la sous-espèce *japonica* ont été collectées dans des villages d'altitudes supérieures à 1500m alors que celles qui correspondent à la composante tropicale *japonica*, les riz pluviaux, sont présentes dans la grande majorité des villages indépendamment de leur altitude. Quatre-vingt sept pourcent des accessions du groupe Gg2, correspondant à la sous-espèce *indica*, ont été collectées à des altitudes inférieures à 1500m. Enfin, 80% des accessions du groupe atypique Gg3 provenaient de villages d'altitudes comprises entre 1250 et 1750m. Cette distribution ne change pas significativement, que l'on considère les 349 accessions collectées ou les 262 génotypes distincts aux 14 loci SSR qu'elles représentent. En effet les accessions de même génotype proviennent souvent de villages situés au même intervalle d'altitude.

La différenciation génétique entre les quatre intervalles d'altitudes que nous avons définis est significative pour toutes les paires d'intervalles considérées, mais son importance varie d'une paire à une autre (Tableau 6-2). Les F_{ST} les plus élevés sont observés entre accessions collectées aux altitudes supérieures à 1750m et les intervalles inférieurs. Les plus petits F_{ST} sont observés entre les accessions collectées aux altitudes comprises entre 1250 et 1500m et celles collectées dans les intervalles d'altitude immédiatement inférieur et supérieur.

Tableau 6-1: Distribution des trois groupes génotypiques (Gg1, Gg2 et Gg3) en fonction de l'altitude des villages où les accessions ont été collectées.

Groupe génotypique	262 génotypes uniques					349 accessions				
	Ng	Altitude (m)				N	Altitude (m)			
		<1250	1250-1500	1500-1750	>1750		<1250	1250-1500	1500-1750	>1750
Gg1-temp	28	7.1	25.0	25.0	42.9	36	5.6	25.0	19.4	50.0
Gg1-trop	16	43.8	12.5	37.5	6.3	37	21.6	8.1	62.2	8.1
Gg2	53	54.7	32.1	13.2	0.0	78	51.3	34.6	12.8	1.3
Gg3	141	9.9	24.8	53.2	12.1	174	8.0	21.3	57.5	13.2
NC	24	83.3	8.3	8.3	0.0	24	83.3	8.3	8.3	0.0
Total	262	27.5	24.0	37.0	11.5	349	24.1	22.3	40.7	12.9

N: nombre d'accessions ; Ng: nombre de génotypes distincts ; NC: accessions non classées.

Tableau 6-2: Différenciation (F_{ST}) entre les 4 intervalles d'altitude et entre villages à l'intérieur de chacun des 4 intervalles d'altitude identifiés dans la région de Vakinankaratra.

	Différenciation par paire F_{ST}								
	Entre intervalles d'altitude				Répartition des F_{ST} entre paires de villages appartenant au même intervalle d'altitude dans les 3 classes de F_{ST} (a)				
Altitudes (m)	Nv	<1250	1250-1500	1500-1750	Np	Moy.	<0.05	0.05-0.15	0.15-0.25
<1250	6	-			15	0.06	5(b)	10	0
1250-1500	7	0.03*			21	0.09	4	13	4
1500-1750	16	0.12*	0.04*		120	0.08	38	65	17
>1750	3	0.21*	0.20*	0.17*	3	0.04	2	1	0

Nv: Nombre de villages; Np: Nombre de paires de villages; *: valeur de F_{ST} significative à p <0.05 avec 110 permutations; Moy. : Moyenne des F_{ST} entre villages pour un intervalle d'altitude (a): Wright (1978) propose la classification suivante des valeurs de F_{ST}: 0< F_{ST} <0.05: faible différenciation génétique entre les 2 populations; 0.05< F_{ST} <0.15 Différenciation modérée; 0.15< F_{ST} <0.25 élevée; F_{ST} >0.25, très élevée ; b : nombre de paires de villages dans la classe de F_{ST} par paires de villages.

La différenciation génétique entre accessions de paires de villages appartenant au même intervalle d'altitude est en général faible ou modérée (Tableau 6-2) selon la classification des valeurs de F_{ST} proposée par Wright (1978). Les F_{ST} par paires de villages sont positivement corrélés ($r^2 = 0.187$ p<0.0001) avec les différences d'altitudes entre paires de villages (Figure 6-1). En comparaison, la corrélation entre les F_{ST} de paires de villages et la distance entre paires de villages est beaucoup moins étroite ($r^2 = 0.013$ p<0.01) et la corrélation avec la distance n'est pas significative à l'intérieur d'un même intervalle d'altitude. Il est important de souligner qu'il n'y a pas de lien direct entre l'altitude des villages et la distance qui les sépare.

Le dendrogramme « Neighbor joining » des F_{ST} par paires de villages construit sur le critère d'agrégation totale (Figure 6-2) confirme le fait que si l'altitude est le premier facteur déterminant de la différenciation génétique, elle n'est pas le seul. En effet, si parmi les 3 groupes identifiés sur la base des F_{ST}, 2 sont relativement homogènes et agrègent des villages appartenant aux intervalles d'altitudes >1750m et 1500-1750 (groupe 3) et des villages des intervalles <1250 et 1250-1500 (groupe 2), il n'en est pas de même pour le groupe 1 qui rassemble des villages appartenant aux 4 intervalles d'altitudes. L'effet de la proximité géographique n'est donc pas à exclure. Cela semble en particulier le cas pour l'ensemble des villages qui appartiennent au district administratif Antsirabé II.

La grande majorité des villages du district de Betafo situés aux altitudes <1500m se retrouvent dans le groupe 2. Parmi eux le village A2, qui maintient un plus grand nombre de variétés améliorées se retrouve légèrement à l'écart. Mais un autre village, B2, de ce même district et situé au même intervalle d'altitude se retrouve en groupe 3 avec d'autres villages de basse altitude. De même, alors que 2 villages du district d'Antsirabé II (C2 et C5) se classent en groupe 1, les autres, indépendamment de leur altitude (1375 à 1760), sont dans le groupe 3.

Nous avons cherché à estimer l'importance relative de la diversité génétique qui existe au niveau de chacune des 4 échelles d'échantillonnage : intervalles d'altitude avec 4 niveaux, villages dont le nombre varie d'un intervalle d'altitude à un autre, exploitations agricoles dont le nombre varie d'un village à un autre, et accessions de riz détenues en plus ou moins grand nombre par chaque exploitation. Pour ce faire, nous avons considéré le nombre total d'accessions cultivées par les 1049 exploitations enquêtées dans les 32 villages d'étude. Ce nombre est de 2345 et correspond à 1 à 30 copies (moyenne de 6.7) de chacune des 439 accessions consensus collectées dans les 32 villages qui représentent 262 génotypes uniques. Pour circonvenir l'absence de procédure automatisée de partition de la variance moléculaire à 4 niveaux, deux analyses de variance moléculaire complémentaires ont été réalisées (Tableau 6-3). Le premier modèle divise la variance en 3 niveaux : intervalles d'altitude, villages dans chaque intervalle, accessions dans chaque village. Le second modèle décompose la variance en 3 niveaux différents : village (regroupement de l'effet intervalle et de l'effet village), exploitation dans le village et accession dans l'exploitation.

Le premier modèle (Tableau 6-3) met en évidence l'effet hautement significatif de l'intervalle d'altitude et du village au sein de chaque intervalle, confirmant les données de F_{ST} par paire de villages. Il montre aussi que la part de la variance moléculaire intra-village est très importante (plus de 75% de la variance moléculaire totale) et qu'il existe donc une grande différenciation entre les accessions maintenues dans chaque village. Le second modèle révèle que la plus grande part de la variance moléculaire se situe au niveau des exploitations : la diversité des accessions maintenues au niveau de chaque exploitation représente plus de 70% de la variance moléculaire totale.

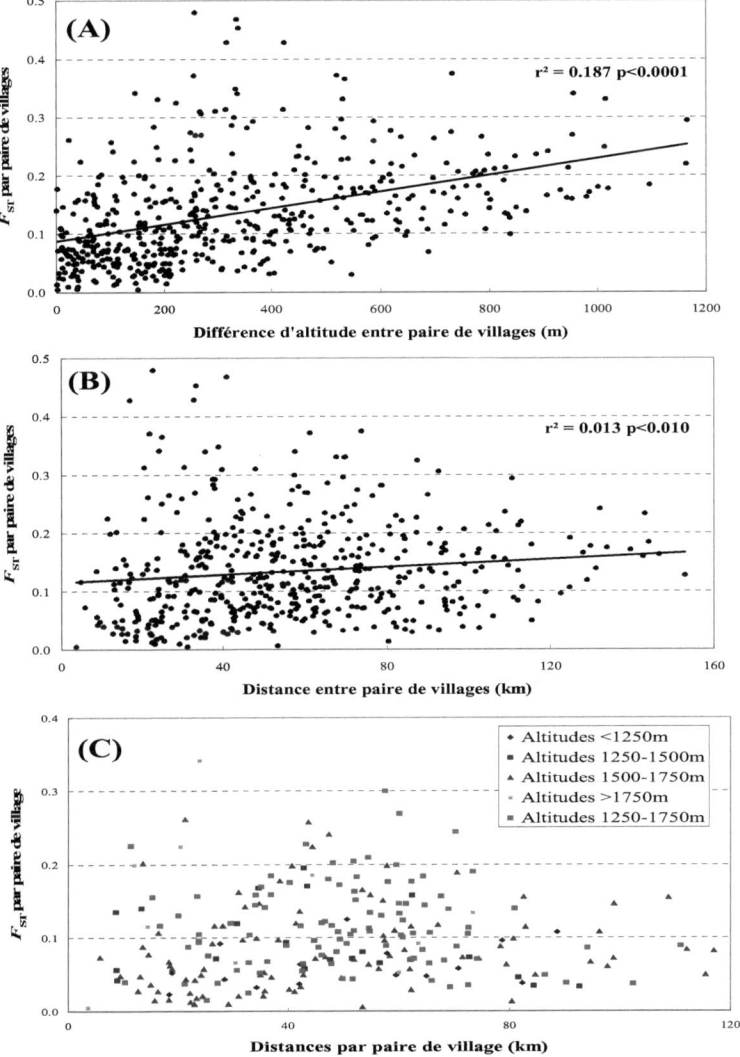

Figure 6-1: Relation entre F_{ST} par paire de villages et position géographique des 2 villages l'un par rapport à l'autre.
(A): différence d'altitude entre paires de villages ; (B) : distance par paire de villages ; (C) distances entre paire de villages situés dans le même intervalle d'altitude.

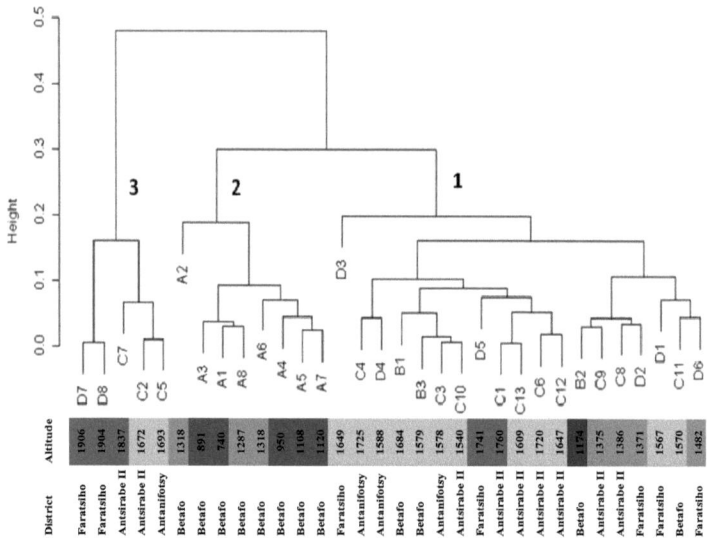

Figure 6-2: Dendrogramme de différenciation génétique 2 à 2 des 32 villages de la région de Vakinankaratra, basé sur le génotype aux 14 loci SSR, construit sur le critère d'agrégation totale.
Les 4 couleurs donnent les 4 intervalles d'altitude : bleu : <1200m ; vert : 1250-1500m ; orange : 1500-1750m ; rouge : >1750m. Le district indique le district d'appartenance des villages.

Tableau 6-3: Décomposition de la variance moléculaire des 2345 accessions de riz détenues par 1049 exploitations réparties dans les 32 villages d'étude.

Source de variation	ddl	Variance estimée	Pourcentage de variation
(a)			
Intervalles d'altitude	3	0.486**	9.4
Villages au sein de chaque intervalle d'altitude	28	0.801**	15.5
Accessions dans chaque village	4666	3.874**	75.1
Total	4697	5.161	100
(b)			
Entre villages	31	1.149***	22.9
Exploitations au sein de chaque village	1017	0.306***	6.1
Accessions au sein de chaque exploitation	3649	3.577***	71.0
Total	4697	5.032	100

ddl: degré de liberté; ** et *** : différences significatives avec $p < 0.01$ et $p<0.001$. Deux AMOVA complémentaires (a) et (b) ont été réalisées pour circonvenir l'absence de procédure logicielle pour une partition à 4 niveaux de la variance moléculaire.

6.2.2 Diversité phénotypique

Comme pour les groupes génotypiques, la distribution géographique des trois groupes phénotypiques (Gp) n'est pas aléatoire (Tableau 6-4 et Figure 6-3). La majorité des accessions du groupe Gp1 ont été collectées en zones d'altitudes inférieures à 1250 m, celles du Gp2 en zones d'altitudes supérieures à 1750m et celles du Gp3 dans les zones d'altitudes comprises entre 1250 et 1750m. De même, les valeurs moyennes des différentes variables phénotypiques quantitatives sont significativement différentes selon les intervalles altitude et selon les zones climatiques (Annexe 7).

Tableau 6-4: Distribution des 3 groupes phénotypiques Gp1, Gp2 et Gp3 et des variétés de riz pluvial dans les 4 intervalles d'altitude et les 4 zones climatiques.

Groupes phénotypiques	Intervalles d'altitude				Zones climatiques			
	<1250	1250-1500	1500-1750	>1750	A	B	C	D
Gp1	23	9	5		30	4	2	1
Gp2	3	11	13	11	11	1	10	16
Gp3	29	61	118	9	49	20	97	51
RP	13	2	25	3	17	3	24	1

RP: variétés de riz pluvial non intégrées dans l'analyse de la diversité phénotypique.

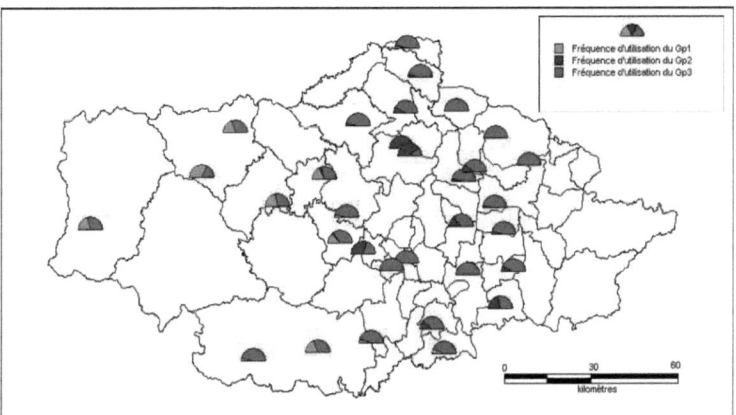

Figure 6-3: Fréquences d'utilisation des 3 groupes phénotypiques de riz irrigué Gp1, Gp2 et Gp3 dans chacun des 32 villages d'étude.

Le niveau de diversité phénotypique évalué par l'indice de diversité de Shannon-Weaver (H') est très différent d'un intervalle d'altitude à un autre (Tableau 6-5). La moyenne la plus élevée des indices de diversité phénotypique est observée dans l'intervalle d'altitudes inférieures à 1250m. La moyenne la moins élevée revient à l'intervalle d'altitudes supérieures à 1750m. Les intervalles 1250-1500m et 1500-1750m ont des moyennes intermédiaires entre les deux intervalles précédents et identiques entre eux. La tendance générale est la même quand on considère les 4 zones climatiques mais celles-ci sont moins discriminantes.

Les variétés cultivées dans l'intervalle d'altitudes inférieures à 1250m présentent une diversité particulièrement importante pour le nombre de jours à maturité (0.88), la longueur du grain (0.93) et le taux de grains vides. Cette zone utilise des type variétaux très diversifiés dont certains, non tolérants au froid ont présenté un haut niveau de stérilité (grains vides) lors de l'évaluation au champ à 1500m d'altitude. En intervalle d'altitudes supérieures à 1750m, les indices de diversité les plus élevés concernent la hauteur de la plante (usage de variétés locales et améliorées du groupe phénotypique Gp2) et la longueur de la panicule qui est associée au type variétal local et amélioré.

Tableau 6-5: Indice de diversité phénotypique H' de Shannon-Weaver pour les 4 intervalles altitudinaux et les 4 zones climatiques de la région de Vakinankaratra.

Caractères quantitatifs et qualitatifs	Intervalles altitudinaux (m)				Zones Climatiques			
	> 1250	1250-1500	1500-1750	> 1750	A	B	C	D
	63a	75a	127a	29a	100a	25a	109a	72a
Hauteur de la plante (cm)	0.73	0.77	0.84	0.95	0.76	0.76	0.88	0.83
Nombre de talles	0.63	0.53	0.51	0.46	0.6	0.69	0.44	0.56
Longueur de la feuille paniculaire (cm)	0.58	0.64	0.65	0.63	0.64	0.68	0.66	0.57
Largeur de la feuille paniculaire (cm)	0.62	0.57	0.62	0.61	0.61	0.54	0.61	0.62
Longueur de la panicule (cm)	0.66	0.76	0.79	0.94	0.76	0.64	0.81	0.94
Nombre de grains par panicule	0.72	0.55	0.7	0.65	0.7	0.61	0.96	0.82
Taux de stérilité (%)	0.96	0.92	0.78	0.74	0.65	0.66	0.8	0.76
Poids de 1000 grains (g)	0.6	0.62	0.66	0.53	0.62	0.63	0.66	0.63
Longueur de grain (mm)	0.93	0.85	0.8	0.65	0.89	0.92	0.69	0.86
Largeur de grain (mm)	0.79	0.71	0.75	0.68	0.89	0.59	0.76	0.68
Epaisseur de grain (mm)	0.85	0.71	0.75	0.71	0.94	0.82	0.71	0.61
Longueur / largeur	0.97	0.75	0.58	0.5	0.93	0.63	0.61	0.62
Longueur du cycle R-M (j)	0.88	0.88	0.64	0.62	0.98	0.64	0.62	0.7
Couleur du grain	0.44	0.25	0.16	0	0.42	0.4	0	0.19
Couleur de l'apex	0.46	0.41	0.37	0.17	0.19	0.45	0.48	0.33
Aristation	0.07	0.21	0.42	0.75	0.13	0.15	0.49	0.43
Indice de diversité moyen	0.68	0.63	0.63	0.50	0.67	0.61	0.64	0.63
Erreur type	0.235	0.208	0.184	0.243	0.253	0.176	0.222	0.197

a : nombre d'accessions dans chaque intervalle d'altitude et zone climatique

6.3 Diversité génétique du riz à l'échelle des villages

6.3.1 Diversité génotypique au niveau du village

Nous avons vu en 5.3.1.1 que la variance moléculaire intra-village était très importante et représentait plus de 75% de la variance moléculaire totale. Ce qui indique l'existence d'une grande différenciation entre les accessions maintenues dans chaque village. Le nombre moyen d'allèles par locus au niveau de chaque village et les autres paramètres de diversité moléculaire (Annexe 8) confirment l'importance de la diversité intra-village et montrent aussi l'existence de différences importantes entre villages.

Le premier facteur déterminant la quantité de diversité génotypique hébergée par un village est l'altitude. Dans les 32 villages, la corrélation entre le nombre d'allèles par locus (Nav) et leur altitude est très étroite ($r^2 = 0.635$ p<0.0001) (Figure 6-4). Comme pour le nombre de variétés par village Nvv (Cf. 3.3), le Nav est significativement plus élevé dans les villages d'altitudes inférieures à 1250m ($Nav = 5.3$), comparé aux villages de 1250-1500m d'altitude ($Nav = 4.1$), 1500-1750m d'altitude ($Nav = 3.4$) et les villages d'altitudes supérieures à 1750m ($Nav = 3.0$). Ceci n'est pas étonnant étant donné la corrélation étroite entre le Nav et le Nvv ($r^2 = 0.536$ p<0.0001).

Mais l'altitude n'est pas le seul facteur déterminant de l'importance de la diversité maintenue dans un village. Pour un intervalle d'altitude donné, comme pour le Nvv, le Nav est déterminé par les systèmes de production (coefficient de détermination de $R^2 = 0.337$ p<0.046) et par la richesse des villages estimée par le nombre de bovins par habitant ($r^2 = 0.211$ p<0.008). De même, le Nav est aussi fortement lié aux types de systèmes de culture du riz pratiqués dans le village. Alors que la corrélation avec le nombre de systèmes est faible ($r^2 = 0.034$ p<0.001), le coefficient de détermination des combinaisons des systèmes de culture du riz pratiqués dans le village, parmi les 4 systèmes de culture du riz recensés dans la région, (cf. 3.2.4), est particulièrement élevé, $R^2 = 0.734$ p<0.0001.

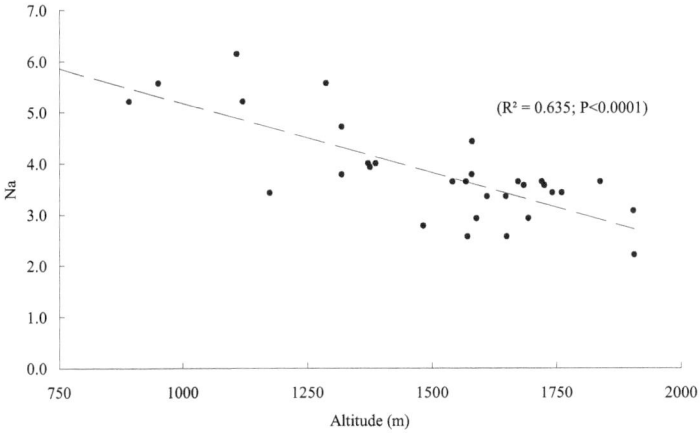

Figure 6-4 : Relation entre l'altitude des 32 villages d'étude et le nombre moyen d'allèles par locus (Nav) dans ces mêmes villages au niveau de 14 loci SSR.

6.3.2 Diversité phénotypique au niveau du village

La plupart des 32 villages hébergent les variétés appartenant à au moins 2 des 3 groupes phénotypiques de riz irrigué ainsi que une ou plusieurs variétés de riz pluvial (Tableau 6-6).

Le rapport entre la diversité phénotypique d'un village, évaluée par l'indice de diversité de Shannon-Weaver H', et la diversité phénotypique de l'intervalle d'altitude où il est situé, varie (Tableau 6-6) de 0.63 à 1 avec une moyenne de 0.85, parmi les 32 villages d'étude. Ceci montre que, comme pour la diversité génotypique, chaque village détient une part très importante de la diversité phénotypique de l'intervalle d'altitude où il se trouve.

Tableau 6-6: Diversité phénotypique des variétés de riz maintenues dans les 32 villages de la région de Vakinankaratra.

	Villages		Altitude (m)	Richesse variétale		Groupes phénotypiques			Indice de diversité H'	
Identifiants		Nom		Se	Sv	Gp1	Gp2	Gp3	$H'v$	$H'v/H'a$
1	A1	Ambatomanga	740	3.71	17	5		6	0.69	1.00
2	A2	Andranomafana	1318	2.55	13		6	7	0.64	0.63
3	A3	Mandoto	891	3.6	17	7		5	0.60	0.94
4	A4	Betsohana	950	3.13	19	8		8	0.59	0.63
5	A5	Andohavary	1108	3	14	2	3	5	0.59	0.94
6	A6	Alakamisinandrianovona	1318	2.48	11	1		8	0.47	0.51
7	A7	Langola	1120	3	11	3		3	0.64	1.00
8	B1	Manapa	1684	1.75	10	2		7	0.53	0.84
9	B2	Antanety kely	1174	2.23	6	1		5	0.56	0.88
10	B3	Ranomainty	1579	2.17	12	1	1	8	0.60	0.95
11	C1	Ankeniheny	1760	1.46	9		1	8	0.49	0.77
12	C2	Miadapaonina	1672	2.12	11		2	6	0.58	0.92
13	C3	Morafeno	1578	2.83	10			6	0.55	0.88
14	C4	Ambatomaintikely	1725	2.82	15		1	11	0.53	0.85
15	C5	Ambohimanatrika	1693	2.11	10		1	5	0.55	0.87
17	C6	Mananety vohitra	1720	2.26	15		2	11	0.44	0.70
18	C7	Antatamo	1837	2.38	10		1	6	0.47	0.76
19	C8	Morarano	1386	1.78	14		1	13	0.60	0.96
20	C9	Mananjara	1375	1.88	9	1		8	0.46	0.73
21	C10	Andasibe Antsaraloha	1540	2.17	8			6	0.57	0.91
22	C11	Ambohibary	1570	1.62	6			6	0.53	0.85
23	C12	Antoavala	1647	2.12	8	1	1	5	0.47	0.76
24	D1	Ambohitratsimo	1567	1.51	12	1	1	10	0.61	0.98
25	D2	Ramainandro	1371	1.68	9		1	8	0.62	0.98
26	D3	Ambatofotsy	1649	1.25	9			9	0.51	0.81
27	D4	Ambatotsipihina	1588	1.74	9			7	0.56	0.90
28	D5	Ambodifiakarana	1741	1.44	11		3	7	0.52	0.87
30	D6	Ambasaha	1482	1.27	8		1	7	0.57	0.94
31	D7	Ambatomainty	1906	1.93	6		5		0.56	0.93
32	D8	Tsarahonenana	1904	1.97	9		5	3	0.60	1.00
33	C13	Ambohidranandriana	1609	2.06	7			6	0.55	0.92
34	A8	Antanety Soavina	1287	2.59	14	4	2	7	0.38	0.63

Gp1, Gp2 et Gp3 : les trois groupes phénotypiques des variétés de riz irrigué identifiés sur la base de 13 variables agro-morphologiques quantitatives ; H' : Indice de diversité de Shannon-Weaver calculé au niveau de l'intervalle altitudinal ($H'a$) et du village ($H'v$).

L'indice de diversité H' varie de 0.375, dans un village situé à 1906m, à 0.685, dans un village situé à 740m (Tableau 6-9). Cependant, si il y a une corrélation significative entre l'altitude de chacun des 32 villages et leur indice H' ($r^2 = 0.212$ p<0.008), il n'en est pas de même entre l'appartenance des 32 villages aux 4 intervalles d'altitude et leur indice H' ($R^2 = 0.157$ p<0.182). Les moyennes de H' dans l'ordre croissant des intervalles d'altitude sont $H' = 0.596$; $H' = 0.566$; $H' = 0.532$ et $H' = 0.531$. L'indice H' est fortement corrélé avec le Nav ($r^2 = 0.517$ p<0.0001), un peu moins avec le nombre de variétés ($r^2 = 0.375$ p<0.0001). L'indice H' est significativement corrélé avec la richesse des villages évaluée avec le nombre de bovins par exploitation ($r^2 = 0.159$ p<0.024) ; le coefficient de détermination des systèmes de production n'est pas significatif ($R^2 = 0.242$ p<0.179). La diversité phénotypique est fortement liée au nombre de systèmes de culture du riz pratiqués ($r^2 = 0.246$ p<0.004) parmi les 4 systèmes recensés dans la région et à la combinaison des quatre systèmes ($R^2 = 0.393$ p<0.018).

L'analyse de variance multivariée réalisée avec les données agro-morphologiques confirme l'importance de la diversité phénotypique au niveau du village (Tableau 6-7). Environ 12% de la variance phénotypique totale est lié aux différences entre intervalles d'altitude et autant aux différences entre villages dans le même intervalle d'altitude ; mais plus de 75% de la variance phénotypique est lié à la diversité des accessions d'un même village.

Tableau 6-7: Analyse hiérarchique de variance multivariée (Nested Manova) des données agro-morphologiques.

Source de variation	ddl	SCE	R^2	Pr (>F)
Intervalles d'altitude	3	57 568	0.124	0.001***
Villages au sein de chaque intervalle	28	55 322	0.120	0.022*
Accessions dans chaque village	262	350 007	0.756	
Total	293	462 897	1.000	

*** et * : Différences significatives ; ddl : SCE : Somme des carrés des écarts ; R^2: pourcentage de la variance totale.

6.4 Diversité au niveau de l'exploitation agricole

Au sein d'un village, la diversité génotypique est hébergée par les exploitations agricoles, chacune détenant quelques-unes des accessions recensées au niveau du village. Nous avons vu au chapitre 6.2.1 (Tableau 6-3) que la variance moléculaire liée aux exploitations au sein de chaque village représentait plus de 71% de la variance totale. Ceci indique que, dans un intervalle d'altitude donné et dans un village donné, chaque exploitation héberge un ensemble de variétés très différentes les unes des autres génétiquement ; mais les ensembles hébergés par chacune des exploitations d'un village donné sont peu différents les uns des autres.

Nous avons vu au chapitre 4 que la richesse variétale des exploitations, *Se*, variait de 1 à 7 (moyenne *Se* = 2.3) et qu'elle était faiblement corrélée avec l'altitude du village de l'exploitation ($r^2 = 0.007$ p<0.0001) et beaucoup plus étroitement avec la richesse de l'exploitation mesurée par le nombre de bovins ($r^2 = 0.118$ p <0.0001) et de parcelles de riz ($r^2 = 0.205$ p<0.0001) qu'elle possède, ainsi que le nombre de systèmes de culture de riz qu'elle pratique ($r^2 = 0.254$ p<0.0001) et, encore plus important, la combinaison des systèmes de culture de riz qu'elle pratique parmi les 4 recensés dans la région ($R^2 = 0.317$ p<0.0001).

Si le nombre de variétés par exploitation est faible, 2.3 en moyenne, ces variétés appartiennent, très généralement, à des groupes phénotypiques (Gp) différents pour répondre aux besoins des différents systèmes de culture du riz qu'elles pratiquent. En effet, chaque exploitation possède en moyenne 3.0 parcelles de riz, pratique, en moyenne, 1.8 systèmes de culture et ne dispose, en moyenne, que de 0.7 variétés par parcelle de riz.

Les tendances sont les mêmes pour le nombre moyen d'allèles par locus *Nae* dans chaque exploitation qui varie de 1 à 4.2 (moyenne *Nae* = 1.8). Le *Nae* est faiblement corrélé avec l'altitude du village de l'exploitation ($r^2 = 0.210$ p<0.0001), avec la richesse de l'exploitation mesurée par le nombre de bovins ($r^2 = 0.038$ p <0.0001) et par le nombre de parcelles de riz ($r^2 = 0.099$ p<0.0001) que l'exploitation possède. La corrélation est plus importante avec le nombre de systèmes de culture de riz qu'elle pratique ($r^2 = 0.423$ p<0.0001). La combinaison de systèmes de cultures de riz (SCR1 et SCR3) a également un effet déterminant sur le *Nae* ($R^2 = 0.207$ p<0.0001).

Enfin, nous avons vu au chapitre 4 que les entités considérées comme « variétés » par les agriculteurs, bien qu'homogènes sur le plan phénotypique, ne le sont pas sur le plan génotypique. Chaque variété est constituée de plusieurs génotypes multilocus, le nombre de ces génotypes étant fortement lié au type de variété, locale ou améliorée. La part de la diversité maintenue au niveau de chaque exploitation agricole par rapport à la diversité totale présente dans la région est donc bien plus grande que l'estimation obtenue sur la base de la représentation de chaque accession pour un seul individu.

6.5 Discussion

L'étude de la distribution éco-géographique de la diversité génétique du riz dans la région de Vakinankaratra, au moyen de marqueurs moléculaires et de variables agro-morphologiques, visait à quantifier cette diversité et sa distribution à différentes échelles géographiques ou de gestion, ainsi qu'à identifier les facteurs qui façonnent cette distribution. Ceci pour compléter les informations rassemblées avec l'analyse de la distribution de la richesse variétale (cf. chapitre 3), un indicateur beaucoup plus synthétique. Une attention particulière était accordée à la composante de la diversité génétique du riz spécifique des hauts plateaux de Madagascar, les groupes génotypique Gg3 et phénotypique Gp3, dont la présence dans la région de Vakinankaratra a été démontrée en Chapitre 5.

Nous avons subdivisé la région d'étude en quatre entités hiérarchiques, d'ordre géographique ou de gestion de la diversité, apparues comme les plus pertinentes au vu de la diversité agroécologique de la région d'étude, de son organisation en villages et en exploitations, et de la diversité des systèmes de production et des systèmes de culture du riz que l'on y rencontre (cf. chapitre 3). Ces entités hiérarchiques sont caractérisées sont (i) les intervalles altitudinaux avec 4 niveaux, regroupant chacun des villages parfois très distants les uns des autres sur le plan géographique ; (ii) le village, composante majeure de l'organisation administrative et sociale de la région, avec 32 niveaux, dont le nombre de variétés et le nombre d'exploitations a été recensé ; (iii) l'exploitation agricole hébergeant une « copie » d'un certain nombre de variétés recensées dans le village ; et (iv) la parcelle cultivée, recevant une copie d'une des variétés recensées au niveau de l'exploitation.

Le premier enseignement important de cette analyse est qu'à toutes les échelles considérées, sauf la parcelle cultivée, il existe un lien très étroit entre la richesse variétale et la diversité génotypique, mesurée au moyen des 14 marqueurs SSR, et la diversité phénotypique, mesurée au moyen de 13 variables agro-morphologiques quantitatives et de 3 variables qualitatives. Ceci confirme, s'il en était besoin, que la diversité variétale maintenue par les agriculteurs correspond bien à une diversité génétique. Mais surtout, il en résulte que, comme pour la richesse variétale, la distribution de diversité génotypique et phénotypique n'est pas homogène sur l'ensemble de la région d'étude. De même, les facteurs déterminants de cette distribution hétérogène et la hiérarchie de ces facteurs sont similaires.

L'altitude est le premier facteur déterminant de la distribution de la diversité. Elle détermine non seulement la quantité de diversité génotypique et phénotypique maintenue à différentes échelles mais aussi la composition de cette diversité ; ceci, en conditionnant les types de riziculture irriguée qu'il est possible de réaliser, parmi les quatre inventoriés dans la région : riz irrigué de première saison (RI-1), riz irrigué de 2ème saison (RI-2), riz irrigué de 3ème saison (RI-3). Le lien entre l'altitude et la diversité génétique se fait par les types variétaux différents que nécessitent chacun de ces 3 systèmes de culture du riz :

- Dans l'intervalle d'altitudes inférieures à 1250m, les 4 systèmes de cultures du riz sont possibles ; le RI-1 et RI-3, conduits très souvent l'un après l'autre sur la même parcelle, nécessitent des variétés à cycle court des groupes phénotypiques Gp2 et Gp3-a (groupe génotypique Gg1, *japonica tempéré*, et Gg2, *indica*) ; le RI-2 est pratiqué avec des variétés du groupe phénotypique Gp1-b (groupe génotypique Gg2, *indica*) ; d'où une grande diversité.

- Dans l'intervalle d'altitudes 1250-1750m, le RI-2, très largement majoritaire, est pratiqué surtout avec des variétés du groupe phénotypique Gp3 (groupe génotypique Gg3, spécifique des hauts plateaux, mais quelques variétés de type *indica* sont aussi présentes ; d'où une diversité moyenne.

- Enfin, aux altitudes supérieures à 1750m, seul le système RI-2, avec des variétés du groupe Gp2 (groupe génotypique Gg1, *japonica* tempéré) est possible ; d'où une faible diversité.

Notons qu'à la diversité décrite ci-dessus s'ajoute, à tous les intervalles d'altitudes, celle nécessaire à la riziculture pluviale, la composante tropicale de Gg1, dont la présence n'est pas conditionnée par l'altitude.

Le rôle déterminant de l'altitude dans la distribution « qualitative » est confirmé par le lien étroit entre la différenciation génétique (F_{ST}) et la différence d'altitudes entre paires de villages. Les données relatives à la relation entre la distance géographique et la distribution de la diversité sont, elles, plus difficiles à interpréter. Alors que la corrélation entre F_{ST} et distance entre paires de villages est faible mais significative au niveau régional, elle est plus élevée mais non significative au sein de chaque intervalle d'altitudes. Le regroupement (dendrogramme) des villages sur la base des F_{ST} par paires indique que des villages proches (situés dans le même district administratif) et situés dans le même intervalle d'altitudes peuvent avoir une différenciation génétique forte. Ces données confirment, comme dans le cas de l'analyse de la composition variétale des villages (cf. chapitre 3), la nécessité d'approfondir l'étude des modalités de circulation des ressources génétiques entre villages.

Des différences significatives de diversité, en termes quantitatif et qualitatif, étaient aussi observées à l'intérieur de chaque intervalle d'altitudes, confirmant l'intervention d'autres facteurs déjà identifiés lors de l'analyse de la richesse variétale (cf. chapitre 3). Il s'agit notamment de la richesse des villages liée à leurs systèmes de production (eux-mêmes partiellement liés à l'altitude) et, au sein de chaque village, de la richesse des exploitations.

Le deuxième enseignement important de cette étude concerne l'importance relative de la diversité maintenue aux différentes échelles considérées, question qui ne pouvait pas être abordée de manière précise avec l'indicateur de richesse variétale. En effet, la décomposition de la variance moléculaire a permis de montrer que la diversité des variétés maintenues dans un village pouvait représenter jusqu'à 85% de la diversité génotypique de l'intervalle d'altitude auquel le village appartient. L'analyse des indices Shannon-Weaver, H', aux échelles intervalle d'altitudes et village, conduit à des conclusions similaires : le niveau de la diversité phénotypique d'un village représente en moyenne 85% de la diversité phénotypique de son intervalle altitudinal d'appartenance. De même, la diversité maintenue par une exploitation agricole pouvait représenter jusqu'à 70% de la diversité génotypique totale du village auquel l'exploitation appartient. Cette structuration hiérarchique de la diversité est d'une grande importance dans une perspective de conservation, *ex situ* et *in situ*. Elle autorise à penser qu'un échantillonnage de taille relativement réduite permettrait d'accéder à l'essentiel de la diversité génétique du riz dans la région. Une structuration hiérarchique similaire a été observée par Barry et *al.* (2007a) chez le riz dans un contexte agroécologique très différent, celui de la riziculture de mangrove en Guinée maritime.

Le troisième enseignement important de cette étude est la détection d'une diversité génotypique non négligeable au niveau de la parcelle cultivée. Cette diversité peut être assimilée à une diversité intra-variétale, dans la mesure où chaque parcelle était cultivée avec une seule variété et qu'aucune diversité phénotypique n'était décelée lors de l'échantillonnage au champ. Ceci veut dire que les entités génétiques reconnues comme variété par les agriculteurs ont une structure génétique de type multi-lignées. Il est important de souligner que la structure multi-lignées des 9 variétés étudiées ne met pas en cause leur positionnement dans l'un des 3 groupes génotypiques sur la base de l'analyse d'un seul individu. Il est aussi intéressant de souligner que le nombre de lignées distinctes identifiées parmi les 9 individus de chaque variété étudiée était bien plus petit chez les variétés améliorées comparées aux variétés locales. Ces résultats sont similaires à ceux rapportés par Barry et *al.* (2007b), analysant la structure génétique des variétés locales de riz en Guinée au moyen de marqueurs SSR, et ceux de Miézan et Ghesquière (1986) et Morishima (1989) analysant la diversité intra-accession dans des échantillons issus de prospections en Côte d'Ivoire et en Thaïlande. L'originalité de nos résultats tient au fait que l'analyse porte sur des échantillons dont l'origine et l'absence de diversité phénotypique étaient parfaitement contrôlées.

Etant donné le caractère neutre (du moins à notre connaissance) des marqueurs SSR utilisés et le grand polymorphisme de ces marqueurs, lié à leur nature, l'existence d'une diversité moléculaire résiduelle n'est pas surprenant. Il serait intéressant de conduire une étude similaire avec des marqueurs liés à des caractères phénotypiques d'importance (durée du cycle, format des grains, hauteur de la plante, ...) sur lesquels s'exerce la pression de sélection des agriculteurs. Enfin, le nombre moyen de lignées distinctes par variété (4.6) que nous avons obtenu avec 9 plantes par variété n'est qu'un minimum ; un plus grand nombre de plantes devraient être analysées pour identifier le seuil numérique à partir duquel le nombre de lignées se stabilise. De même, nous n'avons pas produit de données permettant d'analyser la diversité inter-exploitations du nombre de lignées distinctes par variété. Ainsi, il ne nous est pas possible d'inférer de manière précise l'effet de la diversité présente au niveau de la parcelle cultivée sur la diversité aux échelles supérieures d'analyse. Cependant, l'existence même de la structure multi-lignées des variétés, et de la diversité au niveau de la parcelle cultivée qui en résulte, indique qu'il serait quasiment impossible d'échantillonner et de conserver toute la diversité génétique de la région de Vakinankaratra par des méthodes conventionnelles de conservation *ex situ*. Des approches *in situ* sont nécessaires pour conserver toute sa richesse en lignées distinctes et les associations alléliques singulières qu'elles représentent.

6.6 Références

Ahmadi, N., 2004. Upland rice for the highlands: new varieties and sustainable cropping systems to face food security. Promising prospects for the global challenges of rice production the world will face in the coming years? . FAO RICE CONFERENCE. FAO, Rome, Italy.

Ahmadi, N., Becquer, T., Larroque, C., Arnaud, M., 1988. Variabilité génétique du riz (*Oryza sativa* L.) à Madagascar. L'agronomie tropicale 43, 209-221.

Ahmadi, N., Glaszmann, J.-C., Rabary, E., 1991. Traditional highland rices originating from intersubspecific recombination in Madagascar. Proceeding of the Second International Rice Genetics Symposium. IRRI, Los Banos, Philippines, pp. 67-79.

Barry M.B, Pham J.L, Noyer J.L, Courtois B., Billot C. & Ahmadi N., 2007a. Implications for *in situ* genetic resource conservation from the ecogeographical distribution of rice genetic diversity in Maritime Guinea. Plant Genetic Resources: Characterization and Utilization 5(1); 45–54.

Barry M.B, Pham J.L, Courtois B., Billo C. & Ahmadi N, 2007b. Rice genetic diversity at farm and village levels and genetic structure of local varieties reveal need for in situ conservation. *Genetique* Resources & Crop Evolution 54:1675-1690

Boiteau, P., 1977. Les proto-malgaches et la domestication des plantes. Bulletin de l'Académie Malgache 55, 21-26.

Chabanne, A., Razakamiaramanana, M., 1997. La climatologie d'altitude à Madagascar. In: Poisson, C., Rakotoarisoa, J. (Eds.), Actes du séminaire riziculture d'altitude CIRAD-CA, Antananarivo, Madagascar, pp. 55-62.

De Kochko, A., 1987. Isozymic variability of traditional rice (*Oryza sativa* L.) in Africa. TAG Theoretical and Applied Genetics 73, 675-668.

Evenson, R.E., Gollin, D., 2003. Assessing the Impact of the Green Revolution, 1960 to 2000. Science 300, 758-762.

Khush, G., 2005. What it will take to Feed 5.0 Billion Rice consumers in 2030. Plant Molecular Biology 59, 1-6.

Miézan, K., Ghesquière, A., 1986. Genetic structure of African traditional rice cultivar. In: Khush, G. (Ed.), Rice genetics symposium. IRRI, Los Banos, Philippines.

Morishima, H., 1989. Intra-population genetic diversity in landrace of rice. In: Aakeda, F. (Ed.), Breeding research:the key to the survival of the earth, Sabrao.

Rabary, E., Noyer, J.-L., Benyayer, P., Arnaud, M., Glaszmann, J.-C., 1989. Variabilité génétique du riz (*Oryza sativa* L.) à Madagascar: origine de types nouveaux. L'agronomie tropicale 44, 305-312.

7 Discussion générale

7.1 Problématique de recherche, approche et méthodes

La problématique dans laquelle s'inscrit cette thèse est celle de concilier la conservation des ressources génétiques des plantes cultivées et l'amélioration de la productivité agricole. Dans les pays en développement, celle-ci prend une dimension supplémentaire : conserver la diversité génétique sans freiner le développement rural et l'amélioration du niveau de vie des agriculteurs. Nous avons choisi de contribuer à ce débat en nous intéressant à la question des dynamiques actuelles de la biodiversité agricole dans les agrosystèmes traditionnels, et d'aborder cette question à travers le cas de la diversité génétique du riz à Madagascar, dans la région de Vakinankaratra.

Au cours des 2 décennies passées, les recherches ayant pour finalité la conservation des ressources génétiques des plantes cultivées ont mobilisé de nombreuses disciplines scientifiques et approches méthodologiques. Au moins 4 approches peuvent être distinguées : (i) une approche purement génétique d'analyse de la structuration générale de la diversité génétique comme, par exemple, l'évaluation des ressources génétiques des riz cultivés en Afrique (Pham, 1992) (ii) une approche agronomique et génétique, comme celle mise en œuvre par Barry (2006) en Guinée maritime pour analyser la dynamique spatiotemporelle de la diversité du riz dans une petite région agricole; (iii) une approche purement sociologique et anthropologique, comme celle mise en œuvre sur l'igname au Bénin (Baco, 2007) ; et (iv) une approche multi disciplinaire utilisant la socio-anthropologie et la génétique, comme celle mise en œuvre sur le sorgho au Nord Cameroun (Barnaud, 2007) et sur le taro au Vanuatu (Caillon 2005).

Nous avons fait le choix d'une approche à la fois agronomique et génétique, sans oublier que l'homme est l'acteur principal dans la gestion de la diversité des ressources en fonction de la diversité du milieu. Il s'agissait de (i) caractériser les différentes composantes du système milieu (diversité des conditions biophysiques et socio-économiques) – pratiques agricoles (diversité des systèmes de culture du riz) – pratiques de gestion des variétés et des semences – diversité génétique et (ii) identifier et hiérarchiser les facteurs du milieu qui influencent les pratiques de gestion des variétés et des semences ainsi que les composantes de cette gestion qui agissent sur la diversité génétique ; ceci en s'appuyant sur des méthodes d'analyse comparative.

La limitation majeure de l'approche que nous avons choisie est le fait que (i) nous avons analysé le système non pas dans sa complétude mais uniquement sous l'angle de la riziculture alors que les agriculteurs gèrent un ensemble beaucoup plus large de ressources génétiques et (ii) nous nous sommes intéressés aux pratiques d'agriculteurs pris individuellement alors que certains savoirs relatifs aux ressources génétiques sont collectifs et communautaires. En effet, l'existence de relations étroites entre pratiques culturelles, liens sociaux et diversité biologique est largement reconnue (Caillon *et al.*, 2006; Barnaud *et al.*, 2008). Cependant, le choix d'une région d'étude, Vakinankaratra, caractérisée par une relative homogénéité culturelle, nous met à l'abri d'une interaction forte entre les facteurs culturels et les pratiques de gestion de la diversité génétique.

L'avantage majeur de notre approche est que, s'intéressant davantage aux pratiques qu'aux perceptions, elle permet de repérer les liens entre les activités agricoles et la gestion des ressources génétiques ; ceci facilite l'identification d'actions ciblées, relatives aux activités agricoles, pour la conservation de ces ressources. La définition d'actions ciblées de cette nature est particulièrement importante dans un pays comme Madagascar où l'amélioration de la productivité agricole constitue une priorité nationale et où la question de conservation des ressources génétiques doit donc être abordée de manière très pragmatique. Dans ce contexte, l'approche agronomique et génétique que nous avons adoptée semble la plus appropriée. Les conclusions que l'on pourra en tirer devront toutefois intégrer les éventuelles contraintes et opportunités liées aux relations sociales à différentes échelles d'organisation des communautés rurales cibles.

Pour conduire notre étude, nous nous sommes appuyés sur un échantillonnage stratifié des villages d'étude. Cette méthode consiste à diviser l'ensemble à étudier en sous-ensembles plus homogènes, puis à échantillonner dans chaque sous-ensemble. Elle permet, pour un niveau de précision équivalent, de réduire la taille de l'échantillon par rapport à un échantillonnage aléatoire simple (Greene et al., 2002). L'application de cette méthode a conduit à distinguer 10 petites zones homogènes puis à choisir de 2 à 4 villages en fonction de considérations pratiques. L'utilisation d'un Système d'Information Géographique (SIG) a grandement facilité la mise en œuvre de cet échantillonnage. Nous avons pu superposer une large gamme d'informations, incluant les données climatiques, la densité de population, l'altitude moyenne, la superficie des rizières par habitant, etc. L'intérêt du SIG pour la mise en œuvre d'études relatives aux ressources génétiques a été déjà rapporté par Greene et al. (2002). Au-delà de l'aide à l'échantillonnage, le SIG nous a permis d'illustrer la distribution spatiale des ressources génétiques du riz dans la région de Vakinankaratra. Il pourrait aussi être un outil d'analyse des interactions milieux - ressources génétiques, et devenir un outil de suivi d'évolution de la diversité.

La sous-estimation de la diversité génétique, faute d'un échantillonnage assez dense, est un problème souvent évoqué dans les études de la diversité in situ (Barnaud 2007). Notre étude s'appuie sur un échantillon de 32 villages (sur 2000 environ) et, dans chaque village, sur 25 à 50% des exploitations (1050 au total) sur un territoire de 17 000km². On ne dispose pas d'information sur la densité d'échantillonnage des études similaires à la nôtre. On sait cependant que le nombre de villages par unité de surface a été beaucoup moins important : 14 villages pour 34 000km², pour l'étude de la diversité in situ du riz en Guinée maritime (Barry, 2006), 6 villages pour 90 000km² dans le cas du maïs au Mexique (Pressoir and Berthaud, 2003) et 8 villages pour 30 000km² dans le cas de l'igname au Bénin (Baco 2007).

Nous avons caractérisé et quantifié la diversité du riz dans la région de Vakinankaratra à travers quatre types de données : (i) les noms et les nombres de variétés inventoriées aux différentes échelles, (ii) la description de chaque variété par un groupe d'agriculteurs détenteurs de la variété, (iii) la description des variétés en parcelle expérimentale, avec des descripteurs agro-morphologiques conventionnels du riz et (iv) le génotype des variétés au niveau de 14 loci SSR.

Pour ce qui est des noms des variétés, notre maîtrise de la langue malgache a permis d'éviter les malentendus et problèmes liés à l'orthographe et de débusquer les synonymies au sein d'un même village. En ce qui concerne la description des variétés par les agriculteurs, nous avons privilégié l'approche d'entretien de groupe, en rassemblant 3 agriculteurs pour la description de chaque variété. Les informations collectées (rusticité, réponse aux engrais, rendement à l'usinage, goût, facilité de vente, prix, etc.) sont d'autant plus précieuses que l'on peut difficilement y accéder par expérimentation. L'approche par entretiens de groupe a probablement conduit à une certaine simplification et à une faible prise en compte de la subjectivité de chaque personne enquêtée ; mais les entretiens en groupes de 3 agriculteurs à propos de chaque caractère descriptif a aussi permis de réduire les malentendus, puisque les risques sont particulièrement importants dans les entretiens individuels (Olivier de Sardan, 1995; Copans and Singly, 1998).

La caractérisation phénotypique en parcelle expérimentale a eu lieu à 1500m d'altitude alors que les accessions étudiées étaient collectées dans un intervalle d'altitudes allant de 750 à 1900m. Dans ces conditions, les accessions venant des basses altitudes (moins de 1000m) ont souffert du froid. Ceci, en diminuant le pouvoir discriminant de certains caractères (ex : hauteur de la plante) et en augmentant celui d'autres caractères (ex : durée du cycle, taux de fertilité) a peut-être affecté la précision de la classification agro-morphologique ; mais ceci ne met pas en cause la réalité des grands groupes identifiés. Les variables agro-morphologiques utilisées sont celles utilisées dans d'autres études de diversité des variétés locales de riz : Bajracharia et al. (2006) au Népal, Sanni et al. (2008) en Côte d'Ivoire, Zeng et al. (2001) dans la province du Yunnan en Chine. Ceci offre la possibilité de comparer la diversité des variétés locales de riz dans différentes régions.

Enfin, pour ce qui est de la caractérisation moléculaire, nous avons choisi d'utiliser les marqueurs SSR qui sont largement utilisés dans les études de diversité, du fait de leur nature co-dominante, de leur grand polymorphisme (les taux de mutation associés aux marqueurs microsatellites sont 100 à 1000 fois plus élevés que pour les isoenzymes), de leur disponibilité en grand nombre, avec plus de 7 500 chez le riz (McCouch et al., 1997), et de leur facilité d'utilisation. C'est le cas par exemple pour Barry (2006), Thomson et al. (2007), Bajracharia et al. (2006) qui ont respectivement utilisé 11, 30 et 39 marqueurs microsatellites pour analyser la diversité génétique du riz en Guinée, en Indonésie et au Népal. Notre choix des marqueurs SSR a aussi tenu compte de la liste des loci microsatellites utilisés dans les programmes internationaux d'analyse de la diversité du riz. Ceci devrait faciliter, dans l'avenir, le positionnement des variétés de riz de Vakinankaratra par rapport à la diversité mondiale des variétés de riz.

7.2 Dynamique de la diversité génétique du riz dans la région de Vakinankaratra

7.2.1 Importance et répartition de la diversité

Les traits majeurs de la diversité génétique du riz dans la région de Vakinankaratra sont :

1. Une grande concentration de diversité dans une petite région : la région héberge non seulement les trois groupes majeurs de l'espèce *O. sativa* (*indica*, *japonica* tropical et *japonica* tempéré) mais aussi un groupe atypique, non répertorié ailleurs dans le monde. La répartition géographique hétérogène de ces groupes génétiques dans la région est conforme aux aptitudes culturales et adaptatives bien connues de ces groupes ; les variétés du groupe *indica* sont majoritaires en riziculture irriguée de basse altitude et celles du groupe *japonica* tempéré en riziculture irriguée des hautes altitudes; les variétés du groupe *japonica* tropical, cultivées en pluvial, sont présentes à toutes les altitudes. Enfin, la zone préférentielle de distribution des variétés du groupe atypique se situe entre 1250 et 1750m d'altitude; plus proches du groupe *indica* que *japonica*, ces variétés sont utilisées en riziculture irriguée.

2. Une distribution qualitative et quantitative non aléatoire de la diversité, fortement influencée par l'altitude: quel que soit l'indicateur de diversité considéré (nom et nombre de variétés, indice de diversité phénotypique ou diversité allélique), la diversité maintenue dans les villages et les exploitations est inversement proportionnelle à l'altitude. Celle-ci détermine le nombre de saisons de culture du riz et, par là, la présence ou non du type variétal associé à chaque saison et à chaque système de culture.

3. Une distribution quantitative de la diversité fortement influencée par les systèmes de production des villages et par la richesse des exploitations : quel que soit l'indicateur de diversité considéré, ce sont les villages aux systèmes de production les plus diversifiés et les exploitations disposant des plus grandes ressources en rizières et en bétail qui hébergent la plus grande diversité.

4. Une organisation hiérarchique (intervalle d'altitude, village, exploitation et parcelle) de la diversité où chaque niveau hiérarchique renferme une part très importante (70 à 75%) de diversité du niveau hiérarchique immédiatement supérieur. Les variances intra-intervalle d'altitude, intra-village, intra-exploitation et intra-parcelle sont largement plus importantes que les variances inter-intervalles, inter-villages (du même intervalle), inter-exploitations (du même village) et inter-parcelles (de la même exploitation).

5. Des variétés locales avec une structure multi-lignées, mélange de plusieurs lignées homozygotes, la fréquence des lignées constituantes variant probablement d'une exploitation à une autre et d'un village à un autre. Cette structure est conforme au mode de reproduction essentiellement autogame du riz, réduisant les flux de gènes entre variétés et fixant rapidement les produits des rares allofécondations. Le manque de consistance génotypique des noms des variétés d'un village à un autre laisse supposer que les accessions détenues au niveau de chaque village sont les composantes d'une même population à structure multi-lignées ayant subi de multiples fragmentations. Dans cette hypothèse, la distribution éco-géographique de la diversité pourrait être assimilée à la coexistence de plusieurs métapopulations fragmentées par la gestion des variétés et des semences aux niveaux des villages et des exploitations.

7.2.2 Gestion paysanne des variétés et des semences de riz

Les traits majeurs de la gestion paysanne des variétés et des semences de riz dans la région de Vakinankaratra sont :

1. Le caractère quasi sacré du statut des variétés locales de riz : lié au culte des ancêtres, très présent dans la société malgache, ce statut de « bien communautaire » constitue un atout pour la conservation de ces ressources génétiques. Nous ne savons cependant pas si toutes les variétés locales ont exactement le même statut.

2. Un système de nomenclature assez sophistiqué mais une faible consistance des noms de variétés : basé au départ sur les noms composés, ce système était parfaitement opérationnel à l'époque ancienne où la région et les villages hébergeaient un petit nombre de variétés à large base génétique. Mais aujourd'hui, le pouvoir discriminant de ce système n'est plus à la mesure de la diversité variétale présente dans la région. Il en résulte une assez faible consistance des noms de variétés d'un village à un autre.

3. Une grande disparité dans la fréquence d'utilisation des variétés : dans la plus part des villages, il existe un petit nombre de variétés « majeures », utilisées par plus de 50% des exploitations et un grand nombre de variétés « mineures » utilisées par moins de 10% des exploitations. Le statut « majeur » ou « mineur » d'une variété peut changer d'un village à un autre.

4. Une grande ouverture à l'innovation variétale : en témoigne la très large adoption des variétés de riz pluvial, récemment diffusées par la recherche, ainsi que la présence, dans un grand nombre de villages, de variétés améliorées de riz irrigué.

5. La cohabitation entre variétés locales et variétés améliorées, notamment dans les zones de basse altitude. L'introduction des variétés améliorées ne semble pas s'être traduite par l'abandon des variétés locales, au contraire elle a enrichi la diversité variétale des villages.

Le nombre de variétés améliorées reste largement inférieur à celui des variétés locales dans tous les villages. Les variétés locales du groupe atypique, spécifique de Madagascar, restent très largement majoritaires dans l'intervalle d'altitudes 1250 et 1750m. Les variétés améliorées adaptées à cet écosystème semblent rares.

6. La quasi absence de règles communautaires explicites de gestion des variétés et des semences de riz : cette conclusion est peut-être inhérente à l'absence des sciences sociales dans notre approche méthodologique.

7. L'absence de toute forme de sélection volontaire des semences mais une sélection involontaire pour l'adaptation aux conditions locales de culture, par le prélèvement de grains servant de semences au centre de l'aire de battage où restent les grains les mieux remplis et les plus lourds provenant des plantes vigoureuses exemptes de maladies.

8. Un système de valeurs culturelles qui incite à maintenir l'homogénéité visuelle des plantes au niveau de la rizière. Pour ce faire, si pour une raison ou une autre des mélanges visibles apparaissent dans une parcelle, l'agriculteur s'approvisionne en semences auprès d'autres producteurs.

9. Un faible niveau d'échange entre villages, lié probablement au faible débit actuel d'entrée de nouvelles variétés dans la région, en particulier pour la riziculture irriguée. Cette situation n'est pas favorable à la conservation, dans la mesure où ces échanges constituent un pouvoir tampon face à l'abandon d'une variété dans un village donné.

10. Des échanges de semences et de variétés intenses entre exploitations d'un même village : lorsque l'agriculteur a besoin de changer de semence ou de variété, il cherche d'abord chez les voisins. Il n'y a pas de hiérarchie entre les variétés et les échanges se font à quantité égale, du moins pour les semences de riz irrigué.

11. Les liens sociaux qui existent entre les habitants du même village (le *fihavanana* par la résidence) sont forts et effectifs et se reflètent sur les échanges de variétés et de semences de riz : les semences ne se vendent pas entre habitants du même village. Les agriculteurs d'un même village se reposent mutuellement les uns sur les autres.

12. Une nouvelle dynamique autour de la riziculture pluviale : la riziculture pluviale, culture du riz sur les terres de versant en rotation avec le maïs et autres cultures sèches, est une pratique récente dans la région et résulte de création et diffusion récente de variétés de riz pluvial tolérantes au froid. Les semences de ces variétés, contrairement à celles de variétés irriguées, font l'objet de production et de commercialisation, formelle et informelle, intense sur les marchés. Cette intensité est liée à (i) l'extension de l'aire géographique de la culture, (ii) l'augmentation des superficies dans chaque village, et (iii) s'agissant d'une culture nouvelle, chacun est encore dans une phase de tâtonnement pour trouver la meilleure variété, la mieux adaptée à ses conditions et pratiques culturales ; de ce fait, chacun recherche en permanence de nouvelles variétés et achète de nouvelles semences. En l'absence de références bien établies, les variétés perdent leur nom, et les semences leur pureté variétale du fait, pour l'essentiel, de mélanges involontaires.

7.2.3 Des questions restées en suspens

Notre travail, premier du genre pour l'analyse de la diversité génétique *in situ* du riz à Madagascar, a rassemblé un premier ensemble de données et produit une première analyse de la dynamique de cette diversité dans la région de Vakinankaratra. On dispose donc d'un premier ensemble d'informations sur lesquelles pourra s'appuyer la mise en œuvre de stratégies de conservation. Cependant, certaines questions d'importance n'ont pas été abordées et d'autres appellent à des approfondissements. Nous présentons ici les plus importantes d'entre elles.

7.2.3.1 Dynamique temporelle de la diversité génétique du riz

Nos travaux n'ont pas traité directement la question de la dynamique temporelle de la diversité génétique du riz dans la région de Vakinankaratra, en particulier celle de l'érosion génétique de la diversité parmi les variétés locales, qui motive les préoccupations de conservation.

Evaluer les changements de diversité génétique intervenus dans un agrosystème nécessite de pouvoir comparer la situation au temps T_0 avec celles de temps ultérieurs. Sa mise en œuvre suppose de disposer pour chaque temps T comparé, de données (indicateurs de diversité) de même nature (diversité variétale, diversité agro-morphologique, diversité moléculaire), à une échelle géographique similaire, ou de pouvoir inférer la diversité à un niveau donné à partir de la connaissance d'autres indicateurs. Par exemple, inférer la diversité moléculaire à partir de données sur la distribution éco-géographique de groupes variétaux de caractéristiques génétiques bien définies, ou utiliser une situation similaire par ses caractéristiques agroécologiques et socioéconomiques. Le choix des indicateurs de diversité a aussi son importance. La diversité variétale est aisée à mesurer mais n'est pas un reflet exact de la diversité génétique, notamment en raison de relations non univoques entre identité génétique et nom de variété. La diversité agro-morphologique informe sur une diversité d'intérêt agronomique, mais est difficile à mesurer sur de grands échantillons issus de conditions agroécologiques variées et est de plus impossible à appréhender dans toute sa complexité (caractères morphologiques, tolérance à des stress biotiques ou abiotiques, qualités organoleptiques, etc.). La diversité moléculaire est mesurable de façon répétable, indépendante des conditions environnementales, mais les marqueurs aujourd'hui disponibles dans la majorité des espèces sont des marqueurs neutres qui ne reflètent pas la diversité adaptative, notamment à des échelles géographiques faibles. Ces difficultés méthodologiques expliquent que peu d'études se soient attachées à mesurer l'érosion génétique. De nombreuses études analysant uniquement la richesse en variétés locales ont conclu à une érosion génétique. Or, comme le rappelle Brush (1989), il faut aussi intégrer le gain de diversité que représentent les variétés améliorées introduites. Les rares études utilisant les marqueurs moléculaires concluent moins fréquemment à l'érosion génétique. C'est le cas, par exemple, de l'étude diachronique 1980-2003 de Barry et al. (2007) qui conclut au maintien, voire à l'enrichissement, de la diversité génétique des riz *O. sativa* cultivés en Guinée maritime. C'est le cas aussi de l'étude de Bezançon et al. (2005) menée au Niger sur la diversité des mils et des sorghos cultivés, qui conclut également à une stabilité d'ensemble entre 1976 et 2003.

Dans le cas de la région de Vakinankaratra, nous n'avons pas trouvé dans nos échantillons un certain nombre de variétés citées dans la littérature. C'est le cas, par exemple, des représentants de la famille *Vary lava*, famille emblématique de Madagascar du fait de ses grains très longs. Cependant, ceci ne constitue pas une preuve de la perte de ces variétés, car notre échantillonnage n'était pas orienté vers l'analyse des dynamiques temporelles. Par ailleurs, se pose la question de l'évolution du lien entre nom et contenu génétique des variétés.

Il nous semble important qu'une étude de la dynamique temporelle de la diversité génétique du riz dans la région de Vakinankaratra soit entreprise. Les connaissances acquises sur l'organisation de la diversité génétique dans la région nous permettent, aujourd'hui, d'éviter les écueils susmentionnés de ce type d'étude. Celle-ci pourrait avoir 2 composantes : (i) une composante enquête tentant de reconstituer la liste des variétés de riz cultivées, dans 2-3 villages par intervalle d'altitudes, pour une à trois dates marquées historiquement (changement de régime, événement climatique majeur, etc.) ; une composante de re-échantillonnage ciblé, dans la région, en prenant comme repère T_0 une prospection antérieure pour laquelle on dispose encore de semences et de données passeports.

En effet, la collection nationale de variétés héberge, d'une part, des accessions issues de prospections antérieures à 1950, et d'autre part, des accessions collectées au début des années 80s à l'occasion du lancement du programme « riz d'altitude » visant à améliorer la tolérance au froid des riz irrigués et pluviaux. Les comparaisons entre différentes périodes pourront s'appuyer non seulement sur les noms de variétés mais aussi sur l'analyse de la diversité phénotypique (caractérisation agro-morphologique) et de la diversité génotypique (marqueurs microsatellites).

Une telle étude, au-delà d'informations sur l'évolution de la diversité génétique du riz au cours des 50 dernières années, permettrait de réalimenter la collection nationale et, peut-être aussi, les villages qui auraient perdu certaines variétés.

7.2.3.2 Origine du groupe atypique spécifique de Madagascar

Nos recherches ont confirmé l'existence du groupe atypique de variétés de riz, décrit par Ahmadi et *al*. (1988), et non répertorié ailleurs dans le monde. Elles ont aussi affiné la connaissance de l'habitat préférentiel de ce groupe qui se situe entre 1250 et 1750m. Deux hypothèses ont été émises sur l'origine de ce groupe : l'effet de fondation d'introductions en provenance d'Inde du Sud, et la recombinaison entre les deux sous-espèces *indica* et *japonica* de *O. sativa* favorisée par les conditions climatiques particulières des hauts plateaux malgaches.

L'hypothèse de l'effet de fondation suppose une introduction très ancienne ayant conduit à l'effacement complet, dans les noms des variétés de ce groupe, de toutes traces de leur origine géographique. En effet, pour beaucoup d'introductions, les noms des variétés ont gardé une trace de leur zone géographique d'origine. C'est le cas par exemple de la famille des *Vary bengaly* (ou encore *beangaly*, *bengala*) qui seraient originaires du Bengale, des *Vary zava*, tenues pour provenir de l'île de Java, et des dénominations *kokomoja, Komoja* ou *komodza* qui font référence à une origine comorienne. Nous ne disposons pas de données précises sur la date d'introduction de ces variétés, mais il semblerait qu'elle soit antérieure au début du 20ème siècle.

Quoi qu'il en soit, un génotypage plus dense (sur plusieurs centaines de marqueurs) d'échantillons représentatifs du groupe atypique et des autres groupes majeurs de riz dans le monde, ainsi que d'échantillons en provenance de l'Inde du Sud, permettrait de répondre à cette question. Les marqueurs de type SNP nous semblent les plus appropriés.

7.2.3.3 Gestion et rôle de la diversité variétale maintenue au niveau des villages

Il est largement admis que la grande diversité des espèces cultivées observées dans les agrosystèmes traditionnels répond à la diversité des besoins et des préoccupations des agriculteurs. Bellon (1996) classe les préoccupations paysannes conduisant au maintien d'une grande diversité en cinq catégories majeures : (i) l'hétérogénéité environnementale (sol, température, etc.) ; (ii) les insectes et les maladies ; (iii) la gestion des risques (sécheresse, inondation, etc.) ; (iv) la culture et les rites et enfin (v) les préoccupations alimentaires. Kshirsagar *et al*. (2002) montrent aussi que la diversité variétale permet la maîtrise du calendrier cultural dans un contexte de contraintes de temps (saison culturale limitée à la saison des pluies) et de main d'œuvre.

Nos résultats ont montré que ce postulat est largement vérifié au niveau de la région de Vakinankaratra. Les contraintes climatiques et la diversité des systèmes de culture du riz imposent aux agriculteurs des types de variétés spécifiques. Cependant, si ces facteurs expliquent bien la diversité variétale maintenue au niveau de chaque exploitation, ils ne peuvent pas expliquer, à eux seuls, l'importance du nombre de variétés maintenues au niveau de chaque village. Une question demeure : pourquoi toutes les exploitations d'un village n'utilisent-elles pas les mêmes 3 ou 4 variétés ? Ceci laisse supposer que des critères de choix supplémentaires, plus subtils ou plus subjectifs, existent au niveau des exploitations, auxquels nous n'avons pas pu accéder à travers cette étude. Une autre hypothèse n'est pas à écarter : le superflu et la part d'irrationnel qui subsistent dans tout système de gestion.

De même, nous avons observé une grande disparité dans le taux d'utilisation des variétés locales, aussi bien à l'échelle régionale (variétés de notoriété régionale versus variétés inféodées à un village) qu'au niveau de chaque village (variétés majeures versus variétés mineures). Mais nous n'avons pas pu identifier les raisons de cette disparité et établir des relations de cause à effet entre le taux d'utilisation de chaque variété au niveau d'un village et la variabilité des conditions de culture ou celle des modalités d'utilisation de la production de riz. Se pose donc la question de savoir si les variétés mineures ont ou non des caractéristiques spécifiques d'adaptation ou de qualité correspondant à des besoins spécifiques ? De même, se pose la question du lien entre statut de variété majeure et adaptabilité à une gamme plus ou moins large d'environnement de culture ? Etant donné les implications de ces disparités en termes de risque de disparition des variétés, l'approfondissement de ces questions nous semble important : l'étape suivante pourrait consister à concevoir et mettre en œuvre des expérimentations qui permettront de confronter les déclarations et les pratiques des agriculteurs à des données quantitatives.

Enfin, le système de sélection, de renouvellement et d'échange des semences nécessite lui aussi une analyse plus approfondie. En effet, alors que de nombreux agriculteurs déclarent changer de semences régulièrement (tous les 2 à 4 ans) pour remédier à l'apparition d'hétérogénéité phénotypique dans les parcelles de riz, nous n'avons pas pu identifier des agriculteurs pratiquant la sélection des semences pour leur pureté variétale conduisant à une homogénéité phénotypique. Se pose donc la question de savoir comment le village est alimenté en semences purifiées.

L'ensemble de ces questions pourrait être étudié à travers un suivi rapproché et prolongé de quelques exploitations et en comparant les déclarations et pratiques des agriculteurs aux données instrumentales et/ou expérimentales dans un petit nombre de villages.

7.2.3.4 Structure génétique des variétés locales et notion de variété

Nous avons vu que l'entité à laquelle les agriculteurs attribuent un nom et qu'ils gèrent chacun comme une même unité présente une structure génétique multi-lignées. Elle ne correspond donc pas au cultivar décrit par Zeven (1998) comme « un taxon qui a été sélectionné pour une caractéristique ou des combinaisons de caractéristiques et qui est clairement distinct, uniforme et stable, et qui, lorsqu'il est diffusé par des méthodes appropriées, conserve ses caractéristiques ».

Nous n'avons pas analysé la variabilité de la fréquence des lignées constituantes, entre accessions de même nom prélevées dans différentes exploitations d'un même village. Par contre, nous avons vu qu'il existe une variabilité importante entre accessions de même nom prélevées dans des villages différents, d'où la faible consistance des noms de variétés entre villages. Nous pensons que cette variabilité existe aussi au niveau des exploitations d'un même village, comme l'a constaté Barry (2006) dans son analyse de la structure génétique des variétés locales de riz en Guinée maritime.

La question qui se pose alors est de savoir quel est le nombre de lignées différentes qui entrent dans la composition d'une accession gérée par une exploitation (en effet, nous avons génotypé 9 individus par accession et, dans certains cas, les 9 individus étaient différents les uns des autres) ? Quel est ce nombre au niveau de l'ensemble des accessions de même nom gérées dans un village ? Quel est ce nombre au niveau de toutes les accessions de même nom présentes au niveau de la région ? Et, finalement, quelle serait la taille d'une population qui renfermerait toutes les lignées constituantes d'une variété ou de l'ensemble des variétés appartenant à une même famille vernaculaire. La réponse à ces questions permettrait d'envisager la conservation de ces variétés non pas sous forme de centaines, voire de milliers d'accessions, mais de quelques populations à base génétique large. Ce qui est beaucoup plus facile à réaliser en terme de logistique et qui offre de plus l'opportunité d'expérimentations dans le domaine de la conservation dynamique. La réponse à ces questions passe par le génotypage, pour 1 à 3 familles vernaculaires, de larges échantillons intégrant les diversités intra-accession, intra-village et inter-villages.

7.3 Perspectives d'évolutions socio-économiques et risques pour le maintien de la diversité

7.3.1 Evolution des politiques publiques

Un des objectifs du Programme National de Développement Rural (PNDR) élaboré en 2005 par le gouvernement et les bailleurs de fonds, est la transformation du système de production actuel basé sur la subsistance en un système orienté vers le marché aussi bien intérieur (relation ville/campagne) qu'extérieur (pays voisins). Les transformations nécessaires pour répondre à la demande du marché impliquent l'extension des surfaces, l'amélioration des techniques, la diversification des productions, la recherche de qualité et le respect des normes.

En matière de riziculture, le gouvernement malgache donne la priorité à l'augmentation de la production par l'intensification rizicole selon le schéma de la révolution verte qu'a vécue l'Asie. L'encouragement à l'usage des variétés améliorées et la subvention des engrais constituent une des composantes importantes de cette politique. Viennent ensuite les infrastructures rurales et les aménagements hydro-agricoles. La région de Vakinankaratra fait partie des quatre régions ciblées par ce programme établi en 2005.

Si cette politique d'incitation à la productivité était effectivement mise en œuvre, elle pourrait accentuer l'usage des variétés améliorées, qui répondent mieux à la fertilisation, au détriment des variétés locales. Le risque est particulièrement élevé dans les zones aux conditions hydrologiques et climatiques favorables telles que les zones de basses altitudes. Cependant, à court terme au moins, ce risque est relativement limité. En effet, faute de variétés améliorées adaptées, l'utilisation des variétés locales reste quasi incontournable dans les zones d'altitudes de 1250-1750m, qui hébergent les plus grandes superficies rizicoles de la région.

Le développement, du marché régional (Antsirabe) ou national (Antananarivo) ne devrait pas, non plus, constituer une menace majeure. Les grandes plaines rizicoles de la région (Manandona, Ambohibary, Faratsiho et Vinaninony) y sont déjà engagées, sans avoir eu à changer de variétés de riz. Globalement, pour la plus grande majorité des agriculteurs, la production étant essentiellement destinée à la consommation de la famille, les mesures incitatives ne devraient pas avoir d'effet significatif sur la diversité.

7.3.2 Evolution de la communauté rurale

L'évolution de la communauté rurale se caractérise par une croissance démographique annuelle de l'ordre de 3% et par une déstructuration de la communauté rurale. On assiste à la perte des valeurs communautaires traditionnelles, sans qu'elle soit accompagnée par l'acceptation de celles de la société moderne (Raison, 1984). Un exemple marquant de perte des valeurs est l'augmentation des vols de riz au champ. Alors que le vol de riz est un interdit *fady* très strict, il est néanmoins de plus en plus pratiqué dans la région.

L'esprit individualiste des villes commence à prendre place dans certains villages et les mécanismes de solidarité diminuent progressivement (Sandron, 2007a). L'entraide agricole, notamment dans la riziculture, est en premier lieu touchée et est peu à peu remplacée par le salariat agricole (Sandron, 2007b). Certains paysans commencent à considérer comme désuète la solidarité dans l'entretien des biens communs comme les canaux d'irrigation ou les pistes, et ils attendent des collectivités territoriales, auxquelles ils payent des impôts, qu'elles prennent en charge ces tâches. On sait par exemple qu'autrefois dans l'*Imerina*, par coutume, les villageois ne pouvaient pas céder de terres aux étrangers à leur communauté. Actuellement, cet obstacle n'existe plus et les gens peuvent vendre leur terrain à qui bon leur semble, et personne en dehors des parents ne peut s'y opposer.

Nous avons vu que, individuellement, les agriculteurs s'appuyaient beaucoup sur la communauté villageoise pour leur approvisionnement en nouvelles variétés et en semences exempte de mélange. Bien que nous ne l'ayons pas relevé, ces échanges de semences et de variétés s'accompagnent probablement d'échanges de savoirs associés à ces semences et à ces variétés. Or, les jeunes générations qui ont fréquenté l'école se prêtent de moins en moins à ces échanges et acquièrent donc de moins en moins ces savoirs. Cette évolution constitue une menace pour la transmission des savoirs locaux qui contribue au maintien de la diversité variétale.

7.4 Conservation des ressources génétiques du riz dans la région de Vakinankaratra

7.4.1 Conservation *ex situ* et valorisation pour la création variétale

La conservation *ex situ*, de longue durée, sous forme d'échantillons congelés et conservés à -30°C devrait concerner la totalité des accessions que nous avons collectées. Il est bien entendu que la collection doit rester un bien public disponible aussi bien pour la recherche que pour l'utilisation à des fins de production par les agriculteurs ainsi que de valorisation dans des programmes d'amélioration variétale du riz.

Pour ce qui est de la valorisation dans les programmes d'amélioration variétale du riz, les efforts de caractérisation supplémentaires et d'utilisation en croisements devraient constituer la "core collection". Celle-ci constitue un bon compromis entre la représentativité par rapport à la diversité génotypique et phénotypique des riz de la région et la possibilité d'une caractérisation fine de leur performances agronomiques en vue d'identification de donneurs pour différents caractères d'intérêt, notamment pour les centres de recherche et les institutions universitaires, elle doit être gérée en tant que telle afin d'obtenir facilement des informations précises et du matériel végétal conforme et exploitable.

Au-delà de la conservation *ex situ* classique, il serait intéressant de rassembler, au moins pour les variétés de la "core collection", les données ethnobotaniques, les mythes d'origine, la représentation, les pratiques associées aux utilisations, la caractérisation par les agriculteurs, etc. En effet, il s'agit de préserver non seulement les ressources génétiques mais aussi les savoirs locaux associés, eux aussi menacés d'érosion. Caillon (2006) insiste sur la proximité entre conservations *ex situ* et *in situ*. Le conservatoire ethnobotanique *in vivo*, documenté par les savoirs locaux, existe : ce sont les jardins botaniques. Mais ceux-ci ont seulement pour vocation de témoigner du passé et n'ont pas la fonction de banque de semences. Il convient de réconcilier ces deux vocations.

7.4.2 Conservation *in situ*, réconcilier conservation et développement

7.4.2.1 Principe et méthode

Il est largement accepté que la perte de la biodiversité (y compris la biodiversité agricole) et la pauvreté, sont des problèmes liés ; par ailleurs, une part importante de la biodiversité agricole se trouvent aujourd'hui dans les zones et les pays les moins développés. Par conséquent, les actions de conservation de la diversité et celles visant la réduction de la pauvreté devraient être menées de pair. Cependant, jusqu'à présent, les stratégies mises en œuvre pour atteindre ces objectifs ont eu peu de succès (Adams *et al.*, 2004) ; il y a débat sur les impacts sociaux, des programmes de conservation sur les communautés locales et, certains auteurs affirment que ces programmes n'ont finalement atteint aucun de leurs objectifs (Brown, 2003). Ainsi, malgré les quelques réussites régionales (Gockel and Gray, 2009), l'intégration développement-conservation s'avère difficile dans la pratique, et on manque actuellement de stratégies claires.

Les Nations unies, dans les Objectifs du Millénaire pour le Développement, continuent à préconiser une telle intégration et la préservation de l'environnement figure dans le septième objectif. Pour Adams et *al.* (2004), il est encore prématuré d'abandonner les tentatives d'intégration, les types de liens entre la conservation de la biodiversité et la réduction de la pauvreté varient suivant les cas, et seule la bonne compréhension de ce lien dans différentes situations permettrait de surmonter les problèmes.

Pour ce qui en est, plus spécifiquement, de la conservation *in situ* des ressources génétiques des plantes cultivées, aucune critique majeure n'a été formulée sur l'impossibilité de l'intégration entre développement et conservation. Au contraire, l'intégration est considérée, à ce jour, comme la seule issue possible permettant d'atteindre l'objectif de conservation, car tout dépend au final de la décision des agriculteurs (Jarvis and Hodgkin, 2000). En effet, beaucoup de méthodes et de stratégies ont été proposées (Brush, 2000) mais rares sont les programmes coordonnés de conservation à la ferme avec des réussites palpables. Force est de constater que nous en sommes toujours au stade de la recherche et de la mise au point des stratégies.

En outre, si grâce aux indicateurs développés, la quantification de la « diversité » ne pose plus de problème (on est capable d'apprécier le maintien de la diversité génétique des plantes cultivées à différentes échelles, et de faire la comparaison synchronique de différents sites et diachronique d'un même site), le terme « développement » peut être encore une source de confusion. En effet, malgré les méthodes de mesures et d'appréciations mises au point, (l'indice de développement humain), l'évolution du développement reste difficile, notamment du fait de sa cinétique lente. La signification du développement peut être intuitivement évidente, mais sa mesure est complexe. Le développement est souvent apprécié par le revenu monétaire par personne, l'accès à une alimentation saine et suffisante, aux services de santé et à l'éducation. Perroux (1964) a donné une définition plus profonde : « le développement est la combinaison des changements mentaux et sociaux qui rendent la communauté (ou la nation) apte à faire croître cumulativement et durablement son produit réel global ». Il s'agit donc d'une prise de conscience de la communauté sur son avenir. Suivant cette définition, le vrai développement est d'abord mental (c'est-à-dire immatériel) puis physique (matériel). La gestion des ressources naturelles, c'est-à-dire l'utilisation en vue de l'exploitation la plus durable possible (pour les générations présentes et futures) ne devrait-elle pas faire partie de cette prise de conscience ?

Selon Brush (2000), l'objectif de conservation à la ferme des plantes cultivées est d'encourager les agriculteurs à continuer de planter les différentes espèces et variétés locales. Un des moyens pour y arriver est de donner un surplus de valeur (morale et monétaire) à ces ressources locales, autrement ils arrêteront de les cultiver. Brush a proposé ainsi deux grandes voies : l'une indépendante du marché, et l'autre liée au marché. Pascual et Perrings (2007) ont proposé un processus en trois étapes permettant de créer un marché favorisant la conservation de l'agrobiodiversité simultanément avec l'amélioration de niveau de vie des agriculteurs.

Bardsley et Thomas (2005), en étudiant le cas du Népal, affirment que le programme de conservation de l'agrobiodiversité est une opportunité permettant d'alléger la pauvreté extrême qui est dominante dans les zones rurales. Les méthodes passent par l'augmentation de la valeur des ressources génétiques locales à travers (i) la sélection et l'amélioration variétale participative ; (ii) l'éducation en vue de la prise de conscience de l'importance de la conservation ; et (iii) le développement du marché.

Notons que dans certains endroits, spécialement dans des zones enclavées avec une densité de population relativement faible, et des zones marginales présentant des situations écologiques particulières, la conservation à la ferme se fait sans incitation particulière, ni programme de conservation (Agnihotri and Palni, 2007). Ce n'est pas le cas de la région de Vakinankaratra où la densité de population est importante, et l'amélioration de la productivité rizicole constitue une priorité pour la population. D'où la nécessité de penser à des programmes coordonnés de conservation.

7.4.2.2 Application au cas de la région de Vakinankaratra

Dans la région de Vakinankaratra, étant donné l'importance de la communauté villageoise dans l'adoption de l'innovation, c'est le développement communautaire qui devrait être privilégié. Et, contrairement au programme national, ou régional, on devrait veiller au maintien de la diversité des systèmes de culture du riz et de la fragmentation des parcelles du riz qui sont des facteurs de maintien de la diversité génétique du riz dans la région.

7.4.2.2.1 Adoption d'une innovation technique

En général, une nouvelle variété arrive dans un village par l'intermédiaire d'un agriculteur de ce village. Celui-ci teste la variété sur une petite partie de sa rizière à côté de ses anciennes variétés. Par la suite, si la variété donne des résultats satisfaisants, elle est cultivée à une échelle plus grande, la parcelle entière. Cette expérimentation est vue et suivie par l'ensemble des agriculteurs du village parce que l'information circule et s'échange. La durée de l'expérimentation peut varier de deux à quatre ans. Une fois réussie, et vue par les villageois, les échanges suivent et les semences se partagent. Par exemple, dans l'un de nos villages d'étude (Betsohana, n°4), la variété *Manafintsoa* a été rapportée par un agriculteur du village de la région d'Ambatondrazaka (à plus de 500km de distance) à l'occasion d'une migration saisonnière à la recherche d'emploi de salarié agricole. Cinq ans plus tard, cette variété est cultivée par la quasi-totalité des agriculteurs du village sur des superficies plus ou moins importantes.

On peut essayer de généraliser ce processus pour véhiculer d'autres innovations techniques. Le Système de riziculture intensive (SRI) ou le système de riziculture améliorée (SRA) en sont des exemples. Ils ont comme points communs de ne pas exiger l'abandon des variétés locales mais agissent sur les itinéraires techniques. Le SRA, moins rigoureux, s'adapte bien à l'agriculture familiale dominante dans la région. L'adoption de ces améliorations pourrait avoir des effets rapides sur le niveau de vie des agriculteurs par l'augmentation de la récolte.

Dans le même sens de diffusion de l'innovation, la rizi-pisciculture, combinant riziculture et pisciculture dans une même rizière, paraît intéressante pour la région. Elle pourrait contribuer à augmenter la disponibilité en protéines animales pour les habitants. Cette technique a été pratiquée en Asie du sud-est depuis plus de 2000 ans et pourrait être pratiquée à Madagascar notamment dans la région de Vakinankaratra. Le problème réside dans la disponibilité des alevins et la sécurité de l'élevage. Par contre, elle n'empêche pas l'usage des variétés anciennes, la majorité des variétés locales étant des plantes à taille haute qui conviennent bien à l'élevage des poissons en rizière.

7.4.2.2.2 Foire de la diversité

Une des méthodes de conservation *in situ* indépendante du marché, citée par Brush (2000) est l'organisation de foires de la diversité. Elles ont pour objectif de permettre aux paysans d'échanger leurs savoirs, de mesurer la richesse spécifique et variétale qu'ils maintiennent, et de les encourager à la conservation. Le gouvernement et les ONG ont organisé des foires où les agriculteurs de chaque village exposent leurs récoltes. La fierté naturelle de montrer la richesse de leurs terroirs, l'étonnement des intéressés et les nombreuses questions posées pendant les manifestations ont été suffisants pour stimuler l'enthousiasme des agriculteurs. En échange, les organisateurs ont offert des matières premières pour la construction d'écoles pour la communauté locale. Dans la littérature, quelques exemples de foires agricoles organisées pour conserver la biodiversité agricole locale ont été relevés au Kenya, au Zimbabwe, au Vietnam, au Népal (Rijal *et al.*, 1998) et au Vanuatu (Caillon, 2005). Ainsi, ces foires de la diversité font partie d'un ensemble d'activités permettant d'encourager la production, les échanges et le maintien à la ferme des variétés locales dans de nombreux pays.

Une telle manifestation est possible dans la région de Vakinankaratra. A Madagascar, la majorité des événements culturels visant à promouvoir une région ou un site sont relatifs à la biodiversité naturelle. La diversité des plantes cultivées est très mal connue et n'intéresse pas le public par manque de connaissance ; ce type de manifestation permettrait d'y pallier. En tant qu'événement culturel et festif, les foires de la diversité devraient aussi être rentables économiquement. Au cours de ces foires, on pourrait faire exposer la diversité par village en plus de tout ce qui entoure le riz et la riziculture de la région. L'organisation des foires de la diversité dans la région serait une occasion de sensibiliser les pouvoirs publics sur l'importance de la diversité des plantes cultivées.

7.4.2.2.3 Sélection participative et décentralisée

Dans le passé, les stations de sélection et d'amélioration des plantes étaient régionales voire nationales, et s'occupaient donc de zones vastes. Elles ont beaucoup contribué à l'amélioration de la productivité dans de nombreuses régions du monde où les environnements sont homogènes et favorables à la production. Par contre, force est de constater que l'efficacité de cette approche de sélection pour augmenter les rendements des cultures dans les zones marginales, où les conditions agro-écologiques et socioéconomiques sont contraignantes a été très limitée (Bänziger and Cooper, 2001). Dans ces zones, l'utilisation d'intrants est rare et la production demeure stagnante. Le niveau d'adoption des variétés améliorées est faible, et les variétés locales sont largement cultivées (Witcombe *et al.*, 1996). L'environnement étant hétérogène, les interactions génotype x environnement (G x E) peuvent entraîner de grandes variabilité des rendements, et le matériel sélectionné en station peut ne pas être le meilleur dans les conditions spécifiques des agriculteurs (Almekinders and

Elings, 2001). La sélection variétale participative est une approche complémentaire visant à résoudre ce problème en intégrant les agriculteurs dans les processus de sélection. Elle (i) donne de l'importance aux interactions (G x E) et l'utilise le plus largement possible en décentralisant la sélection ; (ii) considère les savoirs et les préférences des paysans ; (iii) exploite les ressources génétiques locales ; (iv) favorise la diffusion des nouvelles variétés (Joshi and Witcombe, 1996; Ceccarelli *et al.*, 2007). Par exemple, l'expérience menée au Népal montre que deux ans après l'introduction de nouvelles variétés, la diversité locale du riz a augmenté, car tout les agriculteurs n'ont pas choisi les mêmes variétés (Joshi *et al.*, 1997).

La sélection variétale participative peut contribuer à la conservation *in situ* des ressources génétiques au moins par trois moyens : (i) elle augmente l'accès des agriculteurs au niveau local à la variabilité génétique ; (ii) elle incite à la création de banques de semences communautaires ; (iii) elle identifie l'adaptation locale et la spécificité de chaque variété (Sthapit and Jarvis, 1998; Ceccarelli *et al.*, 2003). D'après Barry (2006), la sélection variétale participative donne une opportunité aux paysans de choisir les combinaisons variétales les plus appropriées pour leurs champs et leurs objectifs de production. Plus les variétés sont intéressantes pour les paysans, plus celles-ci ont des chances d'être conservées.

Nos résultats ont montré l'importance de la diversité génétique du riz dans la région de Vakinankaratra et le lien entre cette diversité et l'altitude. Cette diversité pourrait être utilisée dans un programme d'amélioration du riz conduit par le FOFIFA, avec une attention particulière aux interactions G x E, à travers des évaluations multi-locales intégrant l'effet de l'altitude. La sélection décentralisée dans le cadre d'une approche participative nous semble la plus à même de concilier l'objectif d'amélioration variétale et de conservation *in situ* des ressources génétiques. Une telle approche a déjà été bien décrite par Ortiz (2002) mais sa mise en œuvre suppose une intervention volontariste de l'Etat.

7.4.2.2.4 Problème de production et d'utilisation de semences commerciales

Au cours des cinq dernières décennies, de nombreux programmes visant la production et la commercialisation de semences d'une large gamme de variétés de riz ont été mis en place à Madagascar. Malheureusement, les ventes de semences se sont peu développées. La raison la plus couramment avancée est la réticence des agriculteurs à utiliser des variétés qu'ils ne connaissent pas et l'importance qu'ils attachent à la rusticité et aux qualités alimentaires des variétés locales. Cette rusticité est d'autant plus nécessaire que la grande majorité des agriculteurs cultive le riz dans des conditions d'irrigation non maîtrisée et ne peuvent donc pas adapter leurs pratiques culturales aux exigences des variétés améliorées. Par exemple, elles supportent mal les repiquages tardifs et les alternances de périodes d'inondation et de manque d'eau.

7.4.2.2.5 Observatoire de la conservation *in situ* des ressources génétiques du riz

Mieux connaître les changements en cours est indispensable pour détecter des évolutions défavorables et établir des priorités de conservation. De ce fait, la mise en place d'un observatoire de l'évolution de la diversité génétique du riz dans la région de Vakinankaratra serait d'un grand intérêt. Disposant de points de suivi dans les différents intervalles d'altitude, de la région, cet observatoire collecterait périodiquement des données relatives aux différents indicateurs de la diversité.

Un Observatoire dédié au suivi de la biodiversité des milieux naturels existent déjà à Madagascar. Il serait hautement souhaitable d'étendre ses activités au suivi de l'agrobiodiversité, en particulier celle du Riz qui (i) a une valeur alimentaire et culturelle considérable dans le pays et (ii) présente des singularités utiles à l'échelle à l'amélioration du riz au niveau national et international.

7.5 Références

Adams, W.M., Aveling, R., Brockington, D., Dickson, B., Elliott, J., Hutton, J., Roe, D., Vira, B., Wolmer, W., 2004. Biodiversity Conservation and the Eradication of Poverty. Science 306, 1146-1149.

Agnihotri, R., Palni, L., 2007. On-farm conservation of landraces of rice (*Oryza Sativa* L.) through cultivation in the Kumaun region of Indian Central Himalaya. Journal of Mountain Science 4, 354-360.

Almekinders, C.J.M., Elings, A., 2001. Collaboration of farmers and breeders: Participatory crop improvement in perspective. Euphytica 122, 425-438.

Baco, M.N., 2007. Gestion locale de la diversité cultivée au Nord Bénin: éléments pour une politique publique de conservation de l'agrobiodiversité de l'igname (*Dioscorea spp.*). Thèse de doctorat. Université d'Orléans, Orléans, France.

Bänziger, M., Cooper, M., 2001. Breeding for low input conditions and consequences for participatory plant breeding examples from tropical maize and wheat. Euphytica 122, 503-519.

Bardsley, D., Thomas, I., 2005. Valuing local wheat landraces for agrobiodiversity conservation in Northeast Turkey. Agriculture, Ecosystems & Environment 106, 407-412.

Barnaud, A., 2007. Savoirs, pratiques et dynamique de la diversité génétique : le sorgho (*Sorghum bicolor ssp.* bicolor) chez les Duupa du Nord Cameroun. Thèse de doctorat. Université de Montpellier II, Montpellier, France.

Barnaud, A., Joly, H.I., McKey, D., Deu, M., Khasah, C., Monné, S., Garine, E., 2008. Gestion des ressources génétiques du sorgho (*Sorghum bicolor*) chez les Duupa (Nord Cameroun). Cahiers d'études et de recherches francophones / Agricultures 17, 178-182.

Barry, M.B., 2006. Diversité génétique des riz cultivés en Guinée maritime : dynamique des variétés traditionnelles et conservation in situ des ressources génétiques. Thèse de doctorat. ENSA, Rennes, France.

Bezançon, G., Mariac, C., Pham, J.L., Vigouroux, Y., Chantereau, J., Deu, M., Hérault, D., Sagnard, F., Gérard, B., Ndjeunga, J., Kapran, I., Mamadou, M., 2005. How does agrobiodiversity respond to global change? Assessing changes in the diversity of pearl millet and sorghum landraces in Niger between 1976 and 2003. In: DIVERSITAS (Ed.), Integrating biodviersity science for human well-being. First Diversitas Open Science Conference. Diversitas-France, Oaxaca, Mexico.

Brown, K., 2003. Integrating conservation and development: a case of institutional misfit. Frontiers in Ecology and the Environment 1, 479-487.

Brush, S.B., 2000. Genes in the field: on-farm conservation of crop diversity. Lewis Publishers, International Development Research Centre, International Plant Genetic Resources Institute.

Caillon, S., 2005. Pour une conservation dynamique de l'agrobiodiversité, gestion locale de la diversité variétale d'un arbre des blancs (*Coconus nucifera* L.) et d'une plante des ancêtres (*Colocasia esculenta* (L.)Schott) au Vanuatu. Thèse de doctorat. Université d'Orléans, Orléans, France.

Caillon, S., Quero-Garcia, J., Lescure, J.P., Lebot, V., 2006. Nature of taro (*Colocasia esculenta* (L.) Schott) genetic diversity prevalent in a Pacific Ocean island, Vanua Lava, Vanuatu. Genetic Resources and Crop Evolution 53, 1273-1289.

Ceccarelli, S., Grando, S., Baum, M., 2007. Participatory plant breeding in water-limited environments. Experimental Agriculture 43, 411-435.

Ceccarelli, S., Grando, S., Singh, M., Michael, M., Shikho, A., Al Issa, M., Al Saleh, A., Kaleonjy, G., Al Ghanem, S.M., Al Hasan, A.L., Dalla, H., Basha, S., Basha, T., 2003. A methodological study on participatory barley breeding II. Response to selection. Euphytica 133, 185-200.

Copans, J., Singly, F., 1998. L'enquête ethnologique de terrain. Nathan, Paris.

Gockel, C.K., Gray, L.C., 2009. Integrating Conservation and Development in the Peruvian Amazon. Ecology and Society 14, 11-27.

Greene, S.L., Gritsenko, M., Vandemark, G., Johnson, R.C., 2002. Predicting Germplasm Differentiation Using GIS-derived Information. In: Engels, J.M.M., Ramanatha Rao, V., Brown, A.H.D., Jackson, M.T. (Eds.), Managing Plant Genetic Diversity. IPGRI - Cabi Publishing, London, UK, pp. 405-412.

Jarvis, D., Hodgkin, T., 2000. Farmer decision making and genetic diversity: linking multidisciplinary research to implementation on-farm. In: Brush, S.B. (Ed.), Genes in the field: On-farm conservation of crop diversity. IPGRI-IDRC-Lewis Publishers, Boca Raton (USA), pp. 227-243.

Joshi, A., Witcombe, J.R., 1996. Farmer Participatory Crop Improvement. II. Participatory Varietal Selection, a Case Study in India. Experimental Agriculture 32, 461-477.

Joshi, K.D., Subedi, M., Rana, R.B., Kadayat, K.B., Sthapit, B.R., 1997. Enhancing On-Farm Varietal Diversity through Participatory Varietal Selection: A case study for Chaite rice in Nepal. Experimental Agriculture 33, 335-344.

McCouch, S.R., Chen, X., Panaud, O., Temnykh, S., Xu, Y., Cho, Y.G., Huang, N., Ishii, T., Blair, M., 1997. Microsatellite marker development, mapping and applications in rice genetics and breeding. Plant Molecular Biology 35, 89-99.

Olivier de Sardan, J.-P., 1995. La politique du terrain. Sur la production des données en anthropologie. Enquête 1, 71-109.

Ortiz, R., 2002. Germplasm Enhancement to Sustain Genetic Gains in Crop Improvement. In: Engels, J.M.M., Ramanatha Rao, V., Brown, A.H.D., Jackson, M.T. (Eds.), Managing Plant Genetic Diversity. IPGRI - Cabi Publishing, London, UK, pp. 275-270.

Pascual, U., Perrings, C., 2007. Developing incentives and economic mechanisms for in situ biodiversity conservation in agricultural landscapes. Agriculture, Ecosystems & Environment 121, 256-268.

Perroux, F., 1964. L'économie du XXème siècle. PUF, Paris.

Pham, J.L., 1992. Évaluation des ressources génétiques des riz cultivés en Afrique par hybridation intra et interspécifique. Thèse de doctorat. Université de Paris-Sud, Centre d'Orsay, Orsay, France.

Pressoir, G., Berthaud, J., 2003. Patterns of population structure in maize landraces from the Central Valleys of Oaxaca in Mexico. Heredity 92, 88-94.

Raison, J.P., 1984. Les hautes terres de Madagascar et leurs confins occidentaux. Enracinement et mobilité des sociétés rurales. ORSTOM - KARTHALA, Paris.

Rijal, D.K., Kadayat, K.B., Baral, K.P., Pandey, Y.R., Rana, R.B., Subedi, A., Joshi, K.D., Sherchand, K.K., Sthapit, B.R., 1998. Diversity Fairs Strengthens On-farm Conservation. . APO Newsletter N°26.

Sandron, F., 2007a. Pauvreté et lien social dans une commune rurale des Hautes Terres malgaches. Colloque International *Dynamiques rurales à Madagascar : perspectives sociales, économiques et démographiques*. Instat, ROR, IRD, Dial, Antananarivo, p. 12.

Sandron, F., 2007b. Stratégies anti-risques et filets de sécurité dans une commune rurale malgache. Autrepart 44, 141-156.

Sthapit, B.R., Jarvis, D., 1998. On-farm conservation of plant genetic resources through use. In: Mal, B., Mathur, P.N., Rao, V.R. (Eds.), South Asia Network on Plant Genetic Resources Proceedings of fourth meeting IPGRI, Kathmandu, Nepal, pp. 151-166.

Witcombe, J.R., Joshi, A., Joshi, K.D., Sthapit, B.R., 1996. Farmer Participatory Crop Improvement. I. Varietal Selection and Breeding Methods and Their Impact on Biodiversity. Experimental Agriculture 32, 445-460.

Oui, je veux morebooks!

i want morebooks!

Buy your books fast and straightforward online - at one of world's fastest growing online book stores! Environmentally sound due to Print-on-Demand technologies.

Buy your books online at
www.get-morebooks.com

Achetez vos livres en ligne, vite et bien, sur l'une des librairies en ligne les plus performantes au monde!
En protégeant nos ressources et notre environnement grâce à l'impression à la demande.

La librairie en ligne pour acheter plus vite
www.morebooks.fr

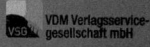

VDM Verlagsservicegesellschaft mbH
Heinrich-Böcking-Str. 6-8   Telefon: +49 681 3720 174   info@vdm-vsg.de
D - 66121 Saarbrücken   Telefax: +49 681 3720 1749   www.vdm-vsg.de

Printed by Books on Demand GmbH, Norderstedt / Germany